百度技术认证系列丛书

深度学习
工程师认证初级教程

百度技术学院　组编

潘海侠　吕 科　杨晴虹　白浩杰　檀彦豪　编著

北京航空航天大学出版社
BEIHANG UNIVERSITY PRESS

内 容 简 介

本书作为深度学习工程师初级认证官方教材，将深度学习理论基础与平台操作有机结合，从算法到实战，共分6章，第1～4章主要介绍专业知识，包括数学基础、Python基础、机器学习和深度学习等基础知识；第5章面向工程实战能力的训练，介绍深度学习开发平台，特别是飞桨开发平台的实战案例；第6章面向业务理解与实践能力的提升，介绍深度学习在各个行业的应用案例。

本书适合人工智能领域的工程师、研发人员，在校大学生、研究生，跨领域转AI从业者，以及对深度学习人工智能感兴趣的读者使用。

本书提供配套教学内容，详情请访问：https://aistudio.baidu.com/。

图书在版编目(CIP)数据

深度学习工程师认证初级教程 / 潘海侠等编著. --
北京 ：北京航空航天大学出版社，2020.3

ISBN 978-7-5124-3279-6

Ⅰ. ①深… Ⅱ. ①潘… Ⅲ. ①机器学习—教材 Ⅳ.
①TP181

中国版本图书馆CIP数据核字(2020)第041750号

深度学习工程师认证初级教程

百度技术学院 组编

潘海侠 吕 科 杨晴虹 白浩杰 檀彦豪 编著

责任编辑 王 实 胡玉娟

*

北京航空航天大学出版社出版发行

北京市海淀区学院路37号(邮编100191) http://www.buaapress.com.cn

发行部电话：(010)82317024 传真：(010)82328026

读者信箱：emsbook@buaacm.com.cn 邮购电话：(010)82316936

涿州市新华印刷有限公司印装 各地书店经销

*

开本：710×1 000 1/16 印张：14 字数：298千字

2020年5月第1版 2020年5月第1次印刷

ISBN 978-7-5124-3279-6 定价：59.00元

前 言

随着第四次工业革命的到来，人类社会正式进入全新的人工智能时代，愈来愈多的企业探索利用人工智能技术为其行业赋能，众多科技巨头企业展开人工智能生态链对弈，在战略层面利用人工智能对传统行业生态进行整合优化。深度学习技术在人工智能领域产生了巨大的影响，已成为人工智能最为热门的研究领域。以深度学习为核心的人工智能将进一步探索与垂直行业知识融合并应用于广泛、新型领域的可能性。

深度学习技术推动并加速了人工智能的研究并取得了前所未有的进展，深度学习技术和背后蕴藏的思维方式，已经成为当下人工智能产业的基石，也是 AI 技术从业者、AI 项目管理者必备的基本能力和认知方式。基于此，百度选择从“深度学习工程师”切入，为产业提供人才评估和认证，也为一线工程技术人员提供学习和成长的参考标准。“深度学习工程师认证”分为初、中、高 3 个层级，初级认证主要考查深度学习理论基础和平台操作能力；中级认证着重考查深度学习应用技能和工程能力；高级认证则考查深度学习的应用经验和模型设计能力。

本书作为深度学习工程师初级认证官方教材，将深度学习理论基础与平台操作有机结合，从算法到实战，涵盖数学基础、Python 基础、机器学习、深度学习算法和基于飞桨框架的深度学习平台实战及行业应用案例。本书帮助读者快速了解、理解、掌握机器学习、深度学习的基础和前沿算法，并获得深度学习算法实战经验，有效提高读者解决实际问题的能力。通过本书，读者可以掌握深度学习的核心算法技术；掌握面向不同场景任务的深度学习、强化学习应用技术；熟悉不同深度神经网络的拓扑结构及应用；熟悉前沿深度学习的热点技术，把握深度学习的技术发展趋势；提升解决深度学习实际问题的能力。

全书共分 6 章，第 1～4 章主要介绍专业知识，包括数学基础、Python 基础、机器学习和深度学习等基础知识；第 5 章面向工程实战能力的训练，介绍深度学习开发平台，特别是飞桨开发平台的实战案例；第 6 章面向业务理解与实践能力的提升，介绍深度学习在各个行业的应用案例。具体如下：

第 1 章为数学基础，帮助读者熟悉微积分基础知识，包括极限与积分、导数与二阶导数、方向导数、凸函数与极值、最优化方法；概率与统计基础，包括古典概率、常用概率分布、贝叶斯公式、假设校验；线性代数基础，包括矩阵与向量、矩阵乘法、矩阵特征值和特征向量。

第 2 章为 Python 基础，帮助读者掌握 Python 基础知识；掌握 Python 常用库的基本操作，包括 Numpy、Matplotlib、Sklearn 等。

第3章为机器学习，帮助读者掌握机器学习基础知识，包括监督学习、非监督学习、强化学习的概念及区别；熟悉监督学习，包括回归与分类、决策树、神经网络、朴素贝叶斯及支持向量机的应用；熟悉无监督学习，包括K均值聚类及降维的应用。

第4章为深度学习，帮助读者掌握深度学习理论、常见的深度学习网络结构；了解深度学习单层、浅层、深层网络的实现方式；掌握卷积神经网络，包括卷积神经网络原理及经典模型、卷积的数学意义与计算过程、卷积运算、池化及经典网络的配置方式；熟悉循环神经网络原理及经典模型，文本和序列的深度模型；了解深度生成模型与生成对抗网络。

第5章为深度学习平台实战，帮助读者掌握主流深度学习平台的环境搭建方法；熟悉深度学习模型的训练方式，包括网络结构设计和组网、损失函数、参数初始化、超参数调整和迭代优化；基于飞桨深度学习框架进行深度学习平台模型实战，包括手写数字识别、图像分类、词向量、情感分析、语义角色标注等模型。

第6章为深度学习行业应用案例。帮助读者熟悉使用深度学习框架搭建分布式深度学习网络模型；熟悉使用深度学习框架实现简单的CTR预估、机器翻译等应用。

书中各章都给出了相应的练习题，同时也给出了相关的实践性内容。读者阅读本书的同时，可以进行代码实战，以加深对深度学习理论及模型的理解。

本书面向人工智能领域的工程师、研发人员；在校大学生、研究生；跨领域转AI从业者；对深度学习人工智能感兴趣的读者。通过深入学习本书，可使读者熟练开发、修改和运行机器学习、深度学习代码，并进行工程化层面上的改造；具备将初等复杂度的应用问题转化为合适的机器学习、深度学习问题并加以解决的能力。

尽管人工智能产业发展仍存在诸多问题，但人工智能终将深刻改变世界的生产和生活方式，无所不在。希望本书在为广大读者带来价值的同时，能够助力人工智能领域的人才培养，为中国的人工智能发展贡献一份力量。

作　者

2020年4月

目　　录

第 1 章 数学基础

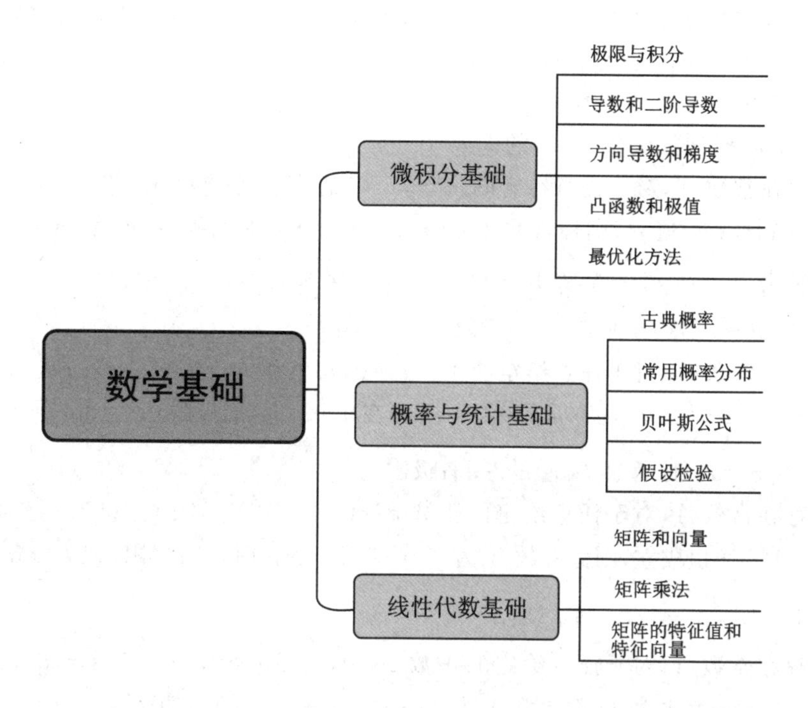

数学基础
微积分基础
极限与积分
导数和二阶导数
方向导数和梯度
凸函数和极值
最优化方法
概率与统计基础
古典概率
常用概率分布
贝叶斯公式
假设检验
线性代数基础
矩阵和向量
矩阵乘法
矩阵的特征值和特征向量

1.1 微积分基础

1.1.1 极限与积分

1. 极　限

极限是微积分学中的基本概念之一，是微积分学中各种概念和方法建立及应用的基础。本节介绍函数极限的概念及其性质。

(1) 函数极限定义

1) 当 $x \to \infty$ 时，函数 $f(x)$ 的极限

若存在常数 A，对于任意给定的正数 $\varepsilon > 0$，总存在正整数 M，当 $|x| > M$ 时，有 $|f(x) - A| < \varepsilon$ 恒成立，则称常数 A 为 $f(x)$ 在 $x \to \infty$ 时的极限，记为 $\lim\limits_{x \to \infty} f(x) = A$。类似可给出 $\lim\limits_{x \to +\infty} f(x) = A$ 及 $\lim\limits_{x \to -\infty} f(x) = A$ 的定义。

2) 当 $x \to x_0$ 时函数 $f(x)$ 的极限

若存在常数 A，对于任意给定的正数 $\varepsilon > 0$，总 $\exists \delta > 0$，当 $0 < |x - x_0| < \delta$ 时，有 $|f(x) - A| < \varepsilon$ 恒成立，则称常数 A 为 $f(x)$ 在 $x \to x_0$ 时的极限，记为 $\lim\limits_{x \to x_0} f(x) = A$。

3) 当 $x \to x_0$ 时函数 $f(x)$ 的左、右极限

若存在常数 A，对于任意给定的正数 $\varepsilon > 0$，总 $\exists \delta > 0$，当 $0 < x - x_0 < \delta$ 时，有 $|f(x) - A| < \varepsilon$ 恒成立，则称常数 A 为 $f(x)$ 在 $x \to x_0^+$ 时的右极限，记为 $\lim\limits_{x \to x_0^+} f(x) = A$，或 $f(x_0^+) = A$ 或 $f(x_0 + 0) = A$。

若存在常数 A，对于任意给定的正数 $\varepsilon < 0$，总 $\exists \delta > 0$，当 $0 < x_0 - x < \delta$ 时，有 $|f(x) - A| < \varepsilon$ 恒成立，则称常数 A 为 $f(x)$ 在 $x \to x_0^-$ 时的左极限，记为 $\lim\limits_{x \to x_0^-} f(x) = A$，或 $f(x_0^-) = A$ 或 $f(x_0 - 0) = A$。

(2) 函数极限的性质

① 极限的唯一性：如果 $\lim\limits_{x \to x_0} f(x) = A$，$\lim\limits_{x \to x_0} f(x) = B$，那么 $A = B$。

② 函数极限的局部有界性：如果 $\lim\limits_{x \to x_0} f(x) = A$，那么 $f(x)$ 在 x_0 的某去心邻域 $\dot{U}(x_0, \delta)$ 内有界，即存在常数 $M > 0$ 和 $\delta > 0$，使得当 $0 < |x - x_0| < \delta$ 时，有 $f(x) \leqslant M$。

③ 函数极限的局部保号性：如果 $\lim\limits_{x \to x_0} f(x) = A$，并且 $A > 0$（或 $A < 0$），那么存在

常数 $\delta>0$，当 $0<|x-x_0|<\delta$ 时，有 $f(x)>0$（或 $f(x)<0$）。如果在 x_0 的某去心邻域内 $f(x)\geqslant 0$（或 $f(x)\leqslant 0$），且 $\lim\limits_{x\to x_0} f(x)=A$，那么 $A\geqslant 0$（或 $A\leqslant 0$）。

【注】上述函数极限的性质对 $x\to x_0^+, x_0^-, \infty, \pm\infty$ 均成立。

2. 积　分

积分包含不定积分和定积分，而定积分是以不定积分为基础的，并且定积分的产生源于对实际问题的应用，比如曲边图形的面积（几何量）、变速运动的总位移（物理量）等，本节主要介绍定积分的定义及其性质。首先抛开这些实际问题的实际意义，抽象出在解决这些实际问题时的一般方法，即可得到定积分的定义。

(1) 定积分的定义

设函数 $f(x)$ 在 $[a,b]$ 上有界，在 $[a,b]$ 中任意插入 $n-1$ 个分点 $a=x_0<x_1<x_2<\cdots<x_{n-1}<x_n=b$，将 $[a,b]$ 分为 n 个小区间 $[x_{i-1},x_i]$，$i=1,2,\cdots,n$，$\Delta x_i=x_i-x_{i-1}$ 表示第 i 个小区间的长度，在每个小区间 $[x_{i-1},x_i]$ 上任意取一点 ξ_i（$x_{i-1}\leqslant\xi_i\leqslant x_i$）$(i=1,\cdots,n)$，记 $\lambda=\max\{\Delta x_1,\Delta x_2,\cdots,\Delta x_n\}$。若极限 $\lim\limits_{\lambda\to 0}\sum\limits_{i=1}^{n} f(\xi_i)\Delta x_i$ 存在，则称此极限为 $f(x)$ 在 $[a,b]$ 上的定积分，记为 $\int_a^b f(x)\mathrm{d}x$ 并称 $f(x)$ 在 $[a,b]$ 上可积，即 $\int_a^b f(x)\mathrm{d}x=\lim\limits_{\lambda\to 0}\sum\limits_{i=1}^{n} f(\xi_i)\Delta x_i$。

(2) 定积分存在的条件

① 必要条件：$\int_a^b f(x)\mathrm{d}x$ 存在的必要条件是 $f(x)$ 在 $[a,b]$ 上有界。

② 充分条件：$\int_a^b f(x)\mathrm{d}x$ 存在的充分条件是 $f(x)$ 在 $[a,b]$ 上连续或仅有有限个间断点且有界。

(3) 定积分的性质

① 当 $a>b$ 时，$\int_a^b f(x)\mathrm{d}x=-\int_b^a f(x)\mathrm{d}x$。

② 当 $a=b$ 时，$\int_a^b f(x)\mathrm{d}x=0$。

③ 线性：$\int_a^b [f(x)+g(x)]\mathrm{d}x=\int_b^a f(x)\mathrm{d}x+\int_b^a g(x)\mathrm{d}x$，$\int_a^b kf(x)\mathrm{d}x=k\int_a^b f(x)\mathrm{d}x$。

④ 可加性：设 $f(x)$ 在 $[a,b]$ 上可积，$c\in[a,b]$，则 $\int_a^b f(x)\mathrm{d}x=\int_a^c f(x)\mathrm{d}x+\int_c^b f(x)\mathrm{d}x$。

⑤ 不等式的性质：设 $f(x)$，$g(x)$ 在 $[a,b]$ 上可积，

a) 若 $f(x)\geqslant 0, \forall x\in[a,b]$，则 $\int_a^b f(x)\mathrm{d}x\geqslant 0$；

b) 若 $f(x)\leqslant g(x), \forall x\in[a,b], a<b$，则 $\int_a^b f(x)\mathrm{d}x\leqslant\int_a^b g(x)\mathrm{d}x$；

c) 若 $a<b$，则 $\left|\int_a^b f(x)\mathrm{d}x\right|\leqslant\int_a^b |f(x)|\mathrm{d}x$；

d) 设 M 及 m 分别是函数 $f(x)$ 在区间 $[a,b]$ 上的最大值和最小值，则

$$m(b-a)\leqslant\int_a^b f(x)\mathrm{d}x\leqslant M(b-a),\quad a<b$$

⑥ 积分中值定理：若 $f(x)$ 在 $[a,b]$ 上连续，则至少存在一点 $\xi\in[a,b]$ 使

$$\int_a^b f(x)\mathrm{d}x=f(\xi)\cdot(b-a) \tag{1.1}$$

⑦ 牛顿-莱布尼茨公式：设 $f(x)$ 在 $[a,b]$ 上连续，$F(x)$ 是 $f(x)$ 在 $[a,b]$ 上的一个原函数，则

$$\int_a^b f(x)\mathrm{d}x=F(x)\Big|_a^b=F(b)-F(a) \tag{1.2}$$

1.1.2 导数和二阶导数

1. 导　数

① 导数的定义：设 $f(x)$ 在 $x=x_0$ 的某邻域 $U(x_0)$ 内有定义，并设 $x_0+\Delta x\in U(x_0)$，如果

$$\lim_{\Delta x\to 0}\frac{f(x_0+\Delta x)-f(x_0)}{\Delta x}$$

存在，则称 $f(x)$ 在 $x=x_0$ 处可导，并称上述极限为 $f(x)$ 在 $x=x_0$ 处的导数，记为

$$\lim_{\Delta x\to 0}\frac{f(x_0+\Delta x)-f(x_0)}{\Delta x}=f'(x_0)=\left.\frac{\mathrm{d}f(x)}{\mathrm{d}x}\right|_{x=x_0} \tag{1.3}$$

若记 $y=f(x)$，则在 x_0 点的导数又可记成 $y'(x_0)$，$\left.\frac{\mathrm{d}y}{\mathrm{d}x}\right|_{x=x_0}$，$\left.\frac{\mathrm{d}y(x)}{\mathrm{d}x}\right|_{x=x_0}$ 等。

如果 $f(x)$ 在区间 (a,b) 内每一点 x 都可导，则称 $f(x)$ 在 (a,b) 内可导，$f'(x)$ 称为 $f(x)$ 在 (a,b) 内的导函数，简称导数。

在定义式中，若记 $x=x_0+\Delta x$，则该式可改写为

$$\lim_{x\to x_0}\frac{f(x)-f(x_0)}{x-x_0}=f'(x_0) \tag{1.4}$$

② 可导与连续：函数 $y=f(x)$ 的导数在 x 处存在，则函数 y 在同一点必然连续，反之则不然。

③ 左右导数与可导的关系：函数 y 在某一点可导，意味着函数 y 的左右导数都存在，并且左右导数皆相等。

④ 导数的几何意义：函数 y 在某一点处的导数是指函数曲线在这一点的切线的斜率。

⑤ 可导与可微的关系：函数在某一点可导意味着在某一点可微，在某一点可微同样意味着可导，两者是等价的。

2. 高阶导数

高阶导数定义　若函数 $f(x)$的导函数 $f'(x)$在点 x_0 可导，则称函数 $f(x)$在点 x_0 二阶可导，并称 $f'(x)$在点 x_0 的导数为 $f(x)$在点 x_0 的二阶导数，记作 $f''(x_0)$，$\left.\frac{d^2y}{dx^2}\right|_{x=x_0}$，…，即

$$f''(x_0)=\left.\frac{dy^2}{dx^2}\right|_{x=x_0}=\lim_{\Delta x\to 0}\frac{f'(x_0+\Delta x)-f'(x_0)}{\Delta x}=\lim_{x\to x_0}\frac{f'(x)-f'(x_0)}{x-x_0} \tag{1.5}$$

一般地，若函数 $f(x)$的 $n-1$ 阶导函数 $f^{(n-1)}(x)$在点 x_0 可导，则称函数 $f(x)$在点 x_0 n 阶可导，并称 $f^{(n-1)}(x)$在点 x_0 的导数为 $f(x)$在点 x_0 的 n 阶导数，记作 $f^{(n)}(x_0)$，$\left.\frac{d^ny}{dx^n}\right|_{x=x_0}$，…，即

$$\begin{aligned}f^{(n)}(x_0)&=\left.\frac{dy^n}{dx^n}\right|_{x=x_0}=\lim_{\Delta x\to 0}\frac{f^{(n-1)\prime}(x_0+\Delta x)-f^{(n-1)}(x_0)}{\Delta x}\\&=\lim_{x\to x_0}\frac{f^{(n-1)}(x)-f^{(n-1)}(x_0)}{x-x_0}\end{aligned} \tag{1.6}$$

二阶及二阶以上的导数称为高阶导数，前面介绍的导数也可称为一阶导数。若函数 $f(x)$在区间 I 上每一点都可导，即 $\forall x_0\in I$，有 $f(x)$在点 x_0 的唯一 n 阶导数与其对应，这样建立了一个函数，则称其为 $f(x)$在 I 上的 n 阶导函数，简称为 $f(x)$在 I 上的 n 阶导数，记作 $f^{(n)}(x)$，$\frac{dy^n}{dx^n}$，…。

1.1.3　方向导数和梯度

1. 方向导数

方向导数与梯度两者既相互关联又有区别，简单来说方向导数是一个值，而梯度是一个向量。方向导数本质上是研究函数沿任一指定方向的变化率的问题，梯度则反映空间变量变化趋势的最大值和方向。

定义：假设函数 $z=f(x,y)$在点 $P_0(x_0,y_0)$的某个邻域 $U(P_0)$内有定义，从点 P_0 引射线 l，射线 l 与 x 轴的正向间的转角为 φ，$P(x_0+\rho\cos\alpha, y_0+\rho\cos\beta)\in U(P_0)$为 l 上的另一点，$\rho=|PP_0|$为 P 到 P_0 的距离。若存在

$$\lim_{\rho\to 0^+}\frac{f(x_0+\rho\cos\alpha,y_0+\rho\cos\beta)-f(x_0,y_0)}{\rho}$$

则称此极限值为 $z=f(x,y)$ 在点 P_0 沿方向 l 的方向导数，记作 $\left.\frac{\partial f}{\partial l}\right|_{(x_0,y_0)}$。其计算公式为

$$\left.\frac{\partial f}{\partial l}\right|_{(x_0,y_0)}=\lim_{\rho\to 0}\frac{f(x_0+\rho\cos\alpha,y_0+\rho\cos\beta)-f(x_0,y_0)}{\rho}$$

由此定义可知，方向导数 $\left.\frac{\partial f}{\partial l}\right|_{(x_0,y_0)}$ 即为函数 $f(x,y)$ 在点 $P_0(x_0,y_0)$ 处沿某一特定方向的变化率。

方向导数的存在性与计算，有如下定理：

如果函数 $f(x,y)$ 在点 $P_0(x_0,y_0)$ 处可微分，那么该函数在 P_0 处沿着任意方向 l 的方向导数存在，并且

$$\left.\frac{\partial f}{\partial l}\right|_{(x_0,y_0)}=f_x(x_0,y_0)\cos\alpha+f_y(x_0,y_0)\cos\beta$$

$\cos\alpha,\cos\beta$ 为方向 l 的方向余弦。

2. 梯　度

在二元函数的情形下，如果函数 $f(x,y)$ 在平面区域 D 内具有一阶连续偏导数，对于任意一点 $P_0(x_0,y_0)\in D$ 都有这样一个向量：$f_x(x_0,y_0)\boldsymbol{i}+f_y(x_0,y_0)\boldsymbol{j}$，那么这个向量就称为 $f(x,y)$ 在这一点的梯度，记作 $\mathbf{grad}f(x_0,y_0)$ 或 $\nabla f(x_0,y_0)$，即 $\mathbf{grad}f(x_0,y_0)=\nabla f(x_0,y_0)=f_x(x_0,y_0)\boldsymbol{i}+f_y(x_0,y_0)\boldsymbol{j}$。其中 $\nabla=\frac{\partial}{\partial x}\boldsymbol{i}+\frac{\partial}{\partial y}\boldsymbol{j}$ 称为 Nabla 算子或向量微分算子，$\nabla f=\frac{\partial f}{\partial x}\boldsymbol{i}+\frac{\partial f}{\partial y}\boldsymbol{j}$。

如果函数 $f(x,y)$ 在点 $P_0(x_0,y_0)$ 可微分，$\boldsymbol{e}_l=(\cos\alpha,\cos\beta)$ 是与方向 l 同向的单位向量，则

$$\begin{aligned}\left.\frac{\partial f}{\partial l}\right|_{(x_0,y_0)}&=f_x(x_0,y_0)\cos\alpha+f_y(x_0,y_0)\cos\beta=\mathbf{grad}f(x_0,y_0)\\&=|\mathbf{grad}f(x_0,y_0)|\cos\theta\end{aligned}\tag{1.7}$$

其中 $\theta=(\mathbf{grad}f(x_0,y_0),\boldsymbol{e}_l)$。

方向导数和梯度的关系如下：

- 当 $\theta=0$，即 $\boldsymbol{e}_l$ 与梯度 $\mathbf{grad}f(x_0,y_0)$ 方向相同时，函数 $f(x,y)$ 增加得最快。此时，函数在此方向上的方向导数达到最大值，且此最大值记为梯度 $\mathbf{grad}f(x_0,y_0)$ 的模，即 $\left.\frac{\partial f}{\partial l}\right|_{(x_0,y_0)}=|\mathbf{grad}f(x_0,y_0)|$。
- 当 $\theta=\pi$，即 $\boldsymbol{e}_l$ 与梯度 $\mathbf{grad}f(x_0,y_0)$ 方向相反时，函数 $f(x,y)$ 减少得最快。

此时,函数在此方向上的方向导数达到最小值,即$\left.\frac{\partial f}{\partial l}\right|_{(x_0,y_0)}=-|\mathbf{grad}f(x_0,y_0)|$。

- 当$\theta=\frac{\pi}{2}$,即$\boldsymbol{e}_l$与梯度$\mathbf{grad}f(x_0,y_0)$方向垂直正交时,函数$f(x,y)$的变化率为零,即$\left.\frac{\partial f}{\partial l}\right|_{(x_0,y_0)}=|\mathbf{grad}f(x_0,y_0)|\cos\theta=0$。

1.1.4 凸函数和极值

1. 凸函数

(1) 凸函数定义

凸性也是函数变化的重要性质。通常把函数图像向上凸或向下凸的性质,叫做函数的凸性。通俗理解为:图像向下凸的函数叫做凹函数,图像向上凸的函数叫做凸函数。具体定义如下:设$f:I\to R$,若$\forall x_1,x_2\in I$,$\forall\lambda\in[0,1]$,不等式$f[\lambda x_1+(1-\lambda)x_2]\leqslant\lambda f(x_1)+(1-\lambda)f(x_2)$①成立,则称$f$为$I$上的凸函数。若$\forall\lambda\in(0,1)$,$x_1\neq x_2$,不等式$f(\lambda x_1+(1-\lambda)x_2)\leqslant\lambda f(x_1)+(1-\lambda)f(x_2)$②成立,则称$f$为$I$上的严格凸函数。若式①与式②中的不等式符号反向,则分别称f为I上的凹函数与严格凹函数。

显然,f为I上的(严格)凸函数$\Leftrightarrow -f$是(严格)凸的。因此,只要研究凸函数的性质与判别法,就不难得到凹函数的相应的判别法。

(2) 凸函数性质

性质1:定义在某个开区间C内的凸函数f在C内连续,且在除可数个点之外的所有点可微。如果C是闭区间,那么f有可能在C的端点不连续。

性质2:一元可微函数在某个区间上是凸的,当且仅当它的导数在该区间上单调不减。

性质3:设函数$f(x)$,$g(x)$在区间(a,b)为递增的非负凸函数,则$f(x)g(x)$在区间(a,b)也为凸函数。

性质4:设函数$f(x)$在区间(a,b)为凸函数,设函数$g(x)$在区间(c,d)为单调增加凸函数,且$f(x)$的值域$A=\{f(x)|x\in(a,b)\}\subset(c,d)$,则$g[f(x)]$在$(a,b)$为凸函数。

2. 极　值

(1) 一元函数极值定义

定义1:一般地,设函数$f(x)$在点x_0附近有定义,如果对x_0附近的所有的点,都有$f(x)\leqslant f(x_0)$,就说$f(x_0)$是函数$f(x)$的一个极大值,记作$y_{\max}=f(x_0)$,x_0是极大值点。

定义 2：一般地，设函数 $f(x)$在点 x_0 附近有定义，如果对 x_0 附近的所有的点，都有 $f(x) \geqslant f(x_0)$，就说 $f(x_0)$是函数 $f(x)$的一个极小值，记作 $y_{\min}=f(x_0)$，x_0 是极小值点。

极大值与极小值统称为极值。

(2) 一元函数极值的判定

定理 1(必要条件)：设函数 $y=f(x_0)$在点 x_0 处可导，且在 x_0 处取得极值，则函数 $f(x)$在点 x_0 的导数 $f'(x_0)=0$。使导数为零的点，叫做 $f(x)$的驻点。

定理 2(第一判别法)：设函数 $y=f(x_0)$在点 x_0 的附近可导且 $f'(x_0)=0$。

① 如果当 $x<x_0$ 时，$f'(x)>0$；当 $x>x_0$ 时，$f'(x)<0$，则 $f(x)$在点 x_0 取得极大值。

② 如果当 $x<x_0$ 时，$f'(x)<0$；当 $x>x_0$ 时，$f'(x)<0$，则 $f(x)$在点 x_0 取得极小值。

1.1.5 最优化方法

近年来，随着计算机的发展和实际问题的需要，优化问题受到越来越多的关注。其中，最具有代表性的是牛顿法、拟牛顿法和共轭梯度法。

1. 牛顿法

牛顿法是用二次曲线来近似原有的目标函数，用二次曲线的极小值点来近似原目标函数的极小值点。牛顿法是一种可以让目标函数收敛很快的方法。

一维目标函数 $f(x)$在 $x^{(k)}$ 点逼近用的二次曲线(即泰勒二次多项式)为

$$\varphi(x^{(k)})=f(x^{(k)})+f'(x^{(k)})(x-x^{(k)})+\frac{1}{2}f''(x^{(k)})(x-x^{(k)})^2 \tag{1.8}$$

此二次函数的极小值点在 $\varphi'(x^{(k)})=0$ 求得。

对于 n 维问题，n 维的目标函数 $f(\boldsymbol{X})$在 $\boldsymbol{X}^{(k)}$ 点逼近用的二次曲线为

$$\begin{aligned}\varphi(\boldsymbol{X}^{(k)})=&f(\boldsymbol{X}^{(k)})+[\nabla f(\boldsymbol{X}^{(k)})]\cdot[\boldsymbol{X}-\boldsymbol{X}^{(k)}]+\\&\frac{1}{2}[\boldsymbol{X}-\boldsymbol{X}^{(k)}]^{\mathrm{T}}\cdot\nabla^2 f(\boldsymbol{X}^{(k)})\cdot[\boldsymbol{X}-\boldsymbol{X}^{(k)}]\end{aligned} \tag{1.9}$$

令式中的 Hessian$\nabla^2 f(\boldsymbol{X}^{(k)})=H(\boldsymbol{X}^{(k)})$，则式(1.9)可改写为

$$\begin{aligned}\varphi(\boldsymbol{X}^{(k)})=&f(\boldsymbol{X}^{(k)})+[\nabla f(\boldsymbol{X}^{(k)})]\cdot[\boldsymbol{X}-\boldsymbol{X}^{(k)}]+\\&\frac{1}{2}[\boldsymbol{X}-\boldsymbol{X}^{(k)}]^{\mathrm{T}}\cdot H(\boldsymbol{X}^{(k)})\cdot[\boldsymbol{X}-\boldsymbol{X}^{(k)}]\\\approx&f(\boldsymbol{X})\end{aligned} \tag{1.10}$$

当$\nabla\varphi(\boldsymbol{X})=\boldsymbol{0}$ 时，可以得到 $\varphi(\boldsymbol{X})$的极值点。当该点处的 Hessian 矩阵正定时，该二次曲线存在极小值点，即：

$$\nabla\varphi(\boldsymbol{X})=\nabla f(\boldsymbol{X}^{(k)})+H(\boldsymbol{X}^{(k)})[\boldsymbol{X}-\boldsymbol{X}^{(k)}]$$

令$\nabla\varphi(\boldsymbol{X})=\boldsymbol{0}$，则

$$\nabla f(\boldsymbol{X}^{(k)})+H(\boldsymbol{X}^{(k)})[\boldsymbol{X}-\boldsymbol{X}^{(k)}]=\boldsymbol{0}$$

若$H(\boldsymbol{X}^{(k)})$为可逆矩阵，将上式等号两边左乘$[H(\boldsymbol{X}^{(k)})]^{-1}$，可得

$$[H(\boldsymbol{X}^{(k)})]^{-1}\nabla f(\boldsymbol{X}^{(k)})+I_n[\boldsymbol{X}-\boldsymbol{X}^{(k)}]=\boldsymbol{0}$$

即

$$\boldsymbol{X}=\boldsymbol{X}^{(k)}-[H(\boldsymbol{X}^{(k)})]^{-1}\nabla f(\boldsymbol{X}^{(k)})$$

如果目标函数$f(\boldsymbol{X})$为二次函数时，$H(\boldsymbol{X}^{(k)})$就是常数矩阵，则

$$\begin{aligned}\varphi(\boldsymbol{X}^{(k)})&=f(\boldsymbol{X}^{(k)})+[\nabla f(\boldsymbol{X}^{(k)})]\cdot[\boldsymbol{X}-\boldsymbol{X}^{(k)}]+\\&\quad\frac{1}{2}[\boldsymbol{X}-\boldsymbol{X}^{(k)}]^{\mathrm{T}}\cdot H(\boldsymbol{X}^{(k)})\cdot[\boldsymbol{X}-\boldsymbol{X}^{(k)}]\\&\approx f(\boldsymbol{X})\end{aligned}$$

将变成精确表达式，而利用式$\boldsymbol{X}=\boldsymbol{X}^{(k)}-[H(\boldsymbol{X}^{(k)})]^{-1}\nabla f(\boldsymbol{X}^{(k)})$作一次计算，求出的值$\boldsymbol{X}$就是最优点值，设为$\boldsymbol{X}^*$。一般情况下，$f(\boldsymbol{X})$不一定是二次函数，也就不能一步求出极小值，极小值点不在$-[H(\boldsymbol{X}^{(k)})]^{-1}\nabla f(\boldsymbol{X}^{(k)})$方向上，但由于在$\boldsymbol{X}^{(k)}$点附近函数$\varphi(\boldsymbol{X})$与$f(\boldsymbol{X})$是近似的，所以这个方向也可以作为近似方向，故可以用式$\boldsymbol{X}=\boldsymbol{X}^{(k)}-[H(\boldsymbol{X}^{(k)})]^{-1}\nabla f(\boldsymbol{X}^{(k)})$求出点$\boldsymbol{X}$作为一个逼近点$\boldsymbol{X}^{(k+1)}$。此时，式$\boldsymbol{X}=\boldsymbol{X}^{(k)}-[H(\boldsymbol{X}^{(k)})]^{-1}\nabla f(\boldsymbol{X}^{(k)})$可改成牛顿法的一般迭代公式：

$$\boldsymbol{X}^{(k+1)}=\boldsymbol{X}^{(k)}-[H(\boldsymbol{X}^{(k)})]^{-1}\nabla f(\boldsymbol{X}^{(k)})$$

式中，$-[H(\boldsymbol{X}^{(k)})]^{-1}\nabla f(\boldsymbol{X}^{(k)})$称为牛顿方向，通过这种迭代，逐步向极小值点$\boldsymbol{X}^*$逼近。

(1) 算法原理

牛顿法是基于多元函数的泰勒展开式而来，它将$-[H(\boldsymbol{X}^{(k)})]^{-1}\nabla f(\boldsymbol{X}^{(k)})$作为探索方向，因此它的迭代公式为

$$\boldsymbol{X}^{(k+1)}=\boldsymbol{X}^{(k)}-[H(\boldsymbol{X}^{(k)})]^{-1}\nabla f(\boldsymbol{X}^{(k)})$$

(2) 算法步骤

① 给定初始点$\boldsymbol{X}^{(0)}$及精度$\varepsilon>0$，令$k=0$；

② 若$\|\nabla f(\boldsymbol{X}^{(k)})\|\leqslant\varepsilon$，停止，极小点为$\boldsymbol{X}^{(k)}$，否则转步骤③；

③ 计算$[\nabla^2 f(\boldsymbol{X}^{(k)})]^{-1}$，令$\boldsymbol{S}^{(k)}=-[H(\boldsymbol{X}^{(k)})]^{-1}\nabla f(\boldsymbol{X}^{(k)})$；

④ 令$\boldsymbol{X}^{(k+1)}=\boldsymbol{X}^{(k)}+\boldsymbol{S}^{(k)}$，$k=k+1$，转步骤②。

2. 拟牛顿法

虽然牛顿法的收敛速度更快，但它要求 Hessian 矩阵是可逆的。计算二阶导数和逆矩阵，会使计算量增加。为了提高牛顿法的计算速度，同时又保持较快的收敛性，产生了拟牛顿法。拟牛顿法是在牛顿法基础上的推广。通过在试探点附近的二次逼近引入牛顿条件以确定直线搜索的方向。它有两种主要形式：DFP(Davidon - Fletcher - Powell)和 BFGS(Broyden - Fletcher - Goldfarb - Shanno)。拟牛顿法的一般步骤如下：

① 给定初始点 $\boldsymbol{X}^{(0)}$，初始对称正定矩阵 $\boldsymbol{H}_0$，$\boldsymbol{g}_0=g(\boldsymbol{X}^{(0)})$ 及精度 $\varepsilon<0$；

② 计算搜索方向 $\boldsymbol{p}^{(k)}=-\boldsymbol{H}_k\boldsymbol{g}_k$；

③ 作直线搜索 $\boldsymbol{X}^{(k+1)}=F(\boldsymbol{X}^{(k)},\boldsymbol{p}^{(k)})$，计算 $\boldsymbol{f}_{k+1}=f(\boldsymbol{x}^{(k+1)})$，$\boldsymbol{g}_{k+1}=\boldsymbol{g}(\boldsymbol{x}^{(k+1)})$，

$$\boldsymbol{S}_k=\boldsymbol{x}^{(k+1)}-\boldsymbol{x}^{(k)},\quad \boldsymbol{y}_k=\boldsymbol{g}_{k+1}-\boldsymbol{g}_k$$

④ 判断终止准则是否满足；

⑤ 令 $\boldsymbol{H}_{k+1}=\boldsymbol{H}_k+\boldsymbol{E}_k$ 置 $k=k+1$，转步骤②。

不同的拟牛顿法对应不同的 $\boldsymbol{E}_k$。

(1) DFP 法

DFP 算法中的校正公式为

$$\boldsymbol{H}_{k+1}=\boldsymbol{H}_k+\frac{\boldsymbol{S}_k\boldsymbol{S}_k^{\mathrm{T}}}{\boldsymbol{S}_y^{\mathrm{T}}\boldsymbol{y}_k}-\frac{\boldsymbol{H}_k\boldsymbol{y}_k\boldsymbol{y}_k^{\mathrm{T}}\boldsymbol{H}_k}{\boldsymbol{y}_k^{\mathrm{T}}\boldsymbol{H}_k\boldsymbol{y}_k} \tag{1.11}$$

为了保证 $\boldsymbol{H}_k$ 的正定性，在下面的算法迭代一定次数后，重置初始点和迭代矩阵再次进行迭代。

(2) BFGS 法

BFGS 算法中的校正公式为

$$\boldsymbol{H}_{k+1}=\boldsymbol{H}_k+\frac{\boldsymbol{S}^{(k)}(\boldsymbol{S}^{(k)})^{\mathrm{T}}}{(\boldsymbol{S}^{(k)})^{\mathrm{T}}\boldsymbol{y}^{(k)}}\left[1+\frac{(\boldsymbol{y}^{(k)})^{\mathrm{T}}\boldsymbol{H}_k\boldsymbol{y}^{(k)}}{(\boldsymbol{S}^{\mathrm{k}})^{\mathrm{T}}\boldsymbol{y}^{(k)}}\right]-$$

$$\frac{1}{(\boldsymbol{S}^{(k)})^{\mathrm{T}}\boldsymbol{y}^{(k)}}[\boldsymbol{S}^{(k)}(\boldsymbol{y}^{(k)})^{\mathrm{T}}\boldsymbol{H}_k+\boldsymbol{H}_k\boldsymbol{y}^{(k)}(\boldsymbol{S}^{(k)})^{\mathrm{T}}] \tag{1.12}$$

为了保证 $\boldsymbol{H}_k$ 的正定性，在下面算法步骤迭代一定次数后，重置初始点和迭代矩阵再次进行迭代。

3. 共轭梯度法

定理 1：设 $\boldsymbol{A}$ 是 n 阶对称正定矩阵，$\boldsymbol{d}^1,\boldsymbol{d}^2,\boldsymbol{d}^3,\cdots,\boldsymbol{d}^k$ 是 k 个与 $\boldsymbol{A}$ 共轭的非零向量，则这个向量组线性无关。

定理 2：设有函数 $f(\boldsymbol{x})=\frac{1}{2}\boldsymbol{x}^{\mathrm{T}}\boldsymbol{A}\boldsymbol{x}+\boldsymbol{b}^{\mathrm{T}}\boldsymbol{x}+\boldsymbol{c}$，其中 $\boldsymbol{A}$ 是 n 阶对称正定矩阵。$\boldsymbol{d}^{(1)},\boldsymbol{d}^{(2)},\cdots,\boldsymbol{d}^{(k)}$ 是一组 $\boldsymbol{A}$ 共轭向量。以任意的 $\boldsymbol{x}^{(1)}\in\mathbf{R}^{(n)}$ 为初始点，依次沿 $\boldsymbol{d}^1,\boldsymbol{d}^2,\boldsymbol{d}^3,\cdots,\boldsymbol{d}^k$ 进行搜索，得到点 $\boldsymbol{x}^{(2)},\boldsymbol{x}^{(3)},\cdots,\boldsymbol{x}^{(k+1)}$，则 $\boldsymbol{x}^{(k+1)}$ 是函数 $f(\boldsymbol{x})$ 在 $\boldsymbol{x}^{(1)}+\boldsymbol{B}_k$ 上的极小点，其中

$$\boldsymbol{B}_k=\left\{\boldsymbol{x}\mid\boldsymbol{x}=\sum_{i=1}^{k}\lambda_i\boldsymbol{d}^{(i)},\lambda_i\in\mathbf{R}\right\}$$

是由 $\boldsymbol{d}^{(1)},\boldsymbol{d}^{(2)},\cdots,\boldsymbol{d}^{(k)}$ 生成的子空间。特别地，当 $k=n$ 时，$\boldsymbol{x}^{(n+1)}$ 是 $f(\boldsymbol{x})$ 在 $\mathbf{R}^n$ 上唯一的极小点。

推论：在上述定理条件下，必有

$$\nabla f(\boldsymbol{x}^{(k+1)})^{\mathrm{T}}\boldsymbol{d}^i=\boldsymbol{0},\quad i=1,2,\cdots,k$$

定理3:对于正定二次型函数 $f(\boldsymbol{x})=\frac{1}{2}\boldsymbol{x}^{\mathrm{T}}\boldsymbol{A}\boldsymbol{x}+\boldsymbol{b}^{\mathrm{T}}\boldsymbol{x}+c$,FR算法在 $m\leqslant n$ 次一维搜索后即终止,并且对所有的 $i(1\leqslant i\leqslant m)$,下列关系成立:

① $\boldsymbol{d}^{(i)\mathrm{T}}\boldsymbol{A}\boldsymbol{d}^{(j)}=0,j=1,2,\cdots,i-1$;

② $\boldsymbol{g}_i^{\mathrm{T}}\boldsymbol{g}_j=0,j=1,2,\cdots,i-1$;

③ $\boldsymbol{g}^{\mathrm{T}}\boldsymbol{d}^{(i)}=-\boldsymbol{g}_i^{\mathrm{T}}\boldsymbol{g}_i$。

1.2 概率与统计基础

1.2.1 古典概率

古典概率(the classical probability)又叫传统概率、等可能概率,是法国数学家拉普拉斯(Pierre-Simon Laplace,1749-1827)提出的一种既基础又重要的概率类型。古典概率模型需要满足两个条件:

① 试验中只有有限种基本事件(情形);

② 试验中每种基本事件(情形)出现的可能性相等。

基本事件也叫样本点或简单事件,一个基本事件也要满足两个条件:

① 任意两个基本事件之间是互斥的;

② 基本事件可以组成任何事件(除不可能事件)。

若随机事件 S 包含的基本事件数(也称有利于事件 S 的基本事件数)为 b,试验中所有的基本事件总数为 a,那么古典概率的概率公式可以表示为

$$P(S)=\frac{\text{事件 } S \text{ 包含的基本事件数}}{\text{试验中基本事件总数}}$$

即

$$P(S)=\frac{b}{a} \tag{1.13}$$

由上述公式计算出的事件 S 的概率就是 S 的古典概率。

进而我们可以得到计算事件 S 古典概率的一般步骤:

① 明确试验中的基本事件,计算所有可能出现的基本事件数目;

② 明确目标事件 S 的基本事件,计算 S 的所有基本事件数目;

③ 代入公式 $P(S)=\frac{b}{a}$,求出 $P(S)$。

古典概型在一定条件下可以转化为几何概型,这个问题留给读者思考(提示:从古典概率的两个条件入手)。

1.2.2 常用概率分布

1. 离散型

若随机变量 A 只可能取可列个或有限个值，那么 A 称为离散型随机变量，称

$$p_i = P\{A = x_i\},\quad i = 1,2,\cdots$$

为 A 的概率分布或分布列，也可以表示为

$$A \sim \begin{bmatrix} a_1 a_2 \cdots \\ p_1 p_2 \cdots \end{bmatrix}$$

其中 $p_i \geqslant 0 (i=1,2,\cdots)$，且 $\sum_i p_i = 1$。

接下来看离散型随机变量的常见概率分布类型：

1）伯努利分布，又叫 0-1 分布，记作 $B(1,p)$

如果 A 的概率分布为 $A \sim \begin{pmatrix} 1 & 0 \\ p & 1-p \end{pmatrix}$，则称 A 服从参数为 p 的伯努利分布，记为 $A \sim B(n,p)(0<p<1)$。

2）二项分布 $B(n,p)$

如果 A 的概率分布为 $P\{A=k\} = \mathrm{C}_n^k p^k (1-p)^{n-k} (k=1,2,\cdots,n;0<p<1)$，则称 A 服从参数为 (n,p) 的二项分布，记为 $A \sim B(n,p)$。

3）泊松分布 $P(\lambda)$

如果变量 A 的概率分布为 $P\{A=k\} = \frac{\lambda^k}{k!}\mathrm{e}^{-\lambda} (k=0,1,\cdots,\lambda>0)$，则称变量 A 服从参数为 λ 的泊松分布，记为 $X \sim P(\lambda)$。

4）几何分布 $G(p)$

如果变量 A 的概率分布为 $P\{A=k\} = (1-p)^{k-1} p (k=1,2,\cdots,0<p<1)$，则称变量 A 服从参数为 p 的几何分布，记为 $A \sim G(p)$。

5）超几何分布 $H(n,N,M)$

如果变量 A 的概率分布为 $P\{A=k\} = \frac{\mathrm{C}_M^k \mathrm{C}_{N-M}^{n-k}}{C_N^n} (\max(0,n-N+M) \leqslant k \leqslant \min(M,n))$ M,N,n 为正整数且 $M \leqslant N, n \leqslant N, k$ 为正整数，则称 A 服从参数为 (n,N,M) 的超几何分布，记为 $A \sim H(n,N,M)$。

2. 连续型

若随机变量 A 的分布函数可以表示为

$$F(a) = \int_{-\infty}^{a} f(t)\mathrm{d} \quad a (a \in \mathrm{R})$$

其中 $f(a)$ 是非负可积函数，则称 A 为连续型随机变量，$f(a)$ 为 A 的概率密度函数，

记为 $A \sim f(a)$。其中 $f(a) \geqslant 0$，且 $\int_{-\infty}^{+\infty} f(t)\mathrm{d}a = 1$。

下面来看连续型随机变量的常见概率分布：

1）均匀分布 $U(m,n)$

如果随机变量 A 的分布和概率密度函数分别为

$$F(a)=\begin{cases}0, & x<m \\ \dfrac{a-m}{m-n}, & m \leqslant a<n, \\ 1, & a \geqslant n\end{cases} \quad f(a)=\begin{cases}\dfrac{1}{n-m}, & m \leqslant a<n \\ 0, & \text{其他}\end{cases} \tag{1.14}$$

则称 A 在区间 (a,b) 上服从均匀分布，记为 $A \sim U(m,n)$。

2）指数分布 $E(\lambda)$

如果随机变量 A 的分布函数和概率密度函数分别为

$$F(a)=\begin{cases}1-\mathrm{e}^{-\lambda a}, & a \geqslant 0 \\ 0, & a<0\end{cases}(\lambda>0), \quad f(a)=\begin{cases}\lambda \mathrm{e}^{-\lambda a}, & a>0 \\ 0, & \text{其他}\end{cases} \tag{1.15}$$

则称 A 服从参数为 λ 的指数分布，记为 $A \sim E(\lambda)$。

3）正态分布 $N(\mu,\sigma^2)$

如果 A 的概率密度

$$f(a)=\frac{1}{\sqrt{2\pi}\sigma}\mathrm{e}^{-\frac{1}{2}\left(\frac{a-\mu}{\sigma}\right)^2} \quad (-\infty<\alpha<+\infty) \tag{1.16}$$

其中 $-\infty<\mu<+\infty$，$\sigma>0$，则称 A 服从参数为 (μ,σ^2) 的正态分布，记为 $A \sim N(\mu,\sigma^2)$，此时 $f(a)$ 的图像关于 $a=\mu$ 对称，在 $a=\mu$ 处取得唯一最大值 $f(\mu)=\dfrac{1}{\sqrt{2\pi}\sigma}$。一维正态分布在取不同参数时的曲线形状如图 1.1 所示。

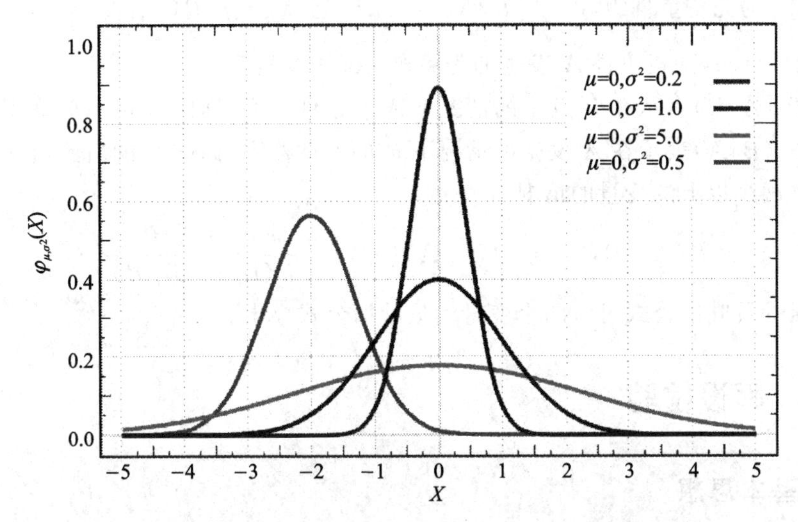

图 1.1　一维正态分布在取不同参数时的曲线形状

将 $\mu=0,\sigma=1$ 时的正态分布 $N(0,1)$ 称为标准正态分布，将标准正态分布的概率密度记为 $\varphi(a)=\frac{1}{\sqrt{2\pi}}\mathrm{e}^{-\frac{1}{2}a^2}$，分布函数为 $\phi(a)=\frac{1}{\sqrt{2\pi}}\int_{-\infty}^{a}\mathrm{e}^{-\frac{1}{2}t^2}\mathrm{d}t$，特别地，

$$\phi(0)=\frac{1}{2},\quad \phi(-a)=1-\phi(a) \tag{1.17}$$

正态分布是统计学、机器学习领域非常重要的分布，在实际应用中，我们会用截断正态分布(truncated normal distribution)去初始化神经网络的参数；高斯核函数在支持向量机(support vector machine)中起到了重要作用，此外还应用于语音识别领域的重要模型——高斯混合模型GMM(gaussian mixture model)等。

1.2.3 贝叶斯公式

贝叶斯公式描述了随机事件 B 的概率会随着随机事件 A 的发生而改变，也就是说随着某个事实的发生，概率会发生改变。频率学派认为抽样是无限的，这样可以无限接近模型的分布；而贝叶斯学派认为世界是在不断改变过程中，根据事实的发生对已有概率进行修正。

概率分布用于学习不确定性和未观测状态。贝叶斯模型被广泛应用于概率图模型、语音识别、自然语言处理等领域。

贝叶斯公式：

$$P(A_i \mid B)=\frac{P(A_i)P(B \mid A_i)}{\sum_{j=1}^{n}P(A_j)P(B \mid A_j)} \tag{1.18}$$

$A_1,\cdots,A_n$ 为完备事件组，即 $\sum_{i=1}^{n}P(A_i)=1, A_i \cup A_j=\phi, P(A_i)>0$，

用 $P_r(A)$ 是随机事件 A 发生的先验概率或边缘概率。

用 $P_r(A|B)$ 表示在 B 发生的情况下 A 的条件概率，称作 A 的后验概率。

用 $P_r(B|A)$ 表示在 A 发生的情况下 B 的条件概率，称作 B 的后验概率。

对于两个以上的变量的情况：

$$P(A \mid B,C)=P(B \mid A)P(A)^* \frac{P(C \mid A,B)}{P(B)P(C \mid B)} \tag{1.19}$$

多个变量的贝叶斯公式可由两个变量的贝叶斯公式导出。

1.2.4 假设检验

1. 基本思想

在自然科学和社会科学中，常常需要对某些重要问题作出是或否的回答。如在

深度学习的图像目标检测中，需要回答识别出的对象是否是目标类。假设检验是对我们感兴趣的问题进行试验或观察获得相关数据，则可根据这些数据作出是或否的回答。

对于要做出回答的某一问题，若总体分布类型已知，可以对分布的一个或几个未知参数做出假设，或者对总体分布函数的类型或某些特征提出某种假设，这种假设称为"原假设"或"零假设"，通常用 H_0 表示。在对某个问题提出原假设 H_0 时，实际上也是确立了其对立假设，称为"备择假设"或"对立假设"，通常用 H_1 表示。假设检验实质上就是要在 H_0 和 H_1 之间作出选择或判断。

2. 基本步骤

一般情况下的假设检验步骤如下：

① 根据实际问题提出假设检验的原假设 H_0、备择假设 H_1；

② 根据 H_0 选择合适的统计量，并确定其分布；

③ 根据实际问题需要确定一个显著性水平 α；

④ 在显著性水平 α 下，根据统计量的分布将样本空间划分为两个不相交的区域，其中拒绝 H_0 的样本值全体组成拒绝域 W；

⑤ 统计量的值由样本观测值计算出；

⑥ 由统计量的观测值是否落入拒绝域得出推论，如果统计量观测值落入拒绝域 W 中，则拒绝 H_0，否则接受 H_0。

3. 种　类

假设检验问题可以分为两类，一类是参数的检验，一类是分布的检验。

(1) 参数假设检验

参数假设检验是一种基本的统计推断形式，当总体 X 分布已知，但总体分布的参数 θ 未知时，可以由样本数据对总体分布的统计参数进行推测。

对于参数假设检验问题，对总体分布的参数 θ 作出假设 H_0，其中 $H_0:\theta\in\Theta_0$，Θ_0 称为参数空间，选取合适的统计量，可以由测得的样本数据计算检验统计量，若计算的统计量值落入约定的显著性水平为 α 时的拒绝域中，则说明参数 θ 在显著性水平 α 下有显著性差异；反之则表示没有显著性差异，表明参数 θ 可以作为总体的参数估计值。

(2) 分布假设检验

当总体的分布未知时，可以根据测得的样本值对总体的分布进行推断，这类问题称为总体的分布假设检验问题。常见的总体分布假设检验有 Z 检验、卡方检验、T 检验和 F 检验。

1）Z 检验

Z 检验又称为 u 检验，是用标准正态分布的理论来推断样本平均值的差异发生的概率，从而比较样本的平均值差异是否显著。Z 检验通常适用于大样本。

● Z 检验的一般形式

设 $x_1, x_2, \cdots, x_n$ 是正态总体 $N(\mu, \sigma^2)$ 的简单样本，需检验样本平均数 u_0 与已知的总体均值 u 的差异是否显著，考虑检验问题：

$$H_0: u = u_0, \quad H_1: u \neq u_0$$

选择检验统计量 Z：

$$Z = \frac{\overline{X} - u}{S / \sqrt{n}}$$

拒绝域 $W = \{|Z| > Z_{\frac{\alpha}{2}}\}$。

上述形式的假设检验问题可以称为显著性水平 α 下的 Z 检验。

2）卡方检验

卡方检验是以卡方分布为基础的一种常用假设检验方法，主要用来比较两个及两个以上样本率（构成比）以及两个分类变量的关联性分析。

● 卡方分布

设样本 $X_1, X_2, \cdots, X_n$ 独立同分布，$X_i \sim N(0, 1^2)$ $(i = 1, 2, \cdots, n)$，则称随机变量 $\chi^2 = X_1^2 + X_2^2 + \cdots + X_n^2$ 的分布为自由度为 n 的 χ^2 分布，记为 $\chi^2 \sim \chi^2(n)$。

3）T 检验

T 检验主要应用于小样本。比较两个平均值的差异程度是通过利用 t 分布理论来推论差异发生的概率得出的。

● T 分布

设 $X \sim N(0,1)$，$Y \sim \chi^2(n)$，并且 X 和 Y 相互独立，则称随机变量 $T = \frac{X}{\sqrt{Y/n}}$ 的分布为自由度为 n 的 t 分布，记为 $T \sim t(n)$。

4）F 检验

F 检验也称为联合假设检验，它是一种在原假设 H_0 下统计值服从 F -分布的检验。F 检验通常适用于具有多个参数的统计模型，用来判断该模型中的全部或一部分参数是否适合用来估计总体。

● F 分布

设 $U \sim \chi^2(m)$，$V \sim \chi^2(n)$，并且 U 和 V 相互独立，则称随机变量 $F = \frac{U/m}{V/n}$ 的分布是自由度为 (m, n) 的 F 分布，记为 $F \sim F(m, n)$。

1.3 线性代数基础

1.3.1 矩阵和向量

1. 矩　阵

定义：$m\times n$ 个数排列成 m 行 n 列的一个表格，即

$$\begin{bmatrix} a_{11} & a_{12} & \cdots & a_{1n} \\ a_{21} & a_{22} & \cdots & a_{2n} \\ \vdots & \vdots & & \vdots \\ a_{m1} & a_{m2} & \cdots & a_{mn} \end{bmatrix}$$

称为是一个 $m\times n$ 矩阵，当 $m=n$ 时，矩阵 $\boldsymbol{A}$ 称为 n 阶矩阵或叫 n 阶方阵。

如果一个矩阵的所有元素都是 0，即

$$\begin{bmatrix} 0 & 0 & \cdots & 0 \\ 0 & 0 & \cdots & 0 \\ \vdots & \vdots & & \vdots \\ 0 & 0 & \cdots & 0 \end{bmatrix}$$

则称这个矩阵是零矩阵，可简记为 $\boldsymbol{0}$ 。

两个矩阵 $\boldsymbol{A}=[a_{ij}]_{m\times n}$，$\boldsymbol{B}=[b_{ij}]_{s\times t}$，如果 $m=s$，$n=t$，则称 $\boldsymbol{A}$ 与 $\boldsymbol{B}$ 是同型矩阵。

两个同型矩阵 $\boldsymbol{A}=[a_{ij}]_{m\times n}$，$\boldsymbol{B}=[b_{ij}]_{s\times t}$，如果对应的元素都相等，即 $a_{ij}=b_{ij}$ $(i=1,2,\cdots,m;j=1,2,\cdots,n)$，则称矩阵 $\boldsymbol{A}$ 与 $\boldsymbol{B}$ 相等，记作 $\boldsymbol{A}=\boldsymbol{B}$。

N 阶方阵 $\boldsymbol{A}=[a_{ij}]_{m\times n}$ 的元素所构成的行列式

$$\begin{vmatrix} a_{11} & a_{12} & \cdots & a_{1n} \\ a_{21} & a_{22} & \cdots & a_{2n} \\ \vdots & \vdots & & \vdots \\ a_{n1} & a_{n2} & \cdots & a_{nn} \end{vmatrix}$$

称为 n 阶矩阵 $\boldsymbol{A}$ 的行列式，记作 $|\boldsymbol{A}|$ 或 det $\boldsymbol{A}$。

「注」：矩阵 $\boldsymbol{A}$ 是一个表格，而行列式 $|\boldsymbol{A}|$ 是一个数，这里的概念和符号不要混淆。

矩阵加法：两个同型矩阵可以相加，且

$$\boldsymbol{A}+\boldsymbol{B}=[a_{ij}]_{m\times n}+[b_{ij}]_{s\times t}=[a_{ij}+b_{ij}]_{m\times n} \tag{1.20}$$

数乘：设 k 是数，$\boldsymbol{A}=[a_{ij}]_{m\times n}$ 是矩阵，则定义数与矩阵的乘法为

$$k\boldsymbol{A}=k[a_{ij}]_{m\times n}=[ka_{ij}]_{m\times n} \tag{1.21}$$

矩阵乘法：设 $\boldsymbol{A}$ 是一个 $m\times s$ 矩阵，$\boldsymbol{B}$ 是一个 $s\times n$ 矩阵（$\boldsymbol{A}$ 的列数 $=\boldsymbol{B}$ 的行数），

则 $\boldsymbol{A}, \boldsymbol{B}$ 可乘，且乘积 $\boldsymbol{AB}$ 是一个 $m \times n$ 矩阵，记成 $\boldsymbol{C} = \boldsymbol{AB} = [c_{ij}]_{m\times n}$，其中 $\boldsymbol{C}$ 的元素 c_{ij} 是 $\boldsymbol{A}$ 的第 i 行的第 s 个元素和 $\boldsymbol{B}$ 的第 j 列的第 s 个对应元素两两乘积之和，即

$$c_{ij} = \sum_{k=1}^{s} a_{ik} b_{kj} = a_{i1} b_{1j} + a_{i2} b_{2j} + \cdots + a_{is} b_{sj} \tag{1.22}$$

矩阵的运算规则如下：

① 加法 $\boldsymbol{A}, \boldsymbol{B}, \boldsymbol{C}$ 是同型矩阵，则

$$\boldsymbol{A} + \boldsymbol{B} = \boldsymbol{B} + \boldsymbol{A} \quad （交换律）$$

$$(\boldsymbol{A} + \boldsymbol{B}) + \boldsymbol{C} = \boldsymbol{A} + (\boldsymbol{B} + \boldsymbol{C}) \quad （结合律）$$

$$\boldsymbol{A} + \boldsymbol{O} = \boldsymbol{A} \text{ 其中} \quad (\boldsymbol{O}\text{ 是元素全为零的同型矩阵})$$

$$\boldsymbol{A} + (-\boldsymbol{A}) = \boldsymbol{O}$$

② 数乘矩阵

$$k(m\boldsymbol{A}) = (km)\boldsymbol{A} = m(k\boldsymbol{A}), \quad (k+m)\boldsymbol{A} = k\boldsymbol{A} + m\boldsymbol{A}$$

$$k(\boldsymbol{A} + \boldsymbol{B}) = k\boldsymbol{A} + k\boldsymbol{B}, \quad 1\boldsymbol{A} = \boldsymbol{A}, 0\boldsymbol{A} = 0$$

③ 乘法 $\boldsymbol{A}, \boldsymbol{B}, \boldsymbol{C}$ 满足可乘条件

$$(\boldsymbol{AB})\boldsymbol{C} = \boldsymbol{A}(\boldsymbol{BC})$$

$$\boldsymbol{A}(\boldsymbol{B} + \boldsymbol{C}) = \boldsymbol{AB} + \boldsymbol{CA}$$

$$(\boldsymbol{B} + \boldsymbol{C})\boldsymbol{A} = \boldsymbol{BA} + \boldsymbol{CA}$$

注意：一般情况下，$\boldsymbol{AB} \neq \boldsymbol{BA}$。

2. 向　量

定义：n 个数 $a_1, a_2, \cdots, a_n$ 所构成的一个有序数组称为 n 维向量，记成 $(a_1, a_2, \cdots, a_n)$ 或 $(a_1, a_2, \cdots, a_n)^{\mathrm{T}}$，分别称为 n 维行向量或 n 维列向量。数 a_i 称为向量的第 i 个分量。

零向量：所有分量都是 0 的向量称为零向量，记为 $\boldsymbol{0}$。

若 n 维向量 $\boldsymbol{\alpha} = (a_1, a_2, \cdots, a_n)^{\mathrm{T}}$，$\boldsymbol{\beta} = (b_1, b_2, \cdots, b_n)^{\mathrm{T}}$ 相等，则

$$\boldsymbol{\alpha} = \boldsymbol{\beta} \Leftrightarrow a_1 = b_1, \quad a_2 = b_2, \cdots, a_n = b_n$$

n 维向量的运算，如 $\boldsymbol{\alpha} = (a_1, a_2, \cdots, a_n)^{\mathrm{T}}$，$\boldsymbol{\beta} = (b_1, b_2, \cdots, b_n)^{\mathrm{T}}$ 则

① 加法 $\boldsymbol{\alpha} + \boldsymbol{\beta} = (a_1 + b_1, a_2 + b_2, \cdots, a_n + b_n)^{\mathrm{T}}$　　(1.23)

② 数乘 $k\boldsymbol{\alpha} = (ka_1, ka_2, \cdots, ka_n)^{\mathrm{T}}$　　(1.24)

③ 内积 $(\boldsymbol{\alpha}, \boldsymbol{\beta}) = a_1 b_1 + a_2 b_2 + \cdots + a_n b_n = \boldsymbol{\alpha}^{\mathrm{T}} \boldsymbol{\beta} = \boldsymbol{\beta}^{\mathrm{T}} \boldsymbol{\alpha}$　　(1.25)

特别地，如 $(\boldsymbol{\alpha}, \boldsymbol{\beta}) = 0$，则称向量 $\boldsymbol{\alpha}$ 与 $\boldsymbol{\beta}$ 正交。

又 $(\boldsymbol{\alpha}, \boldsymbol{\alpha}) = \boldsymbol{\alpha}^{\mathrm{T}} \boldsymbol{\alpha} = a_1^2 + a_2^2 + \cdots + a_n^2$，则称 $\sqrt{a_1^2 + a_2^2 + \cdots + a_n^2}$ 为向量 $\boldsymbol{\alpha}$ 的长度。

1.3.2 矩阵乘法

定义：设 $\boldsymbol{A} = (a_{ij})$ 是一个 $m \times s$ 的矩阵，$\boldsymbol{B} = (b_{ij})$ 是一个 $s \times n$ 的矩阵，那么规定

矩阵 $\boldsymbol{A}$ 与矩阵 $\boldsymbol{B}$ 的乘积是一个 $m \times n$ 矩阵 $\boldsymbol{C}=(c_{ij})$，其中：

$$c_{ij}=a_{i1}b_{1j}+a_{i2}b_{2j}+\cdots+a_{is}b_{sj}=\sum_{k=1}^{s}a_{ik}b_{kj} \tag{1.26}$$

$$(i=1,2,\cdots,m;j=1,2,\cdots,n)$$

把该乘积记作

$$\boldsymbol{C}=\boldsymbol{AB}$$

因此，当矩阵 $\boldsymbol{A}$ 的列数等于矩阵 $\boldsymbol{B}$ 的行数时，$\boldsymbol{A}$ 和 $\boldsymbol{B}$ 才可相乘。

1.3.3 矩阵的特征值和特征向量

1. 矩阵的特征值的定义

定义 1：$\boldsymbol{A}$ 是 n 阶矩阵，如果对于数 λ，存在非零向量 $\boldsymbol{\alpha}$，使得

$$\boldsymbol{A\alpha}=\lambda\boldsymbol{\alpha} \quad (\boldsymbol{\alpha}\neq\boldsymbol{0})$$

成立，则称 λ 是 $\boldsymbol{A}$ 的特征值，$\boldsymbol{\alpha}$ 是 $\boldsymbol{A}$ 的对应于 λ 的特征向量。

设 $\boldsymbol{A}$ 是 n 阶方阵，如果 λ_0 是 $\boldsymbol{A}$ 的特征值，$\boldsymbol{\alpha}$ 是 $\boldsymbol{A}$ 的属于 λ_0 的特征向量，则

$$\boldsymbol{A\alpha}=\lambda_0\boldsymbol{\alpha}\Rightarrow\lambda_0\boldsymbol{\alpha}-\boldsymbol{A\alpha}=\boldsymbol{0}\Rightarrow(\lambda_0\boldsymbol{E}-\boldsymbol{A})\boldsymbol{\alpha}=\boldsymbol{0} \quad (\boldsymbol{\alpha}\neq\boldsymbol{0})$$

因为 $\boldsymbol{\alpha}$ 是非零向量，这说明 $\boldsymbol{\alpha}$ 是齐次线性方程组

$$(\lambda_0\boldsymbol{E}-\boldsymbol{A})\boldsymbol{x}=\boldsymbol{0}$$

的非零解，而齐次线性方程组有非零解的充要条件是其系数矩阵 $\lambda_0\boldsymbol{E}-\boldsymbol{A}$ 的行列式等于零，即

$$|\lambda_0\boldsymbol{E}-\boldsymbol{A}|=0$$

而属于 λ_0 的特征向量就是齐次线性方程组 $(\lambda_0\boldsymbol{E}-\boldsymbol{A})\boldsymbol{x}=\boldsymbol{0}$ 的非零解。

定理 1：设 $\boldsymbol{A}$ 是 n 阶矩阵，则 λ_0 是 $\boldsymbol{A}$ 的特征值，$\boldsymbol{\alpha}$ 是 $\boldsymbol{A}$ 的属于 λ_0 的特征向量的充分必要条件是 λ_0 是 $|\lambda_0\boldsymbol{E}-\boldsymbol{A}|=0$ 的根，α 是齐次线性方程组 $(\lambda_0\boldsymbol{E}-\boldsymbol{A})\boldsymbol{x}=\boldsymbol{0}$ 的非零解。

定义 2：由定义 1 得，$(\lambda\boldsymbol{E}-\boldsymbol{A})\boldsymbol{\alpha}=\boldsymbol{0}$，因 $\boldsymbol{\alpha}\neq\boldsymbol{0}$，故

$$|\lambda\boldsymbol{E}-\boldsymbol{A}|=\begin{vmatrix} \lambda-a_{11} & -a_{12} & \cdots & -a_{1n} \\ -a_{21} & \lambda-a_{22} & \cdots & -a_{2n} \\ \vdots & \vdots & & \vdots \\ -a_{n1} & -a_{n2} & \cdots & \lambda-a_{nn} \end{vmatrix}=0$$

称上式为 $\boldsymbol{A}$ 的特征方程，是未知元素 λ 的 n 次方程，在复数域内有 n 个根，其根为矩阵 $\boldsymbol{A}$ 的特征值，它的行列式 $|\lambda\boldsymbol{E}-\boldsymbol{A}|$ 称为 $\boldsymbol{A}$ 的特征多项式，矩阵 $(\lambda\boldsymbol{E}-\boldsymbol{A})$ 称为 $\boldsymbol{A}$ 的特征矩阵。

2. 特征值、特征向量的基本性质

1) 设 $\boldsymbol{A}=(a_{ij})_{n\times n}$，则

① $\lambda_1+\lambda_2+\cdots+\lambda_n=a_{11}+a_{22}+\cdots a_{nn}$ (1.27)

② $\lambda_1\lambda_2\cdots\lambda_n=|\boldsymbol{A}|$ (1.28)

2）设 λ 是 $\boldsymbol{A}$ 的特征值，且 $\boldsymbol{\alpha}$ 是 $\boldsymbol{A}$ 属于 λ 的特征向量，则

① $a\lambda$ 是 $a\boldsymbol{A}$ 的特征值，并有 $(a\boldsymbol{A})\boldsymbol{\alpha}=(a\boldsymbol{\lambda})\boldsymbol{\alpha}$；

② λ^k 是 $\boldsymbol{A}^k$ 的特征值，$\boldsymbol{A}^k\boldsymbol{\alpha}=\lambda^k\boldsymbol{\alpha}$；

③ 若 $\boldsymbol{A}$ 可逆，则 $\lambda\neq 0$，且 $\frac{1}{\lambda}$ 是 $\boldsymbol{A}^{-1}$ 的特征值，$\boldsymbol{A}^{-1}\boldsymbol{\alpha}=\frac{1}{\lambda}\boldsymbol{\alpha}$。

习　题

1. 设 $f(x)=\begin{cases}(1+x)^{-\frac{1}{x^3}}, & \text{当 } x\neq 0 \text{ 时} \\ 0, & \text{当 } x=0 \text{ 时}\end{cases}$，则 $f(x)$ 在 $x=0$ 处符合下面哪种情况？

(A) 极限不存在　　(B) 极限存在但不连续

(C) 连续但不可导　　(D) 可导

参考答案：D

2. 设 $f'_x(0,0)=1, f'_y(0,0)=2$，则下列说法哪个是正确的？

(A) $f(x,\ y)$ 在 $(0,\ 0)$ 点连续

(B) $\mathrm{d}f(x,y)\Big|_{(0,0)}=\mathrm{d}x+2\mathrm{d}y$

(C) $\left.\frac{\partial f}{\partial l}\right|_{(0,0)}=\cos\alpha+2\cos\beta$，其中，$\cos\alpha$，$\cos\beta$ 为任一方向 l 的方向导数

(D) $f(x,\ y)$ 在 $(0,\ 0)$ 点沿 x 轴负方向的方向导数为 -1

参考答案：D

3. 设随机变量 X，Y 独立同分布，且 X 的分布函数为 $F(x)$，则下面的选项中，哪个是 $Z=\max\{X,Y\}$ 的分布函数？

(A) $F^2(x)$　　(B) $F(x)F(y)$

(C) $1-[1-F(x)]^2$　　(D) $[1-F(x)][1-F(y)]$

参考答案：A

4. 设相互独立的两个随机变量 X 和 Y 的数学期望均存在，记 $U=\max(X,Y)$ 和 $V=\min(X,Y)$，则 $E(UV)$ 应等于下面哪一项？

(A) $EU\cdot EV$　　(B) $EX\cdot EY$　　(C) $EU\cdot EY$　　(D) $EX\cdot EV$

参考答案：B

5. 设 $\boldsymbol{\xi}_1=[1,2,-1,3]^{\mathrm{T}}$，$\boldsymbol{\xi}_2=[2,1,4,-3]^{\mathrm{T}}$ 是齐次线性方程组 $\boldsymbol{A}_{3\times 4}\boldsymbol{x}=\boldsymbol{0}$ 的基础解系，则下列向量中，哪个是 $\boldsymbol{A}\boldsymbol{x}=\boldsymbol{0}$ 的解向量？

(A) $\boldsymbol{\alpha}_1=[1,0,0,1]^{\mathrm{T}}$　　(B) $\boldsymbol{\alpha}_2=[1,3,5,2]^{\mathrm{T}}$

(C) $\boldsymbol{\alpha}_3=[1,0,3,-3]^{\mathrm{T}}$　　(D) $\boldsymbol{\alpha}_4=[-2,1,3,0]^{\mathrm{T}}$

参考答案：C

第 2 章
Python 基础

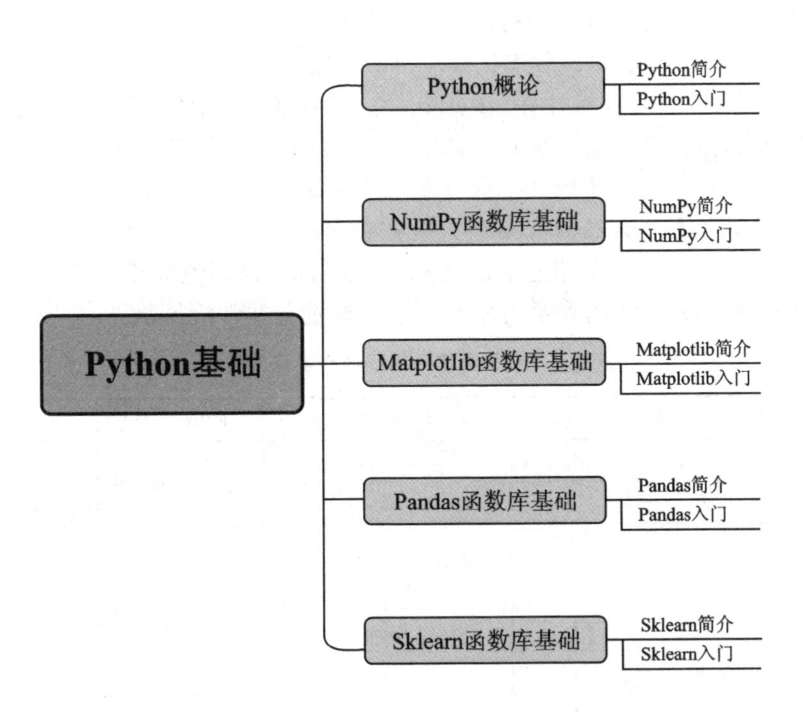

2.1 Python概论

计算机语言的种类有很多，通常根据其抽象程度可以分成机器语言、汇编语言和高级语言三大类，而高级语言是绝大多数编程者的选择，计算机不能直接识别这些语言，必须经过转换才能被计算机所执行，按其转换方式可分为两类：编译型语言和解释型语言。编译型语言就是程序在执行之前，将程序直接编译成机器可以执行或调用的程序，运行时不需要重新翻译，而是直接使用编译的结果；解释型语言就是程序不需要编译，而是在程序执行时使用一个专门的解释器去翻译，每条语句每执行一次都需要翻译一次，虽然效率比编译型语言低，但这种方式比较灵活，可以动态地调整、修改程序，且可移植性好。Python是一种广泛使用的解释型、高级编程、通用型编程语言，由吉多·范罗苏姆(Guido van Rossum)创造，第一版发布于1991年，目前最新版本是3.7.3，而Python 2.7被确定为最后一个Python 2.x版本。根据TIOBE编程语言排行榜2019年最新数据显示，Python语言受编程者喜爱程度排名第4(见表2.1)。Python凭借它扩展性强、第三方库丰富和免费开源等特点，在机器学习、数据挖掘和人工智能等领域有着很大优势，前景非常值得期待。

表2.1 编程语言受编程者喜爱程度排名

May 2019	May 2018	Change	Programming Language	Ratings/%	Change/%
1	1		Java	16.005	−0.38
2	2		C	14.243	+0.24
3	3		C++	8.095	+0.43
4	4		Python	7.830	+2.64
5	6	↑	Visual Basic .NET	5.193	+1.07
6	5	↓	C#	3.984	−0.42
7	8	↑	JavaScript	2.690	−0.23
8	9	↑	SQL	2.555	+0.57
9	7	↓	PHP	2.489	−0.83
10	13	↑	Assembly Language	1.816	+0.82

2.1.1 Python简介

Python语言具有以下特点：

① 完全面向对象的语言。函数、模块、数字、字符串都是对象，并且完全支持继承、重载、派生、多重继承，有益于增强源代码的复用性。

② 其本身被设计为可扩展的，它提供了丰富的 API 和工具，以便程序员能够轻松地使用 C、C++、Cython 来编写扩展模块。

③ 设计哲学强调代码的可读性和简洁的语法。相比于 C++或 Java，Python 让开发者能够用更少的代码表达想法。不管是小型程序还是大型程序，该语言都试图让程序的结构清晰明了。

④ 拥有动态类型系统和垃圾回收功能，能够自动管理内存使用。

⑤ 其解释器本身几乎可以在所有的操作系统中运行。

⑥ 可应用于大规模软件开发。

Python 语言可应用于网络应用程序开发、GUI 开发、操作系统开发和科学计算等。

2.1.2 Python 入门

1. Hello World

一个在标准输出设备上输出 Hello World 的简单程序，这种程序通常作为开始学习编程语言时的第一个程序：

```
>>> print('Hello, world! ')
Hello, world!
```

2. 语 法

Python 的设计目标之一是让代码具备高度的可阅读性。它设计时尽量使用其他语言经常使用的标点符号和英文单字，让代码看起来整洁美观。

3. 缩 进

Python 开发者有意让违反了缩进规则的程序不能通过解释，以此来强迫程序员养成良好的编程习惯，也方便所有人查找和阅读。Python 语言是利用缩进表示语句块的开始和结束的，而非使用花括号或者某种关键字。

4. 标识符

- _单下画线开头：弱“内部使用”标识；
- 单下画线结尾_：为了避免与 Python 关键字的命名冲突；
- __双下画线开头：模块内的成员，表示私有成员，外部无法直接调用；
- __双下画线开头、双下画线结尾__：指那些包含在用户无法控制的名字空间中的“魔术”对象或属性。

5. 语句和控制流

- if:当条件成立时运行语句块。经常与 else，elif(相当于 else if)配合使用；
- for:遍历列表、字符串、字典、集合等迭代器,依次处理迭代器中的每个元素；
- while 语句:当条件为真时,循环运行语句块；
- try:与 except，finally，else 配合使用处理在程序运行中出现的异常情况；
- class:用于定义类；
- def:用于定义函数和类型的方法；
- pass:表示此行为空,不运行任何操作；
- assert:用于程序调适阶段时测试运行条件是否满足；
- raise:抛出一个异常；
- import:导入一个模块或包。

6. 表达式

Python 的表达式写法与 C/C++类似,只是在某些写法上有所差别:使用 and，or，not 表示逻辑运算;is，is not 用于比较两个变量是否是同一个对象;in，not in 用于判断一个对象是否属于另外一个对象;支持字典、集合、列表的推导式;支持“迭代表达式”;使用 lambda 表示匿名函数;使用单引号和双引号来表示字符串;支持列表分片。

7. 函　数

Python 的函数支持递归、默认参数值、可变参数、闭包,但不支持函数重载。函数调用时,实参可以如同 C 语言那样按照位置与形参匹配,也可以按照命名参数形式调用。Python 的函数作为第一类对象,具有和普通变量平等的地位。函数一旦定义,即可视作为普通对象,其形参会保留上次调用时的值,但在函数新的一次调用时会被实参值覆盖。因此函数的默认参数值在连续多次调用该函数时,如果不被实参值覆盖,就会一直保留。

8. 面向对象开发方法

面向对象开发方法是指绑定到对象的函数。调用对象方法的语法是 instance. method(arguments)。它等价于调用 Class. method(instance，arguments)。当定义对象方法时,必须显式地定义第一个参数,一般该参数名都使用 self,用于访问对象的内部数据。这里的 self 相当于 C++，Java 里面的 this 变量,但是还可以使用任何其他合法的参数名。

9. 数据类型

Python 内置多种数据类型,表 2.2 简要地描述了 Python 内置数据类型。

表 2.2　Python 内置数据类型

类　型	描　述
str	一个由字符组成的不可更改的有序序列
list	可以包含多种类型的可改变的有序序列
tuple	可以包含多种类型的不可改变的有序序列
set	与数学中集合的概念类似，无序的、每个元素唯一
dict	一个可改变的由键值对组成的无序序列
int	精度不限的整数
float	浮点数，精度与系统有关
complex	复数
bool	布尔值：True，False

10. 数学运算

Python 支持整数与浮点数的数学运算，同时还支持复数运算与无穷位数的整数运算，大多数数学函数在 math 和 cmath 模块内，前者用于实数运算，而后者用于复数运算，使用时需要先导入它们。

11. 标准库

Python 拥有一个强大的标准库，Python 语言的核心只包含数字、字符串、列表、字典、文件等常见类型和函数，而由 Python 标准库提供了额外的功能：数学运算、文本处理、文件处理、操作系统功能、网络通信、网络协议、W3C 格式支持等。

2.2　NumPy 函数库基础

2.2.1　NumPy 简介

NumPy(Numerical Python)是 Python 中科学计算的基础软件包，Numeric 是 NumPy 的前身，是由 Jim Hugunin 开发的，同时他也开发了 Numarray 软件包，它拥有一些额外的功能。2005 年，Travis Oliphant 通过将 Numarray 的功能集成到 Numeric 软件包中，从而创建了 NumPy 软件包。NumPy 提供了强大的多维数组对象、复杂的(广播)功能、用于集成 C/C++和 Fortran 代码的工具、线性代数、傅里叶变换和随机数等功能。除了明显的科学计算用途外，NumPy 还可以作为通用数据的高效多维容器，可以定义任意数据类型，这使 NumPy 能够无缝且快速地集成到各种数据库中。NumPy 还具有一个额外的优势，那就是它作为一个开源项目面向所有程序员。

NumPy 通常与 SciPy(Scientific Python)和 Matplotlib(绘图库)一起使用,其中 SciPy 和 Matplotlib 是 Python 的另外两种软件包,这种组合广泛用于替代 MATLAB。Python 作为 MATLAB 的替代方案,被视为一种更加现代和完整的编程语言。

2.2.2 NumPy 入门

NumPy 的数组类型称为 ndarray,注意 numpy.array 与标准 Python 库中数组类 arrray.array 不同,arrray.array 只处理一维数组且提供的功能更少。ndarray 对象具有以下重要的属性:

- ndarray.ndim:表示数组的维度。
- ndarray.shape:ndarray.shape 是一个整型元组,用来表示数组中的每个维度的大小。例如,对于一个 n 行和 m 列的数组,ndarray.shape 的结果为(n,m)。
- ndarray.size:表示数组中元素的个数,其值等于 ndarray.shape 所有整数的乘积。
- ndarray.dtype:用来描述数组中元素的类型,ndarray 中的所有元素都必须是同一种类型。除了标准的 Python 类型外,NumPy 软件包额外提供了一些自有类型,如 numpy.int32、numpy.int16 以及 numpy.float64 等。
- ndarray.itemsize:表示数组中每个元素的字节大小。例如,元素类型为 float64 的数组 ndarray.itemsize 为 8(=64/8),而元素类型为 complex32 的数组为 4(=32/8)。ndarray.itemsize 等价于 ndarray.dtype.itemsize。
- ndarray.data:表示包含数组的实际元素的缓冲区。通常不使用这个属性,而使用索引访问数组中的元素。

```
>>> import numpy as np
>>> a = np.arange(12).reshape(3, 4)
>>> a
array([[ 0,  1,  2,  3],
       [ 4,  5,  6,  7],
       [ 8,  9, 10, 11]])
>>> a.ndim
2
>>> a.shape
(3L, 4L)
>>> a.size
12
>>> a.dtype
dtype('int32')
>>> a.itemsize
4
```

```
>>> type(a)
<type 'numpy.ndarray'>
```

1. 创建数组

创建数组的方法有多种。例如,可以使用数组函数 array 及使用列表或元组创建数组,数组的类型由元素的类型推导而出,也可以在创建时指定特定类型。一个常见的错误就是直接使用多个数值作为参数调用 array 函数,而不是使用一个列表或者元组作为参数。此外,传入的参数必须是同一数据类型,不是同一数据类型将发生转换。

```
>>> import numpy as np
>>> a = np.array([1,2,3,4,5])
>>> a
array([1, 2, 3, 4, 5])
>>> b = np.array((1,2,3,4,5))
>>> b
array([1, 2, 3, 4, 5])
>>> a.dtype
dtype('int32')
>>> b.dtype
dtype('int32')
>>> c = np.array(1,2,3,4,5)     # WRONG
Traceback (most recent call last):
  File "<stdin>", line 1, in <module>
ValueError: only 2 non-keyword arguments accepted
>>> d = np.array([1,2,3,4,5],dtype = complex)
>>> d
array([ 1. +0.j,  2. +0.j,  3. +0.j,  4. +0.j,  5. +0.j])
>>> e = np.array([1,2,3,4.0,5])
>>> e
array([ 1.,  2.,  3.,  4.,  5.])
>>> f = np.array([1,2,'3',4,5])
>>> f
array(['1', '2', '3', '4', '5'], dtype = '|S11')
```

array 函数还可以将序列的序列转换成二维数组,将序列的序列的序列转换成三维数组,以此类推。

```
>>> import numpy as np
>>> a = np.array([[1,2,3],[4,5,6]])
>>> a
array([[1, 2, 3],
       [4, 5, 6]])
```

通常,创建数组的初始元素是未知的,但数组的大小是已知的。NumPy 因此提供了几个函数来创建具有初始占位符内容的数组，函数 zeros 创建一个全部由 0 组成的数组；函数 ones 创建一个全部由 1 组成的数组；函数 empty 创建一个数组，其初始内容是随机的，取决于内存的状态，默认情况下，创建的数组的 dtype 是 float64。

```
>>> import numpy as np
>>> np.zeros((2,3))
array([[ 0.,  0.,  0.],
       [ 0.,  0.,  0.]])
>>> np.ones([2,3])
array([[ 1.,  1.,  1.],
       [ 1.,  1.,  1.]])
>>> a = np.empty((2,3))
>>> a
array([[ 0.,  0.,  0.],
       [ 0.,  0.,  0.]])
>>> a.dtype
dtype('float64')
```

本部分可参考的函数有 array，zeros，zeros_like，ones，ones_like，empty，empty_like，arange，linspace，numpy.random.rand，numpy.random.randn，fromfunction，fromfile。

2. 基本操作

数组的算术运算是元素对应（elementwise）进行操作的，例如对两个数组进行加减乘除运算，其实是对两个数组对应位置上的数进行加减乘除运算，其结果会存放在一个新建的数组中。

```
>>> import numpy as np
>>> a = np.array([11,12,13,14])
>>> b = np.arange(4)
>>> b
array([0, 1, 2, 3])
>>> a - b
array([11, 11, 11, 11])
>>> a + b
array([11, 13, 15, 17])
>>> a * b
array([ 0, 12, 26, 42])
>>> a < 20
array([ True,  True,  True,  True], dtype = bool)
>>> b * * 2
array([0, 1, 4, 9])
```

在 NumPy 中，* 用于数组间对应元素相乘，而不是矩阵乘法，矩阵乘法可以用@操作符(Python 3.5 以上版本)或 dot 函数来实现。

```
>>> import numpy as np
>>> a = np.array([[1,2],[3,4]])
>>> b = np.array([[1,1],[0,1]])
>>> a * b
array([[1, 2],
       [0, 4]])
>>> a@b
array([[1, 3],
       [3, 7]])
>>> a.dot(b)
array([[1, 3],
       [3, 7]])
```

NumPy 中有些运算符操作，例如 *=、+=、-=、/= 等运算符，则会直接改变所需要操作的数组，而不是创建一个新的数组来存储运算结果。当使用不同数据类型的数组进行运算符操作时，最终结果的数组的类型取决于精度最宽的数组的类型(称为向上类型转换)。NumPy 还提供了许多一元运算操作，例如计算数组中所有元素的总和、数组中元素的最大值及最小值等。默认情况下，这些一元操作也适用于数组，即把数组视为列表，无论其形状如何，都可通过指定 axis 参数，然后沿着数组的指定 axis 进行操作。

```
>>> import numpy as np
>>> a = np.arange(12).reshape(3,4)
>>> a
array([[ 0,  1,  2,  3],
       [ 4,  5,  6,  7],
       [ 8,  9, 10, 11]])
>>> a.sum(axis = 0)      # sum of each column
array([12, 15, 18, 21])
>>> a.sum(axis = 1)      # sum of each row
array([ 6, 22, 38])
>>> a.max(axis = 0)      # max of each column
array([ 8,  9, 10, 11])
>>> a.min(axis = 1)      # min of each row
array([0, 4, 8])
```

3. 常用函数

NumPy 提供了人们所熟知的数学函数，如 sin、cos 和 exp，这些函数称为常用函数(ufunc)。可参考的常用函数有 all，any，apply_along_axis，argmax，argmin，argsort, average, bincount, ceil, clip, conj, corrcoef, cov, cross, cumprod, cumsum, diff, dot, floor, inner, inv, lexsort, max, maximum, mean, median, min, minimum, nonzero, outer, prod, re, round, sort, std, sum, trace, transpose, var, vdot, vectorize, where。

4. 数组索引、切片与迭代

与 Python 中定义的列表或其他序列一样，NumPy 支持一维数组的索引、切片和迭代。

```
>>> import numpy as np
>>> a = np.arange(6) * * 2
>>> a
array([ 0,  1,  4,  9, 16, 25])
>>> a[3]
9
>>> a[2:4]
array([4, 9])
>>> a[:5:2] = 99
>>> a
array([99,  1, 99,  9, 99, 25])
>>> a[:: - 1]
array([25, 99,  9, 99,  1, 99])
>>> for i in a: \
...     print(i - 1)
...
98
0
98
8
98
24
```

多维(multidimensional)数组与一维数组相似，其在每个维度或轴上对应有一个索引，这些索引在元组中以逗号分隔给出，这里需要注意的是，不论是一维数组还是多维数组，其第一个索引都是从 0 开始的。多维数组的迭代在默认情况下是以第一个维度或者轴进行迭代，如果想要对数组中每个元素进行迭代，可使用 flat 属性。

```
>>> import numpy as np
>>> b = np.arange(6).reshape(2,3)
>>> b
array([[0, 1, 2],
       [3, 4, 5]])
>>> for row in b:\
...     print(row)
```

```
...
[0 1 2]
[3 4 5]
>>> for element in b.flat:\
...     print(element)
...
0
1
2
3
4
5
```

本部分可参考的函数有 indexing，indexing（reference），newaxis，ndenumerate，indices。

5. shape 操作

NumPy 中数组通过 shape 方法可得到其形状，数组的形状由每个维度或轴上元素的个数所决定。数组的形状可以通过各种命令进行更改，但是以下三种方法都返回一个指定形状的数组，而不改变原始数组。

```
>>> import numpy as np
>>> b = np.arange(12).reshape(3,4)
>>> b
array([[ 0,  1,  2,  3],
       [ 4,  5,  6,  7],
       [ 8,  9, 10, 11]])
>>> b.shape
(3L, 4L)
>>> b.ravel()      # returns the array, flattened
array([ 0,  1,  2, ...,  9, 10, 11])
>>> b.reshape(2,6)      # returns the array with a modified shape
array([[ 0,  1,  2,  3,  4,  5],
       [ 6,  7,  8,  9, 10, 11]])
>>> b.T      # returns the array, transposed
array([[ 0,  4,  8],
       [ 1,  5,  9],
       [ 2,  6, 10],
       [ 3,  7, 11]])
>>> b.T.shape
(4L, 3L)
```

其中，如果在 reshape 操作中将参数维度指定为－1，则会自动计算其他维度大小。在此需要注意的是 reshape 方法与 ndarray.resize 方法的区别。reshape 方法返回指定 shape 的数组，而 ndarray.resize 方法会直接更改原始数组的形状。

本部分可参考的函数有 ndarray.shape，reshape，resize，ravel。

6. 数组的堆叠与切分

NumPy 支持将多个数组按照不同的维度或轴进行堆叠。一般来说，对于具有两个以上维度的数组，hstack 沿第二维度或轴堆叠，vstack 沿第一维度或轴堆叠。

```
>>> import numpy as np
>>> a = np.floor(10 * np.random.random((2,2)))
>>> a
array([[ 0.,  7.],
       [ 2.,  9.]])
>>> b = np.floor(10 * np.random.random((2,2)))
>>> b
array([[ 4.,  5.],
       [ 0.,  7.]])
>>> np.vstack((a,b))
array([[ 0.,  7.],
       [ 2.,  9.],
       [ 4.,  5.],
       [ 0.,  7.]])
>>> np.hstack((a,b))
array([[ 0.,  7.,  4.,  5.],
       [ 2.,  9.,  0.,  7.]])
```

本部分可参考的函数有 hstack，vstack，column_stack，concatenate，c_，r_。

NumPy 除了支持数组以不同维度或轴进行堆叠之外，还支持数组以不同维度或轴进行切分，使用 hsplit 方法可以沿数组水平轴进行切分，通过指定要返回的均匀划分的数组的数量来切分数组。使用 vsplit 方法沿数组纵轴进行切分，array_split 方法允许指定沿哪个轴进行切分。

```
>>> import numpy as np
>>> a = np.floor(10 * np.random.random((2,12)))
>>> a
array([[ 3.,  2.,  1., ...,  9.,  5.,  1.],
       [ 0.,  0.,  4., ...,  3.,  2.,  8.]])
>>> np.hsplit(a,3)
[array([[ 3.,  2.,  1.,  2.],
       [ 0.,  0.,  4.,  5.]]), array([[ 2.,  6.,  4.,  7.],
       [ 5.,  0.,  2.,  6.]]), array([[ 0.,  9.,  5.,  1.],
       [ 1.,  3.,  2.,  8.]])]
```

```
>>> np.hsplit(a,(4,5))
[array([[ 3.,  2.,  1.,  2.],
        [ 0.,  0.,  4.,  5.]]), array([[ 2.],
        [ 5.]]), array([[ 6.,  4.,  7., ...,  9.,  5.,  1.],
        [ 0.,  2.,  6., ...,  3.,  2.,  8.]])]
```

7. 数组复制

在计算和操作数组时，它们的数据有时会被复制到一个新的数组中，有时则不会。在NumPy中，对于数组的复制有以下三种情况：

① 通过赋值或者引用传递，即复制数组对象的地址，则不会复制数组对象或其数据。

② 不同的数组对象可以共享相同的数据，使用view方法创建一个新的数组对象，该对象查看相同的数据。

③ 使用copy方法实现深复制，复制生成一个完全相同的独立的数组对象。

```
>>> import numpy as np
>>> a = np.arange(6)
>>> b = a
>>> b is a
True
>>> a.shape
(6L,)
>>> b.shape = 2,3
>>> a.shape
(2L, 3L)
>>> c = a.view()
>>> c
array([[0, 1, 2],
       [3, 4, 5]])
>>> c is a
False
>>> c.base is a
True
>>> c.shape = 3,2
>>> a.shape
(2L, 3L)
>>> c
array([[0, 1],
       [2, 3],
       [4, 5]])
>>> c[1,1] = -6
```

```
>>> a
array([[ 0,  1,  2],
       [-6,  4,  5]])
>>> d = a.copy()
>>> d
array([[ 0,  1,  2],
       [-6,  4,  5]])
>>> d is a
False
>>> d.base is a
False
>>> d[0,1] = -7
>>> a
array([[ 0,  1,  2],
       [-6,  4,  5]])
>>> d
array([[ 0, -7,  2],
       [-6,  4,  5]])
```

8. 函数和方法概述

在此列出了一些根据不同类别分类的常用 NumPy 函数和方法(见表 2.3)。

表 2.3 常用 NumPy 函数和方法

数组创建	arange, array, copy, empty, empty_like, eye, fromfile, fromfunction, identity, linspace, logspace, mgrid, ogrid, ones, ones_like, r, zeros, zeros_like
数组转换	ndarray.astype, atleast_1d, atleast_2d, atleast_3d, mat
数组操作	array_split, column_stack, concatenate, diagonal, dsplit, dstack, hsplit, hstack, ndarray.item, newaxis, ravel, repeat, reshape, resize, squeeze, swapaxes, take, transpose, vsplit, vstack
问　题	all, any, nonzero, where
排　列	argmax, argmin, argsort, max, min, ptp, searchsorted, sort
运　算	choose, compress, cumprod, cumsum, inner, ndarray.fill, imag, prod, put, putmask, real, sum
基础统计	cov, mean, std, var
基础线性代数	cross, dot, outer, linalg.svd, vdot

2.3 Matplotlib 函数库基础

2.3.1 Matplotlib 简介

Matplotlib 是一个 Python 2D 绘图库，其风格类似 MATLAB，它可以在各种不同的硬拷贝格式和跨平台的交互环境下生成具有出版质量的数据。Matplotlib 可以用于 Python 脚本、Python 和 IPython shells、Jupyter notebook、web 应用服务器和四个图形用户界面工具包，而且也可以方便地将它作为绘图控件，嵌入 GUI 应用程序中。Matplotlib 试图让简单的事情变得更加简单，困难的事情变得容易，对于简单的绘图，pyplot 模块提供类似 MATLAB 的接口，十分适合以交互的方式绘图，且仅需几行代码即可生成平面图、直方图、功率谱、条形图、误差图和散点图等。

2.3.2 Matplotlib 入门

Matplotlib 中的所有内容都是按照层次结构组织的。层次结构的顶部是 Matplotlib"状态机环境"，它是由 matplotlib. pylot 模块提供的，其各种状态在函数调用中被保留，以便跟踪当前图形和绘图区域等内容，并且绘图函数指向当前轴。层次结构中的下一级是面向对象的接口的第一级，其中 pyplot 仅被用于少数函数。pyplot 为底层面向对象的绘图库提供状态机接口，状态机隐式地自动创建图形和轴以实现所需的图形。

matplotlib. pyplot 是命令样式函数的集合，使得 Matplotlib 像 MATLAB 一样工作，使用 pyplot 可以非常快速地绘图(见图 2.1)：

```
import matplotlib.pyplot as plt
plt.plot([1, 2, 3, 4])
plt.ylabel('some numbers')
plt.show()
```

如果向 plot()函数提供一个列表或数组，Matplotlib 假设它是 y 值序列，并自动生成 x 值序列。由于 Python 的范围以 0 开始，所以默认的 x 向量长度与 y 相同，但以 0 开始，因此 x 值序列是[0,1,2,3]。

plot()是一个通用函数，可以接受任意数量的参数。例如，要绘制 x 与 y 的关系，可以使用以下操作(见图 2.2)：

```
plt.plot([1, 2, 3, 4], [1, 4, 9, 16])
```

对于每一对 x、y 参数，都有一个可选的第三个参数，即表示图的颜色和线条类

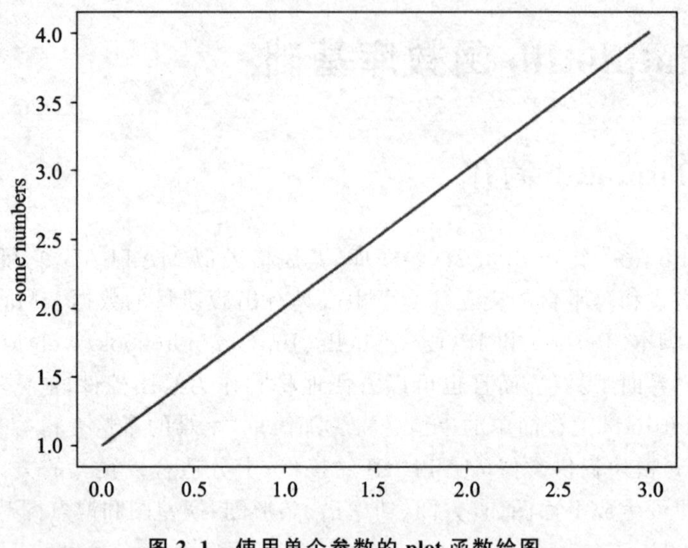

图 2.1　使用单个参数的 plot 函数绘图

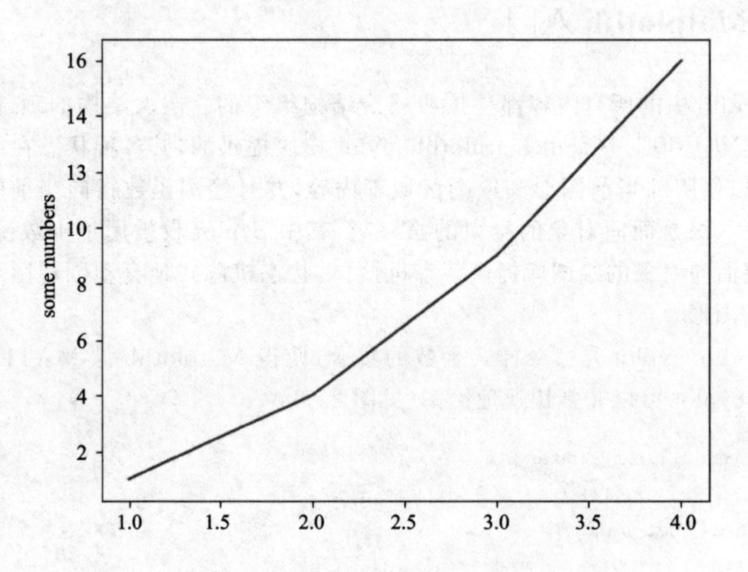

图 2.2　使用多个参数的 plot 函数绘图

型的格式化字符。格式字符的字母和符号来自 MATLAB，可以将一个颜色字符与一个线型字符连接起来作为参数，默认格式字符是“b－”，代表一条蓝色实线。例如，要用红色圆点绘制上面的图，可以使用以下操作（见图 2.3）：

```
plt.plot([1, 2, 3, 4], [1, 4, 9, 16], 'ro')
plt.axis([0, 6, 0, 20])
plt.show()
```

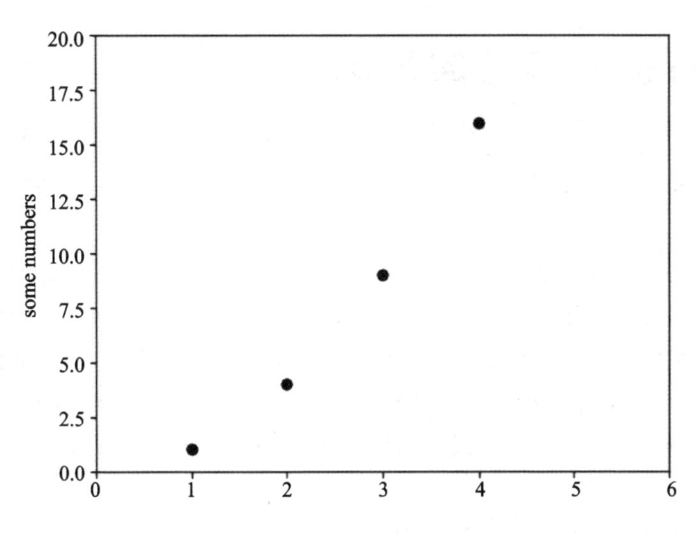

图 2.3 使用 plot 函数绘制彩色图

有关格式字符的介绍见表 2.4。

表 2.4 pyplot 模块格式字符介绍

字 符	描 述	字 符	描 述
'.'	点标记	'*'	星形标记
','	像素标记	'h'	六边形标记 1
'o'	圆标记	'H'	六边形标记 2
'v'	倒三角标记	'+'	加号标记
'^'	正三角标记	'x'	X 标记
'<'	左三角标记	'D'	菱形标记
'>'	右三角标记	'd'	窄菱形标记
'1'	下箭头标记	'|'	竖直线标记
'2'	上箭头标记	'_'	水平线标记
'3'	左箭头标记	'-'	实线样式
'4'	右箭头标记	'--'	短横线样式
's'	正方形标记	'-.'	点划线样式
'p'	五边形标记	':'	虚线样式

2.4 Pandas 函数库基础

2.4.1 Pandas 简介

Pandas 是一个开源的、BSD 许可的库，它为 Python 编程语言提供了高性能、易于使用的数据结构和数据分析工具。Pandas 适合许多不同类型的数据：具有不同类型列的表格数据，如 SQL 表或 Excel 电子数据表；有序和无序（不一定是固定频率）时间序列数据；具有行和列标注的任意矩阵数据（同构类型或异构类型）；任何其他形式的观察/统计数据集，这些数据实际上根本不需要标注就可以放入 Panda 数据结构中。

Pandas 的两个主要数据结构 Series（一维）和 DataFrame（二维）可以处理金融、统计、社会科学和许多工程领域的绝大多数典型用例（见表 2.5）。Pandas 构建在 NumPy 之上，旨在与其他第三方库更好地集成在科学计算环境中。

表 2.5 Pandas 的主要数据结构

维 度	名 称	描 述
一 维	Series	一维标注同构数组
二 维	DataFrame	一般二维标注、大小可变的表格结构的异构列数组

2.4.2 Pandas 入门

1. 创建对象

通过传递一个值列表创建 Series 对象，并使用 Pandas 创建默认的整数索引：

```
>>> import Pandas as pd
>>> import numpy as np
>>> import matplotlib.pyplot as plt
>>> s = pd.Series([1,np.nan,3,np.nan,5])
>>> s
0    1.0
1    NaN
2    3.0
3    NaN
4    5.0
dtype: float64
```

通过传递一个带有时间索引和标注列的 NumPy 数组创建 DataFrame 对象，还可以通过传递可以转换为类似于序列化对象的字典来创建 DataFrame 对象：

```
>>> dates = pd.date_range('20190101', periods = 6)
>>> dates
DatetimeIndex(['2019-01-01', '2019-01-02', '2019-01-03', '2019-01-04',
               '2019-01-05', '2019-01-06'],
              dtype = 'datetime64[ns]', freq = 'D')
>>> df = pd.DataFrame(np.random.randn(6,4), index = dates, columns = list('ABCD'))
>>> df
                   A         B         C         D
2019-01-01 -1.836321 -0.564335 -1.587665  1.443917
2019-01-02 -0.803558  0.218513  0.519948 -0.733298
2019-01-03  1.197672 -2.376992  0.503833  1.517996
2019-01-04  0.606144  0.565944  0.613549  0.194693
2019-01-05 -0.018294  1.267428  0.547279  1.329007
2019-01-06  0.271941  1.587280 -1.258844 -0.692123
```

2. 数据查看

通过使用 head()和 tail()方法可以查看对象顶部和底部的数据：

```
>>> df.head()
                   A         B         C         D
2019-01-01 -1.836321 -0.564335 -1.587665  1.443917
2019-01-02 -0.803558  0.218513  0.519948 -0.733298
2019-01-03  1.197672 -2.376992  0.503833  1.517996
2019-01-04  0.606144  0.565944  0.613549  0.194693
2019-01-05 -0.018294  1.267428  0.547279  1.329007
>>> df.tail(2)
                   A         B         C         D
2019-01-05 -0.018294  1.267428  0.547279  1.329007
2019-01-06  0.271941  1.587280 -1.258844 -0.692123
```

还可通过调用 index，columns，values 属性方法查看对象索引、列和底层 NumPy 数据，使用 describe()可以查看数据的快速统计汇总情况：

```
>>> df.describe()
              A         B         C         D
count  6.000000  6.000000  6.000000  6.000000
mean  -0.097069  0.116307 -0.110317  0.510032
std    1.080496  1.440922  1.022986  1.062953
min   -1.836321 -2.376992 -1.587665 -0.733298
25%   -0.607242 -0.368623 -0.818175 -0.470419
```

```
50%      0.126824  0.392229  0.511891  0.761850
75%      0.522593  1.092057  0.540447  1.415190
max      1.197672  1.587280  0.613549  1.517996
```

3. 数据选择

虽然用于选择数据的标准 Python/Numpy 表达式非常直观,并且便于交互工作,但是建议使用 Pandas 数据访问方法.at、.iat、.loc 和.ilo,还可以使用 isin 方法过滤数据。在 Pandas 中,选择数据的方法根据参数的不同可分为三种:数据的标签、数据的位置、数据的布尔索引。通过以上方法可以获取单行或者单列,甚至某一个数据,也可以通过传递多个参数或者切片操作获取多行、多列或某一区域数据。

4. 数据合并/分组

Pandas 提供了多种方法,可以方便地将 Series,DataFrame 和 Panel 对象与用于索引和关系代数函数的各种集合逻辑组合在一起,Pandas 数据合并方法有 concat,merge 和 append。

在 Pandas 中,还可以将数据进行分组,但是包含以下一个或多个步骤的过程:①根据一些选择标准将数据分成组;②将一个函数独立地应用于每个组;③将结果组合成数据结构。

Pandas 还有很多其他数据处理的功能,例如对数据进行重构、创建数据透视表、时间序列分析、数据分类、将数据绘制成图表等功能。

2.5 Sklearn 函数库基础

2.5.1 Sklearn 简介

Scikit-learn 是基于 Python 编程语言的机器学习工具,简称 Sklearn,它封装实现了多种机器学习算法,有着丰富的 API 和详尽的教程和文档,它的基本功能主要分为六大部分:分类、回归、聚类、数据降维、模型选择和数据预处理。Sklearn 具有以下特点:简单高效的数据挖掘和数据分析工具;可以在各种环境中重复使用;建立在 NumPy,SciPy 和 Matplotlib 库基础上;代码开源,可作商业用途,具有 BSD 许可证。

2.5.2 Sklearn 入门

一般来说,学习问题通常考虑分析一组含有 n 个样本数据,然后试图预测未知数据的属性。如果每个样本数据含有多个属性,例如多元数据,那么就称它有多个属性或特性。

可以将学习问题分为两类：

一类是监督学习，其所使用的数据带有预测结果的真值。这类问题主要包括：①分类问题：样本属于两个或多个类别，希望从已经标记的数据中学习如何预测到未标记数据的类别。分类问题的一个经典例子就是手写数字的识别，其目的是将每个输入向量分配给有限数量的离散类别中的某一个类别。另一种理解是将分类作为一种离散的有监督的学习形式，对于 n 个样本中的每一个，从有限的类别中，用正确的类别来标记它们。②回归问题，如果输出由一个或多个连续变量组成，则称为回归问题。回归问题的一个经典例子是预测鲑鱼的长度。

另一类是无监督学习，其所使用的数据由一组不带有任何对应目标值的输入向量 x 组成。其目标是把相似的数据聚在一起，这被称为聚类；或者确定数据在输入空间中的分布，这被称为密度估计；或者将数据从高维空间投影到二维或三维，以便数据可视化。

机器学习就是学习一个数据集的一些属性，然后用另一个数据集测试这些属性。机器学习中的一个常见做法是通过将数据集拆分为两个来评估算法。其中，一个集合为训练集，在训练集上学习一些属性；另一个集合为测试集，在测试集上测试学习的属性。

(1) 导入数据集

Sklearn 提供了一些标准数据集，例如用于分类的鸢尾花识别数据集和手写数字识别数据集以及用于回归的波士顿房价数据集，除了使用 Sklearn 提供的数据集，还可以自己创建数据集。下面介绍如何导入 Sklearn 的鸢尾花识别数据集和手写数字识别数据集：

```
>>> from sklearn import datasets
>>> iris = datasets.load_iris()
>>> digits = datasets.load_digits()
```

数据集是一个类似字典的对象，它保存所有数据和一些有关数据的元数据。数据存储在 data 成员中，该成员是 n_samples，n_features 的数组，在有监督问题中，一个或多个响应变量存储在 target 成员中。例如，在手写数字识别数据集中，digits.data 提供可用于分类手写数字样本的特征：

```
>>> print(digits.data)
[[  0.   0.   5. ...,   0.   0.   0.]
 [  0.   0.   0. ...,  10.   0.   0.]
 [  0.   0.   0. ...,  16.   9.   0.]
 ...,
 [  0.   0.   1. ...,   6.   0.   0.]
 [  0.   0.   2. ...,  12.   0.   0.]
 [  0.   0.  10. ...,  12.   1.   0.]]
```

digits.target 提供数据集中每个样本的真实类别，即期望从每个手写数字样本中学习得到相应的数字类别：

```
>>> digits.target
array([0, 1, 2, ..., 8, 9, 8])
```

(2) 数据的形状

数据集的数据是(n_samples, n_features)的二维数组，尽管原始数据可能具有不同的形状。在手写数字识别数据集中，每个原始样本为(8,8)的图像，可以使用以下方式访问样本数据：

```
>>> digits.images[0]
array([[  0.,   0.,   5.,  13.,   9.,   1.,   0.,   0.],
       [  0.,   0.,  13.,  15.,  10.,  15.,   5.,   0.],
       [  0.,   3.,  15.,   2.,   0.,  11.,   8.,   0.],
       [  0.,   4.,  12.,   0.,   0.,   8.,   8.,   0.],
       [  0.,   5.,   8.,   0.,   0.,   9.,   8.,   0.],
       [  0.,   4.,  11.,   0.,   1.,  12.,   7.,   0.],
       [  0.,   2.,  14.,   5.,  10.,  12.,   0.,   0.],
       [  0.,   0.,   6.,  13.,  10.,   0.,   0.,   0.]])
```

(3) 学习和预测

手写数字识别主要任务就是预测给定的手写数字图像所代表的数字，数据集提供了10个可能的类(数字0～9)的每个类的样本数据，然后在这些样本数据上拟合一个估计量，以便能够预测未知样本所属的类别。在Scikit-learn中，用于分类的估计量是一个Python对象，它实现了fit(X, y)和predict(T)等方法，例如类sklearn.svm.SVC实现了支持向量分类，估计量的构造函数将模型的参数作为参数。目前将估计量看作一个黑盒来使用：

```
>>> from sklearn import svm
>>> clf = svm.SVC(gamma = 0.001, C = 100.)
```

在这个例子中，手动设置了gamma的值，如果要为这些参数找到更合适的值，可以使用网格搜索和交叉验证等方法。

首先将估计量实例clf拟合到模型中，也就是说它必须从模型中学习，这是通过将训练集传递给fit方法来实现的。对于训练集，使用除了数据集中最后一张用于预测的图像外的所有图像。使用[:-1]python语法选择训练集，该语法会生成一个新的数组，其中包含除digits.data最后一项之外的所有内容：

```
>>> clf.fit(digits.data[:-1], digits.target[:-1])
SVC(C = 100.0, cache_size = 200, class_weight = None, coef0 = 0.0,
  decision_function_shape = None, degree = 3, gamma = 0.001, kernel = 'rbf',
  max_iter = -1, probability = False, random_state = None, shrinking = True,
  tol = 0.001, verbose = False)
```

现在可以预测新的图像所属类别了，使用 digits.data 中的最后一张图像进行预测，通过预测可以从训练集中确定与其最匹配的图像，即预测该图像所属类别：

```
>>> clf.predict(digits.data[-1:])
array([8])
>>> plt.imshow(digits.images[-1], cmap=plt.cm.gray_r, interpolation='nearest')
<matplotlib.image.AxesImage object at 0x000000000A736828>
```

最后一张图像如图 2.4 所示。

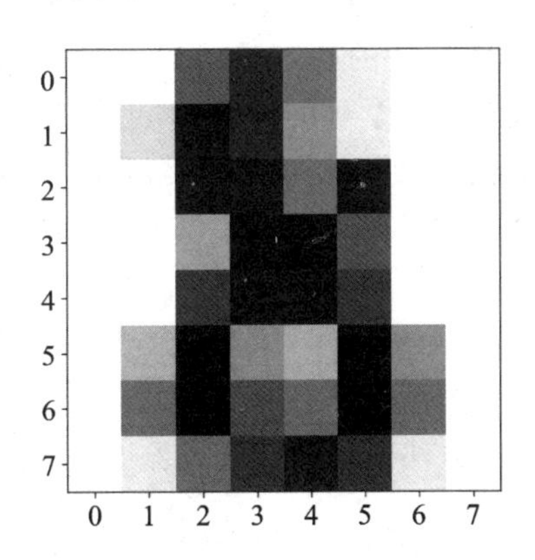

图 2.4 digits.data 中最后一张图像

(4) 模型保存

通过使用 Python 内置模块 pickle，可以在 Sklearn 中将模型保存下来：

```
>>> from sklearn import datasets
>>> from sklearn import svm
>>> digits = datasets.load_digits()
>>> clf = svm.SVC(gamma=0.001, C=100.)
>>> clf.fit(digits.data[:-1], digits.target[:-1])
SVC(C=100.0, cache_size=200, class_weight=None, coef0=0.0,
  decision_function_shape=None, degree=3, gamma=0.001, kernel='rbf',
  max_iter=-1, probability=False, random_state=None, shrinking=True,
  tol=0.001, verbose=False)
>>> clf.predict(digits.data[-1:])
array([8])
>>> import pickle
>>> s = pickle.dumps(clf)
>>> clf2 = pickle.loads(s)
>>> clf2.predict(digits.data[-1:])
array([8])
```

在 Sklearn 的特定案例中，如在大数据上使用 joblib(joblib.dump & joblib.load)代替 pickle 可能更有效，但它只能保存到磁盘上，而不能保存到字符串变量中：

```
>>> from joblib import dump, load
>>> dump(clf, 'filename.joblib')
['filename.joblib']
>>> clf3 = load('filename.joblib')
>>> clf3.predict(digits.data[-1:])
array([8])
```

Sklearn 估计量遵循某些规则：

① 类型转换：除非指定类型，否则输入的数据被转化为 float64 类型；

② 再训练和参数更新：估计量的超参数可以通过 set_params()方法构造后更新，多次调用 fit()方法将覆盖以前学到的内容；

③ 多分类与多标签拟合：当使用多类别分类器时，所执行的学习和预测任务取决于参与训练的目标数据的格式。

习　题

1. Python 使用以下哪些方法进行内存管理？

(A) 对象的引用计数机制　　(B) 手动释放

(C) 垃圾回收机制　　(D) 内存池机制

参考答案：A,C,D

2. Python 不支持的数据类型有哪些？

(A) char　　(B) int　　(C) list　　(D) str

参考答案：A

3. 在 Python 中输入以下命令的输出结果是以下哪项？

```
numbers = [1,2,3,4,5,6,7,8,9,10]
a = numbers[3:6:2]
print (a)
```

(A) [4, 5]　　(B) [4, 6]　　(C) [3, 5]　　(D) [4, 5, 6]

参考答案：B

4. 下列哪些函数参数的传值使用引用传递？

(A) 整数　　(B) 字符串　　(C) 列表　　(D)字典

参考答案：C,D

5. 下列哪些是 Python 中可变数据类型？

(A) 字符串　　(B) list　　(C) dict　　(D) tuple

参考答案：B,C

第 3 章
机器学习

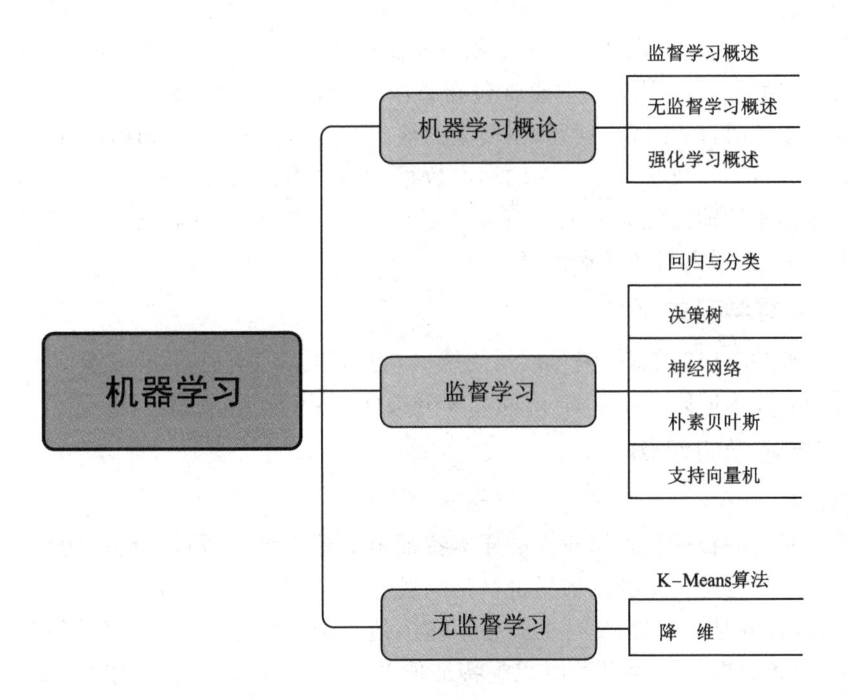
机器学习
机器学习概论
监督学习概述
无监督学习概述
强化学习概述
监督学习
回归与分类
决策树
神经网络
朴素贝叶斯
支持向量机
无监督学习
K-Means算法
降　维

3.1 机器学习概论

3.1.1 监督学习概述

监督学习(supervised learning)是机器学习的一种方法,通过已有的训练样本(即已知数据以及其对应的输出)通过训练得到一个最优模型(这个模型属于某个函数的集合,最优则表示在某个评价准则下是最佳的),再利用这个模型将所有的输入映射为相应的输出。训练样本通常包括有限个特征值和输出标签。当模型的输出结果为连续值时,属于回归问题;当模型的输出结果是离散值时,则属于分类问题。

监督学习的本质是基于已知的样本数据,学习、发现规律,并利用学习到的规律去预测新样本的输出结果。要实现这个过程,就要利用有效的方法,基于现有的数据样本特征,推测出新的样本情况。

1. 监督学习的类别

在监督学习中,预测结果可以是连续值,也可以是离散值,根据这样的属性将监督学习问题分为回归(regression)问题和分类(classification)问题。

2. 监督学习示例

(1) 回归问题

回归问题的目标是根据输入的样本特征值对输出结果进行预测。例如,根据给定的房子面积等特征来预测房子价格的问题是一个回归问题。在这个问题中,房子的面积、位置等是特征值,房子的价格是输出值。为了预测房价,需要采集大量的房产数据,每条数据都包含房子面积等特征值及其对应价格,即训练数据中不仅包含房屋的面积等特征值,还包含其对应的价格,其训练目标是通过面积等特征值预测出房价,这是一个典型的监督学习的例子。作为输出结果的房价可看作连续值,所以这是一个回归问题。如何通过训练数据得到预测结果模型,将在后面进行讨论。

思考如下问题:对于同样的数据集,如果训练模型的目标是预测这个房子的房价是高价型(大于200万元)还是普通型(小于200万元),是否还是回归问题?

(2) 分类问题

分类问题的训练目标是对样本进行分类。例如医疗机构收集了有关乳腺癌的医学数据,数据集中包含了肿瘤大小这个特征值以及该肿瘤是良性或恶性的类别特征,训练目标是根据肿瘤的大小来预测它是良性的还是恶性的。这里可用0代表良性，1代表恶性。由于要预测的结果是离散值，所以这是一个分类问题。在这个例子中，离散值取“良性”或者“恶性”。在其他分类问题中，离散值也可能会多于两个。例如在上述例子中可以设定{0，1，2，3}四种输出，其分别对应{良性，第一类肿瘤，第二类肿瘤，第三类肿瘤}。

上面例子中的特征值只有一个，即肿瘤的大小。但对于大多数机器学习问题，特征值往往有多个。

3. 监督学习算法的训练过程

① 确定训练数据集的类型。在模型训练前，应确定使用什么样的样本数据作为训练集。

② 确定数据的特征维度。通常情况下输入的特征可能是多个，这些特征一般通过向量或矩阵表示。特征的数量不宜太多，特征向量太大时，会造成维数灾难，但是为了得到较为准确的输出，一定数量的特征也是必要的。

③ 确定函数输入特征的数学表达。模型训练测试的准确性和效果与特征的表示有很大的关系。

④ 选择要训练的模型。例如，可选择人工神经网络和决策树等。

⑤ 训练模型。将数据集分出一个验证集或交叉验证(cross - validation)集，根据训练结果调整算法的权重参数。训练过程中，参数向着准确的模型方向调整，满足一定的精确度后，停止训练并保存模型参数。

3.1.2 无监督学习概述

1. 无监督学习

无监督特征学习(unsupervised feature learning)即无监督学习，是从无标签的训练数据中挖掘有效的特征或表示。无监督学习经常用来进行降维、数据可视化或监督学习前期的数据预处理等。无监督学习从无标注的数据中自动学习有效的数据表示，从而帮助后续的机器学习模型更快速地达到更好的性能。无监督学习的主要方法有主成分分析、稀疏编码等。

主成分分析(Principal Component Analysis，PCA)是常用的数据降维方法，通过该方法，使得转换后的空间中数据的方差最大。如图3.1所示的二维数据，如果将这些数据投影到一维空间中，选择数据方差最大的方向进行投影，才能最大化数据的差异性，保留更多的原始数据信息。

稀疏编码(sparse coding)是一种受动物视觉系统中简单细胞感受野的启发而建立的模型。在哺乳动物的初级视觉皮层中，每个神经元仅对处于其感受野中特定的刺激信号做出响应，比如特定方向的边缘、条纹等特征。局部感受野可以被描述为具有空间局部性、方向性和带通性(即不同尺度下空间结构的敏感性)。也就是说，

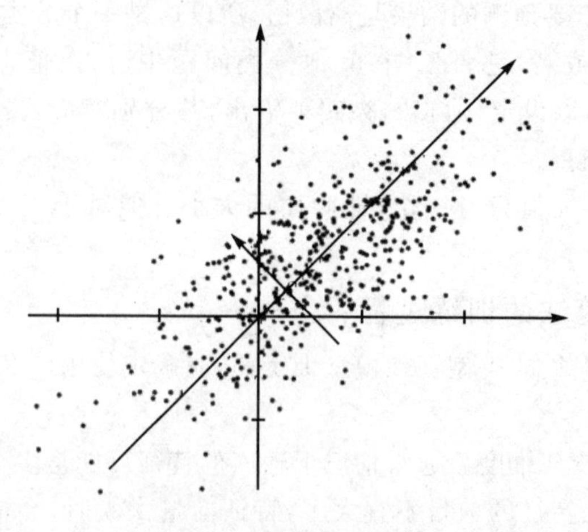

图 3.1 主成分分析

外界信息经过编码后仅有一小部分神经元激活，即外界刺激在视觉神经系统的表示具有很高的稀疏性。编码的稀疏性在一定程度上符合生物学的低功耗特性。

2. 密度估计

密度估计是根据一组训练样本来估计样本空间的概率密度。密度估计可以分为参数密度估计和非参数密度估计。参数密度估计是假设数据服从某个已知概率密度函数形式的分布（比如高斯分布），根据训练样本去估计概率密度函数的参数；非参数密度估计不预先假设数据服从某个已知分布，只利用训练样本对密度进行估计，可以进行任意形状密度的估计。非参数密度估计的方法有直方图、核密度估计等。

3. 聚　类

聚类(clustering)是将一组样本根据一定的准则划分到不同的组（也称为集群）。一个比较通用的准则是组内的样本的相似性要高于组间样本的相似性。常见的聚类算法包括 K – Means 算法、谱聚类等。

和监督学习一样，无监督学习方法也包含三个基本要素：模型、学习准则和优化算法。无监督学习的准则非常多，比如最大似然估计、最小化重构错误等。在无监督特征学习中，经常使用的准则为最小化重构错误，同时也经常对特征进行一些约束，比如独立性、非负性或稀释性等。而在密度估计中，经常采用最大似然估计来进行学习。

总体而言，无监督学习是一种十分重要的机器学习方法。广义上讲，监督学习也可以看作是一类特殊的无监督学习，即估计条件概率 $P(y|x)$。条件概率 $P(y|x)$ 可以通过贝叶斯公式转化为估计概率 $P(y)$ 和 $P(x|y)$，并通过无监督密度估计来求解。当一个监督学习任务的标注数据比较少时，可以通过大规模的无标注数据，学习到一种有效的数据表示，并有效提高监督学习的性能。

3.1.3 强化学习概述

强化学习(Reinforcement Learning，RL)又称增强学习，是机器学习的范式和方法论之一，用于描述和解决智能体(agent)在与环境的交互过程中通过学习策略以达成回报最大化或实现特定目标的问题。

强化学习采用了奖赏机制。首先让智能体自我学习，系统根据智能体与环境交互中的表现，给予奖惩。通过这个学习过程，智能体力求尽可能多获得奖赏，少受到惩罚。

强化学习可以让训练模型通过完全自学的方式来掌握一门本领，能在一个特定场景下做出最优决策。强化学习过程类似于培养孩子掌握某种本领的过程，根据模型所做出的决策给予奖励或者惩罚，直到完全学会了该种本领，在算法层面上则意味着算法已收敛。

1. 强化学习模型的结构

强化学习模型由智能体(Agent)，动作(Action)，状态(State)，奖励(Reward)，环境(Environment)五部分组成。Agent 代表一个智能体，Agent 在进行某个任务时，首先与环境(Environment)进行交互，产生新的状态(State)，同时环境给出奖励(Reward)，如此循环下去，Agent 和 Environment 不断交互产生更多新的数据。强化学习算法就是通过一系列动作策略与环境交互，产生新的数据，再利用新的数据去修改自身的动作策略，经过数次迭代后，Agent 就会学习到完成任务所需要的动作策略。

- 智能体：智能体的结构可以是简单的算法，或者是神经网络算法。智能体的输入通常是状态，输出通常是策略。
- 动作：也称动作空间。例如游戏手柄，上、下、左、右四个方向可移动，那么 Actions 就是上、下、左、右。
- 状态：指强化学习模型的当前局面状态。
- 奖励：进入某个状态时，能带来正奖励或者负奖励。
- 环境：接收 Action，返回 State 和 Reward。

2. 强化学习方法

强化学习方法有三种，分别是：基于价值的方法、基于策略的方法和基于模型的方法。

(1) 基于价值

基于价值的强化学习的目标是优化价值函数。价值函数可以表达智能体在每个状态里得出的未来奖励最大预期。一个状态下的函数值，是从当前状态开始算起的智能体可预期的未来奖励积累总值。智能体根据这个价值函数来决定每一步采取哪个行动，通常它会采取价值函数值最大的行动。

(2) 基于策略

基于策略的强化学习的目标是优化策略函数。策略就是评判智能体在特定时间点的表现，在每个状态和它所对应的最佳行动之间建立关联。策略分为两种。①确定性策略：某一个特定状态下的策略，永远都会给出同样的行动；②随机性策略：给出多种行动的可能性分布。

(3) 基于模型

基于模型的强化学习是对环境建模，即创建一个模型来描述环境的行为。但是这个方法有一定的缺点，每个环境都需要建立模型。

3. 强化学习与监督学习和无监督学习的区别

强化学习通常在交互过程中学习，其学习过程通常是通过与环境交互产生的数据来完成的。

监督学习和无监督学习则需要静态的数据，不需要与环境交互，将数据输入到相关函数进行训练。而且对于监督学习和无监督学习来说，监督学习强调通过学习有标签的数据来预测新数据样本，无监督学习更多是挖掘数据中隐含的规律。

3.2 监督学习

3.2.1 回归与分类

回归与分类是监督学习的两大分支。监督学习是机器学习的一种常见方法，可以通过训练数据集得到一个模型或者函数，并依此模型推测新的样本实例。监督学习中，若预测结果是连续的，就是回归问题；若预测结果是离散的，就是分类问题。

1. 回归问题

(1) 回归的基本概念

回归是监督学习的一个重要问题，回归用来找出输入特征和输出结果之间的规律。输入的特征与输出的结果之间有一定的规律，数学上通常称这种规律为函数。回归就是要找到一个合适的规则来匹配输入和输出之间的规律，即找到一个函数，可以预测大部分样本，符合大多数样本的规律。

回归通常先要学习，然后预测，如图 3.2 所示，首先给定一个训练数据集：

$$T=\{(x_1,y_1),(x_2,y_2),\cdots,(x_N,y_N)\}$$

这里，$x_i \in \mathbf{R}^n$ 是输入，y 属于 $\mathbf{R}$ 是对应的输出，$i=1,2,\cdots,N$。通过学习已有的样本，得到符合样本数据分布的模型，即函数 $Y=f(x)$。对应新的输入 x_{N+1}，根据模型 $Y=f(x)$确定相应的输出 y_{N+1}。

在现实场景中,变量常常是多元的且规律复杂,因此通常会使用多元回归模型或非线性回归模型。

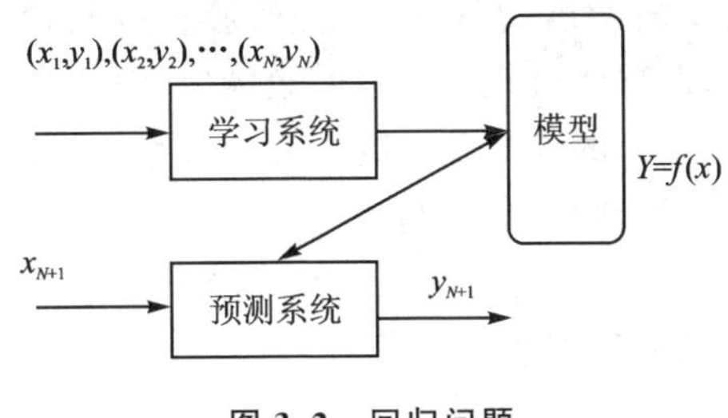

图 3.2　回归问题

(2) 回归分析

回归分析是研究自变量和因变量之间关系的一种预测模型技术,应用于预测、时间序列模型和找到变量之间的关系。例如:可以通过回归分析去研究驾驶员超速与交通事故发生频率的关系。

使用回归分析的好处包括:指示出自变量与因变量之间的显著关系、指示出多个自变量对因变量的影响。回归分析允许比较不同尺度的变量,例如:房价随着房间面积的变化。回归分析可以用于选择和评价预测模型里面的变量。

回归分析技术可通过三种方法分类:自变量的个数、因变量的类型和回归线的形状。

1) 线性回归

线性回归可以说是世界上最知名的建模方法之一。该模型中,因变量是连续型的,自变量的类型可以是连续型的,也可以是离散型的。线性回归就是通过自变量和因变量的关系和匹配规律,通过这种关系拟合一条直线。可以用公式来表示:$Y=a+b*X+e$,a 为截距,b 为回归线的斜率,e 是误差项。

2) 逻辑回归(logistics 回归)

逻辑回归的目的是预测事件是否发生的概率。当所解决问题的因变量是二分类(0/1,True/False,Yes/No)时,可以使用逻辑回归。逻辑回归应用非线性 log(即 Sigmoid 函数)转换方法,因此不需要自变量与因变量之间有线性关系。逻辑回归将预测值映射为 0 到 1 之间,因此预测值就可以反映某个类别的概率。其优点包括:输出结果有很好的概率解释;算法也能正则化从而避免过拟合;逻辑回归模型方便使用随机梯度下降优化方法和新数据更新模型权重。其缺点是在非线性决策边界时性能比较差。

3) 多项式回归

对于一个回归函数,若自变量指数超过 1,则称为多项式回归。这类回归问题中,最合适的线不是一条直线,而是一条曲线。当存在多维特征时,多项式回归能够发现特征之间的相互关系,这是因为在添加新特征的时候,添加的是所有特征的排列组合,多项式回归中,加入了特征的更高次方(例如平方项或立方项),也相当于增加了模型的自由度,用来捕获数据中非线性的变化。添加高阶项的同时,也增加了模型的复杂度。随着模型复杂度的升高,模型的容量以及拟合数据的能力增加,可以进一步降低训练误差,但导致过拟合的风险也随之增加。

在多项式回归中,最重要的参数是最高次方的次数。设最高次方的次数为 n,且只有一个特征时,其多项式回归的方程为

$$h=\theta_0+\theta_1 x+\cdots+\theta_{n-1}x^{n-1}+\theta_n x^n \tag{3.1}$$

式中:θ 是模型的权重,x 表示特征。

4) 逐步回归

要处理多个自变量时,需要采用逐步回归方法。在这个方法中变量选择都是通过自动过程实现的,不需要人工干预。这个过程是通过观察统计值,比如判定系数、t 值和最小信息准则等去筛选变量。几种常用的逐步回归方法如下:

(a) 标准逐步回归:根据需要,每一步都会添加或者删除某些变量。

(b) 前进法:开始于最显著的变量,然后在模型中逐渐增加次显著变量。前进法的思路就是变量从少变多,每次增加一个变量,直到没有可引入的变量才停止。

(c) 后退法:开始于所有变量,然后逐渐移除一些不显著变量。

逐步回归的本质是将变量逐个引入模型,每当增加一个引入解释变量,都要进行 F 检验,另外对那些已经选入的变量,依次进行 t 检验。经过后面的解释变量加入,使得原来的这个变量变得不太突出,就可以删除这个解释变量。一般来讲,突出变量都存在于回归方程里,且在出现新变量之前。循环执行上面的步骤,直到这个方程没有突出变量加入,也没有变量需要被删除,从而保证最终得到的解释变量集是最优的。

5) 岭回归

在遇到数据有多重共线性时,会用到岭回归(ridge regression, tikhonov regularization)。所谓多重共线性,简单地说就是自变量之间关系比较密切。岭回归的回归过程为了减少标准误差,需要在回归中加入一些偏差作为调整。

岭回归是一种有偏估计回归方法,用于共线性数据分析,这种回归方法其实就是最小二乘估计法的一种变形,虽然最小二乘法是无偏的,如果直接使用会缺失部分有用的信息,但是为了接近实际情况,增加模型的泛化能力,会无视这种无偏性。通过定义可以看出,岭回归是改良后的最小二乘法,是有偏估计的回归方法,即给损失函数加上一个正则化项,也叫惩罚项(L2 范数),那么岭回归的损失函数表示为

$$J(\beta)=\frac{1}{2m}\sum_{i=1}^{m}[h(x^{(i)}-y^{(i)}]^2+\gamma\sum_{j=1}^{n}\beta_j^2 \tag{3.2}$$

其中,m 是样本量,n 是特征数,γ 是惩罚参数。惩罚参数主要是为了不让模型参数取值太大,当 γ 趋于无穷大时,对应 β_j 趋向于 0,而 β_j 表示的是因变量随着某一自变量改变而变化的数值(假设其他自变量均保持不变),自变量之间的共线性对因变量

的影响几乎不存在，故其能有效解决自变量之间的多重共线性问题，同时也能防止过拟合。

2. 分类问题

(1) 分类的基本概念

分类问题是监督学习的一个核心问题，在监督学习中，若输出变量 y 是离散值，预测问题就是一个分类问题。而输入变量 x 可以是离散的，也可以是连续的。监督学习在数据中学习到的分类模型或者函数，称为分类器。分类器可以对新的样本进行预测分类，若分的类别(class)为多个，就称为多分类问题。这里主要讨论二分类问题。

分类问题主要有两个步骤：第一步就是学习，通过已有的训练数据集，利用一些常用的机器学习方法，训练学习得到分类器；第二步就是分类，用得到的分类器对新样本进行预测分类。如图 3.3 所示，图中 $(x_1, y_1), (x_2, y_2), \cdots, (x_n, y_n)$ 是训练数据集，经过学习得到分类器 $Y = f(x)$ 或 $P(Y|X)$；分类系统通过已经训练好的分类器，对输入特征 x_{n+1} 进行分类，即预测出类别为 y_{n+1}。

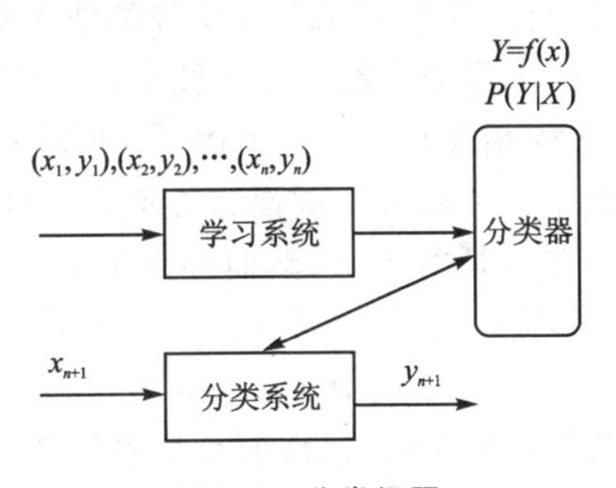

图 3.3 分类问题

为评价分类器的好坏，引入分类准确率(accuracy)，其定义为：对测试数据集来说，样本分类的准确率等于被正确分类样本个数与总的样本个数的比。

对于二分类来说，精确率(precision)与召回率(recall)是通常使用的评估指标，需要发现的作为正类，除此之外都是负类，测试集在分类器上进行预测时通常有 4 种情况，记作：

- TP——正类判断正确；
- FN——正类判断错误；
- FP——负类判断错误；
- TN——负类判断正确。

精确率的定义为

$$P = \frac{\mathrm{TP}}{\mathrm{TP} + \mathrm{FP}} \tag{3.3}$$

召回率的定义为

$$R=\frac{\mathrm{TP}}{\mathrm{TP}+\mathrm{FN}} \tag{3.4}$$

概率统计中的许多方法都可以用来做分类，常用的有 K 近邻法、朴素贝叶斯法、决策树、逻辑回归模型、支持向量机、提升方法、贝叶斯网络和神经网络等。

在许多领域都有分类的应用，例如在网络安全统计监督中，根据网民上网记录进行分类，对不健康的含有病毒的连接网站进行筛选；在目标检测领域，可以利用图像检测算法来检测是否有关注的目标；在手写字识别中，分类可以用于识别手写的数字；在互联网搜索中，网页的分类可以更好地查出所需要的内容。

(2) 常用分类算法

1) 贝叶斯(Bayes)分类算法

贝叶斯分类算法是机器学习中常用的分类算法，基于贝叶斯定理。它预测出一个元组属于某一特定类的概率，来确定分类结果。朴素贝叶斯算法目前仍然是常用的一种挖掘算法，该算法是一种有监督的算法，解决的是分类的问题。例如是否有客户流失、投资是否值得以及信用等级评定情况等多分类问题。朴素贝叶斯算法思路比较简单，就是利用某些先验概率，计算某个事件类别的后验概率。

朴素贝叶斯模型是一种学习分类器。朴素贝叶斯分类器算法假定样本的特征是一种理想的分布，它们之间相互独立。举个例子，如果一种水果具有红色、圆形、直径3 英尺等特征，那么这个水果就可以被预测为苹果。尽管这些特征之间有一定关系或者有些特征由另一些特征所决定，然而朴素贝叶斯分类器假定这些特征属性，在判定该水果是否为苹果这个事件中，特征的概率分布上是独立的。

在许多实际应用中，朴素贝叶斯模型参数估计方法，要用到极大似然估计，尽管朴素思想是将现实问题做了简单化的假设，但在很多复杂的现实情形中，朴素贝叶斯分类器的效果表现还是很不错的。

朴素贝叶斯概率模型理论上是一个条件概率模型。假设 $p(C,F_1,F_2,\cdots,F_n)$ 中的变量 C 是独立的类别，以若干特征变量为条件。贝叶斯定理有以下式子：

$$p(C \mid F_1,F_2,\cdots,F_n)=\frac{p(C)(F_1,F_2,\cdots,F_n \mid C)}{p(F_1,F_2,\cdots,F_n)} \tag{3.5}$$

实际中，只需要注意式中的分子部分，因为分母部分与 C 没有关系，而且特征 F 的值是给定的，分母也就可以看作是一个常数，不会影响判断。这样分子就等同于联合分布模型 $p(C,F_1,F_2,\cdots,F_n)$，朴素意味着特征间的相互独立。

2) 决策树(decision tree)

决策树是另一种常用的监督学习方法，既可以完成分类任务，也可以完成回归任务。在分类任务中，可以将其看作是 if - then 规则的集合，也可以看作是特征和类别之间的一种条件概率分布。决策树的主要优点在于速度快，可读性好。它的思想主要来源于 Quinlan 提出的 ID3 算法，但是 ID3 决策树有两个缺点，容易过拟合，而且对于连续的特征值不能使用，因此便出现了 C4.5 算法。由于前两个决策算法计算是比较复杂的，后来引入基尼系数，提出了 CART 算法。决策树一般分 3 步，①选择特征；②生成决策树；③对决策树进行修剪。

决策树是一种树状结构（可以是二叉树或非二叉树），目的就是根据已有的数据集通过决策树算法得到一个树模型，可以预测新样本的类别。顾名思义，决策树是一种决策方法，这也是人类在面临决策问题时一种很自然的处理机制。

3）支持向量机（support vector machine，SVM）

支持向量机是一种常用的二分类算法，它基本思路是在指定的特征空间里，找到一个超平面，它与样本的特征之间的距离最大。支持向量机有核技巧，这使它具有成为非线性分类器的能力。支持向量机的核心就是最大化样本特征与超平面之间的间隔，也等同于正则化的损失函数的最小化问题。支持向量机的学习算法最终就是求解凸二次规划的最优算法。

支持向量机学习方法包含从简单到复杂的模型：线性可分支持向量机（linear support vector machine in linearly separable case）、线性支持向量机（linear support vector machine）及非线性支持向量机（non - linear support vector machine）。简单模型是复杂模型的前提，在训练数据线性可分时，通过最大化硬间隔来学习线性分类器，这里最原始的 SVM 也叫作硬间隔支持向量机。

通常，特征是利用欧式距离计算的。核函数的作用就是将可见的输入特征通过一定的运算，放到欧式空间中，最后得到的就是特征组成的向量。非线性支持向量机就可以通过使用核函数学习，这等价于隐式地在高维的特征空间中学习线性支持向量机，这样的方法称为核技巧。

给定训练数据 $D=\{(x_1,y_1),(x_2,y_2),\cdots,(x_m,y_m)\}$，$y_i\in\{-1,+1\}$，分类学习一般过程，训练集 D 可以看做是分布在一定空间里的 m 个样本，然后找出将样本类别划分开的超平面，分开不同类别的样本，但是这样的超平面在空间中有很多，如图 3.4 所示。如何选择超平面，需要合适的方法。

从图 3.4 中可以看到，目的就是找到两类训练样本“正中间”的超平面，即可以将样本最好地分开的平面。如图 3.4 中间最粗的直线所代表的超平面，因为该超平面鲁棒性好，例如由于训练集的局限性，会有噪声等因素，训练集以外的样本可能比训练集中的任何样本都更接近分隔超平面，许多划分超平面在划分这些样本时就会出现划分错误，而中间的那个超平面受这些样本影响最小，所以中间的超平面对新样本泛化能力最强，所以寻找最佳的超平面就是支持向量机要做的任务。

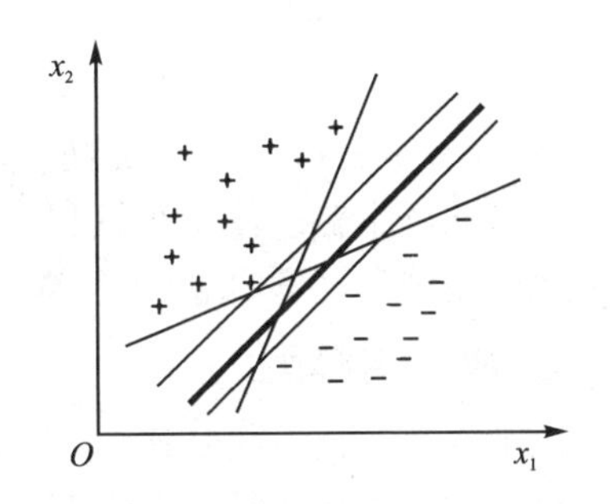

图 3.4　多个超平面将两类样本分开

4）K 近邻（K－Nearest Neighbor，KNN）

K 近邻主要是用来统计所有样本与需要分类的样本特征之间的距离的大小数量值。它的思路是：首先选取 K 值，然后在所选取的特征空间里，计算统计与测试样本的特征空间距离最近的 K 个样本，然后找出这 K 个样本，统计出 K 个样本所属类别中最多的那一种类别，则这个样本就属于那一类别。其中 K 通常是不大于 20 的整数。其优点是简单好用、易于理解、对异常值不敏感。其缺点是计算复杂度高、空间复杂度高。

KNN 其工作方法比较简单，输入测试样本，通过上面的步骤，找出与其距离最近的 K 个值，然后分析这 K 个样本所对应的标签类别来进行预测。通常，“投票法”被使用在分类任务中，即选择这 K 个样本中，类别出现频率最多的标记作为分类结果；“平均法”是回归算法常用的计算方式，就是平均化最近的 K 个样本的输出结果值，把这个平均值作为预测结果。另外还有一种方法就是加权平均样本的预测结果，权重大小与距离有关。

K 近邻是一种“懒惰学习”，懒惰学习就是不需要训练，仅仅依靠统计方法，在测试时，通过计算测试样本与已有样本之间的距离关系即可对测试数据进行分类；相对的就有急切学习（eager learning），它们需要训练样本数据，得到训练好的模型，通过模型来预测。

5）神经网络

神经网络是目前非常热的研究课题。在深度学习领域，神经网络应用非常广，目前在图像算法和自然语言处理中用到的 CNN（卷积神经网络）和 RNN（循环神经网络）都是神经网络，在计算机研究领域使用相当多。其优点是特征提取能力强，并行处理能力强，便于分布式存储；鲁棒性强，不易受噪声影响。其缺点是对样本数量要求高，结果难以解释，训练时间长。

3.2.2 决策树

决策树（decision tree），是机器学习常用算法之一，它既可做回归预测，也可做分类。现实问题中普遍使用决策树来解决分类问题。分类问题可以看作是一种按照条件判断规则的集合，也可以从数学角度解释，即利用条件概率来构建决策树。

1. 决策树模型

决策树是一种树状结构（可以是二叉树或非二叉树），对两个类别作决策，就是基于已有的数据集通过决策树算法得到一个树模型，预测新样本的类别。决策树是相对比较好理解的算法，决策二字就代表类似人类的思维一样。

一般来讲，一棵树只有一个根节点，另外可能在内部由一些节点以及叶子节点组成，一棵树其实就是一个集合，也可以看作是一个序列，以根节点为首。决策树其实就是找一棵分类最好的树，即可以较准确地预测新样例。

决策树的生成是一个递归的过程。在这颗树中遇到三种情况会导致递归返回：①当前节点下的所有样本都是同一类，不需要再划分；②当前属性集为空，无法划分；③当前节点包含样本集合为空，不能划分。

2. 特征选择

决策树的本质是要找一棵最好的决策树进行分类。通常希望决策树在学习过程中，类别越来越少，即样本的“纯度”越来越高。

3. 信息增益

“信息熵”(information entropy)是一个比较抽象的概念，是最常用的一种样本混乱程度的度量指标。1948年，香农提出了“信息熵”的概念，用来解决信息量化度量问题。假设样本集 D 中包含 k 个样本，其中第 k 个样本所占的样本数为 $C_k(k=1,2,3,\cdots,n)$，$\frac{|C_k|}{|D|}$表示所占的比例，则 D 的信息熵定义为

$$H(D)=-\sum_{k=1}^{k}\frac{|C_k|}{|D|}\log_2\frac{|C_k|}{|D|} \tag{3.6}$$

$H(D)$的值越小，则 D 的纯度越高。

条件熵 $H(Y|X)$定义为已知 X 的条件下，变量 Y 的可能性，计算公式为给定 X 条件下 Y 的条件概率分布的熵对 X 的数学期望：

$$H(Y \mid X)=\sum_{i=1}^{n} p_i H(Y \mid X=x_i) \tag{3.7}$$

这里 $p_i=P(X=x_i),i=1,2,\cdots,n$。上式计算必须要基于一些条件熵，把这种熵称为经验熵。

信息增益定义如下：

$$g(D,A)=H(D)-H(D \mid A) \tag{3.8}$$

其中 A 表示特征，D 表示对应的数据集，$g(D,A)$表示信息增益。

下面通过一个例子来说明如何通过信息增益来划分决策树。

【例 3.1】 表3.1中的样本记录着人们的身份信息，ID代表样本的身份。后面4列表示个人信息。年龄段：青年、中年、老年；有工作：是、否；有自己的房子：是、否。信贷情况：非常好、好、一般。如表3.1所列，表的最后一列表示是否同意贷款的类别：是、否。

表 3.1 贷款申请样本数据表

ID	年龄段	有工作	有自己的房子	信贷情况	同意贷款
1	青年	否	否	一般	否
2	青年	否	否	好	否
3	青年	是	否	好	是
4	青年	是	是	一般	是
5	青年	否	否	一般	否
6	中年	否	否	一般	否

续表 3.1

ID	年龄段	有工作	有自己的房子	信贷情况	同意贷款
7	中年	否	否	好	否
8	中年	是	是	好	是
9	中年	否	是	非常好	是
10	中年	否	是	非常好	是
11	老年	否	是	非常好	是
12	老年	否	是	好	是
13	老年	是	否	好	是
14	老年	是	否	非常好	是
15	老年	否	否	一般	否

上例中针对是否同意贷款这个分类问题，构建决策树来解决问题，然后确定是否贷款给某人。当出现新的申请人时，通过决策树模型，决定是否同意批准申请。

图 3.5 展示了选取可能的各种特征，构建决策树，可以看出根节点选的特征不一样，最终得到的决策树就不一样。两个决策树，都可以一直延续下去，这就需要通过一定规则判别哪个决策树分类更好。信息增益(information gain)就能够很好地表示这个准则。

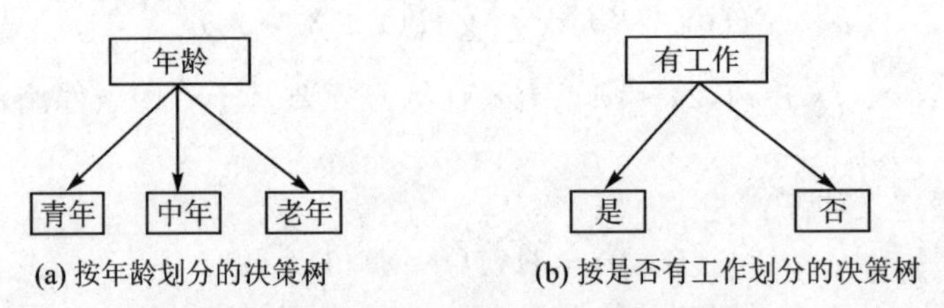

图 3.5　不同特征决定的不同决策树

4. 决策树的生成

目前常用的有两种决策树算法，主要有 ID3 生成算法和 C4.5 生成算法。

(1) ID3 算法

ID3 算法核心是进行特征选择，递归构建决策树，原理则是利用信息增益来对决策树各节点进行选择。那么根节点的确定就是依据每个特征的信息增益，比较各个特征对应的信息增益，最大的特征信息增益确定后，根节点特征就是这个特征，这个特征有不同的值，组成了子节点，下面的子节点又可以看做一棵独立的树，依据上述步骤不断地递归，从而构建出完整的一棵树。

ID3 算法：输入数据集 D，特征集 A，阈值 ε；输出决策树 T。

① 如果数据集中样本全部是一种类别，就不需要再分，称这样的树为单节点树 T。

② 如果特征集 A 是空，此时和①类似，没有特征可分，这样构成的树也是一棵单节点树 T。

③ 如果不是上面两种情况，那么按照一般方法计算每个特征的信息增益，选取增益最大的特征代表当前的分类特征 A_k。

④ 得到 A_k 后，计算信息增益，同时与设定的阈值比较，如果小于阈值，就不需要再分，构成一棵单节点树 T，类别就是所有样本中占比最多的样本类别 C_k。

⑤ 如果增益大于阈值，将 D 分割成若干非空子集 D_i，依据 A_k 的每一个可能的值 $A_k=a_i$，在子集中寻找样本最多的类别作为此时的类，以此构建子节点，从而构建完整的树 T。

⑥ 通过上面的操作，将 D 分成了几个子集，利用这些子集 D_i 作训练，重复上面的步骤，最后得到一棵决策树。

(2) C4.5 算法

C4.5 算法与 ID3 算法相似，C4.5 算法是对 ID3 算法进行了改进，使用信息增益比来选择特征。信息增益比并没有独立的意义，它是以训练集为前提的。处理分类问题时，信息增益是与训练集经验熵有关系的，经验熵增大，信息增益值会偏大；反之，信息增益值会偏小。使用信息增益比(informationgain ratio)可以对这一问题进行校准。信息增益比公式如下，其实就是增益与熵的比值：

$$g_R(D,A)=\frac{g(D,A)}{H(D)} \tag{3.9}$$

C4.5 算法：输入特征集 A，阈值 ε，训练数据集 D；输出决策树 T。

① 如果数据集中样本全部是一种类别，那么就不需要再分了，称这样的树为单节点树 T。

② 如果特征集 A 是空，此时和①类似，没有特征可分，自然构成的决策树也是一棵单节点树 T。

③ 如果不是上面两种情况，那么计算每个特征的信息增益比，选取增益比最大的特征代表当前的分类特征 A_k。

④ 得到 A_k 后，计算信息增益比同时与设定的阈值比较，如果小于阈值，那么就不需要再分，构成一棵单节点树 T，类别就是所有样本中占比最多的样本类别 C_k。

⑤ 如果增益比大于阈值，将 D 分割成若干非空子集 D_i，依据 A_k 的每一个可能的值 $A_k=a_i$，在子集中寻找样本最多的类别作为此时的类，以此构建子节点，从而构建完整的决策树 T。

⑥ 通过上面的操作，将 D 分成了几个子集，利用这些子集 D_i 作训练，重复上面的步骤，最后得到一颗树。

C4.5 算法与 ID3 算法步骤非常相似，它们的区别在于 C4.5 算法使用信息增益比代替了信息增益来构建决策树。

5. 决策树的剪枝

在实际使用过程中发现决策树虽然在训练中分类误差比较小，但是对于测试集的误差比较大，泛化能力很差，导致过拟合。过拟合产生的原因有很多，包括训练样本太少，特征太多，样本噪声比较大。参数过多导致决策树相当复杂，对于决策树来说，目前常用的方法就是简化决策树。

决策树中常用的简化方法就是剪枝，顾名思义，就是把一些没用的或者是对分类结果影响不大的枝叶去掉，让整棵树看起来比较精干，这样的处理可以简化模型，增加泛化能力，在实际测试中效果很好。

剪枝算法输入：给定构建好的树 T，剪切参数 α；输出：修剪后的树 T_α。

① 计算每个节点的经验熵。

② 从叶子节点向上修剪，这个过程是一个递归的过程。

从叶子节点向上取，回到其父子节点，然后将节点下的部分分成两棵树（T_B）和（T_A），损失值用 $C_\alpha(T_B)$ 与 $C_\alpha(T_A)$ 来表示，如果 $C_\alpha(T_B) \geqslant C_\alpha(T_A)$，那么就进行剪枝操作，即父节点剪枝后降为子节点。然后执行①和②操作，这样的一系列处理后，就得到一棵简化的修剪树。

3.2.3 神经网络

1. 神经网络的概念

20 世纪以来，人工智能领域的研究重心转移到了神经网络这一方向。在学术界、工程界，神经网络扮演着越来越重要的角色。从本质上来讲，神经网络是一种使用大量的神经单元，即节点，相互连接得到的一种运算模型。每个神经单元都代表着一种输出函数，若干输出函数相互连接，并且辅助以权重、偏置和激活函数，就可以模拟数据集中的数据分布。其中每两个节点间的连接代表着权重计算。在权重计算之后添加激活函数，即为一个简单的神经单元。

Rumelhart 和 McClelland 等科学家在 1986 年根据误差反向传播的算法，提出了 BP 神经网络的概念。这种多层神经网络，在当前的学术界和工业界是应用最广泛的神经网络。

设计神经网络无需提前确定输入和输出之间的数学关系，神经网络自身会通过训练，学习到某种规则，在给定输入的时候得到预期的输出，这其中的核心就是神经网络的特征提取能力。

2. 神经网络的应用

DeepMind 于 2014 年开始开发人工智能围棋软件 AlphaGo，之后几年中获得了许多胜利。2017 年，AlphaGo 的团队在《自然》上发表了一篇文章，介绍了一个更强版本的围棋 AI－AlphaGo Zero。这个 AI 并没有使用当前的围棋棋谱，而是采用自我博弈的方法;并且仅仅使用了3天的学习,就能够战胜AlphaGo,40天后完全超过了所有其他的围棋AI。

百度无人驾驶车项目于2013年起步,由百度研究院主导研发,其技术核心是“百度汽车大脑”。这一研究项目主要包含了控制、定位、感知、决策等四个重要模块。百度所研发的无人驾驶技术可以实现根据交通指示灯、指示牌和当前行车所处环境,自主地做出应对策略。整个行驶过程非常简单,只需要输入目的地,即可自动行驶到达目的地。这种技术的背后,是雷达、摄像头等硬件和百度深度学习神经网络等算法的支持。

3. 神经元模型

神经元是神经网络中最基本的结构,也是神经网络的基本单元。模拟生物医学中神经元的信息传播方式,科研人员设计出了神经元的模型。

1943年,McCulloch和Pitts用一种简单的模型构成了一种人工神经元模型,即当前经常用到的M-P神经元模型,如图3.6所示。

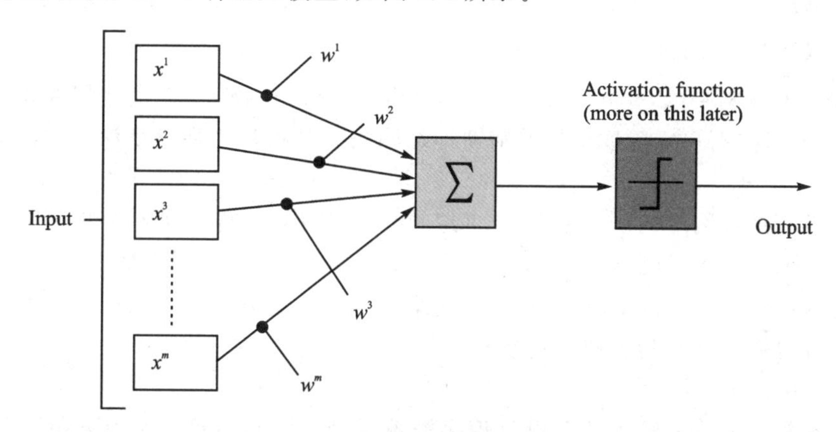

图3.6　M-P神经元模型

从上面的M-P神经元模型可以看出,神经元的输出公式如下:

$$y = f(\sum_{i=1}^{n} w_i x_i - \theta) \tag{3.10}$$

其中θ是神经元的激活阈值,函数$f(z)$是一个激活函数,一般常用阶跃方程表示。如果z大于某个设定阈值就处于激活状态;反之则处于抑制状态。

Sigmoid的函数图如图3.7所示。

感知机由两层神经元组成:输入层和输出层。其中,输入层用于接受输入信号,输出层用于输出模型计算的结果,即M-P神经元。图3.8为一个具有三个输入神经元的感知机结构。

感知机模型可以由如下公式表示:

$$y = f(\boldsymbol{w}x + b) \tag{3.11}$$

其中，w 为感知机中从输入层到输出层的权重向量，b 为输出层的偏置。权重向量 w 和偏置 b 是感知机模型的两大重要参数。

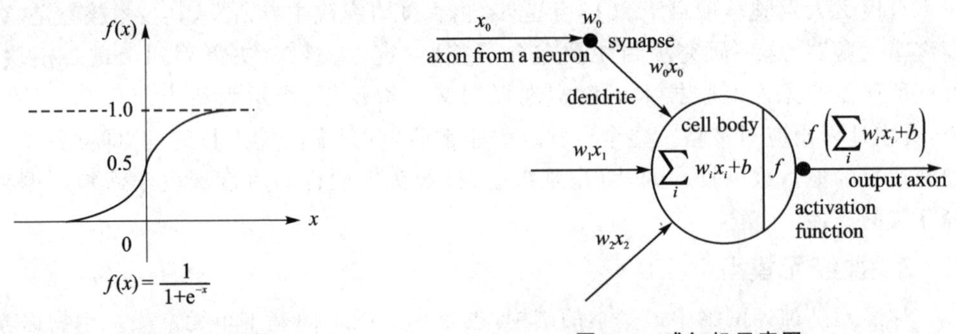

图 3.7 Sigmoid 函数

图 3.8 感知机示意图

但是感知机的缺点也很明显，即它的功能神经元较少，无法拟合数据集中的较为复杂的数据分布，因此其拟合能力较弱，性能无法充分满足需求。

4. CNN 结构

卷积神经网络(Convolutional Neural Networks，CNN)是一类使用卷积进行计算操作，并且具有一定深度结构的前馈神经网络。卷积神经网络是深度学习的重要代表算法之一。

对卷积神经网络的研究始于 20 世纪 80—90 年代，时间延迟网络和 LeNet-5 是最早出现的卷积神经网络。在 21 世纪后，随着硬件设备(如显卡)性能的升级和越来越多的深度学习理论的提出，卷积神经网络得到了飞速发展，当前计算机视觉、自然语言处理等领域都有卷积神经网络的影子。

(1) 输入层

卷积神经网络的输入层可以处理多维数据，常见地，一维卷积神经网络的输入层接收一维或二维数组，其中一维数组通常为时间或频谱采样；二维数组可能包含多个通道；二维卷积神经网络的输入层接收二维或三维数组；三维卷积神经网络的输入层接收四维数组。

(2) 隐含层

卷积神经网络的隐含层包含卷积层、池化层和全连接层 3 类常见模块，在一些更为现代的算法中可能有 Inception 模块、残差块(residual block)等复杂模块。在常见模块中，卷积层和池化层为卷积神经网络所特有。卷积层中的卷积核包含权重系数，而池化层不包含权重系数，因此在一些文献中，池化层可能不被认为是独立的层。

5. 典型的卷积神经网络结构

(1) LeNet

1998 年的论文 *Gradient-Based Learning Applied to Document Recognition* 提出了 LeNet-5，它是用于手写体字符识别的非常高效的卷积神经网络。

(2) AlexNet

由于受到计算机性能的影响,虽然 LeNet 在图像分类中取得了较好的成绩,但是并没有引起很多的关注。直到 2012 年,Alex 等人提出的 AlexNet 网络在 ImageNet 大赛上以远超第二名的成绩夺冠。

3.2.4 朴素贝叶斯

1. 贝叶斯决策论

贝叶斯决策论(Bayesian decision theory)是采用概率方法进行决策的基本方法。对于分类任务,在所有的概率已知时,贝叶斯决策论是使用先验概率和条件概率进行选择的方法。

作为贝叶斯派归纳理论的重要组成部分,贝叶斯决策使用主观概率,对一定程度上未知的状态进行概率估计,之后采用贝叶斯公式做概率上的修正,最后利用计算得到的期望概率值与修正后得到的概率做出最后的决策,这个决策往往也是最优决策。

贝叶斯决策判据的优点是显而易见的,其考虑了各个类别出现的概率大小,也考虑了当存在误判时,可能造成的损失大小,因此朴素贝叶斯的综合判别能力很强。

例如,某设备在一个月内,有故障的概率远小于无故障的概率。因此,在判别是否有故障的时候,若无特别明显的异常状况,就应判断为无故障。显然,只利用先验概率提供的信息偏少,仅仅采用先验信息进行状态监测,会存在很大程度上的误判,这样显然无法达到工业诊断的目标。因此,还要对更多的其他状态进行状态检测,引入更多的观测指标,将所有的指标汇总起来,做进一步分析,才能得到最后的结果。

2. 朴素贝叶斯的基本概念

朴素贝叶斯法是一种常见的分类方法,其核心是基于贝叶斯定理与特征条件独立假设。两种最为广泛的分类模型分别是决策树模型和朴素贝叶斯模型。

朴素贝叶斯模型的优点是:所需估计的参数很少,对缺失数据不太敏感,算法相对而言比较简单。

理论上讲,朴素贝叶斯模型与其他分类方法相比,发生误判的概率较小。然而因为朴素贝叶斯模型需要一个强设定的假设,即假设属性之间相互独立。这个假设在实际应用中往往过于绝对,一般情况下是不成立的,那么这势必会给模型的正确分类带来一定影响。

3. 条件概率

如果有两个事件 A 和 B,条件概率的一个例子就是在事件 B 发生的条件下,事件 A 发生的概率,记做 $P(A|B)$。如果 $P(B)>0$,则满足下面的条件:

$$P(A \mid B)=\frac{P(AB)}{P(B)} \tag{3.12}$$

(1) 全概率公式

通过条件概率公式,可以推导出全概率公式如下:

$$P(A)=P(A \mid B_1)\times P(B_1)+P(A \mid B_2)\times P(B_2)+\cdots \tag{3.13}$$

即在事件 A 发生的概率等于条件 B 发生的概率乘以在 B 发生的条件下,事件 A 发生的概率。

(2) 概率的乘法公式

$$P(AB)=P(A \mid B)P(B)=P(B \mid A)\times P(A) \tag{3.14}$$

(3) 贝叶斯公式

$$P(B \mid A)=\frac{P(A \mid B)\times P(B)}{P(A)} \tag{3.15}$$

式中,A 代表单个事件,B 代表一个事件组中的某一个事件。$P(A)$的推导如下:

$$P(A)=P(B_1)P(A \mid B_1)+P(B_2)P(A \mid B_2)+\cdots+P(B_N)P(A \mid B_N) \tag{3.16}$$

因此,贝叶斯公式可写为

$$P(B_i \mid A)=\frac{P(B_i)P(A \mid B_i)}{\sum_{j=1}^{N}P(B_j)P(A \mid B_j)} \tag{3.17}$$

(4) 先验概率

先验概率是指根据以往经验做出分析所得到的概率。

(5) 后验概率

后验概率是指根据现在新的数据分析其数据规律,进而重新修正的概率。

先验概率与后验概率有不可分割的联系,后验概率的计算要以先验概率为基础。事情还没有发生,需要计算某件事情发生的概率的大小,那就是先验概率。而如果事情已经发生,需要计算这件事情发生是由哪个原因引起的概率的大小,是后验概率。

(6) 特征条件独立假设

朴素贝叶斯基于特征条件独立假设,但是实际中各种特征之间往往不是真正独立,甚至有时特征之间存在某种联系(比如年龄和星座),这时就需通过特征选择、主成分分析等方法尽可能让特征之间独立。

4. 朴素贝叶斯的基本方法

朴素贝叶斯主要用于分类。做如下定义:假设输入空间是 $\chi \subseteq \mathbf{R}^n$,是一个 n 维向量的集合,输出空间是类标记集合 $y \in \mathcal{Y}$,是一个实数。X 是定义在输入空间 χ 上的随机变量,Y 是定义在输出空间 $\mathcal{Y}$ 上的随机变量。概率 $P(X,Y)$是 X 和 Y 的联合概率分布。

假设给定的数据集 T 服从 $P(X,Y)$,且独立同分布。

$$T=\{(x_1,y_1),(x_2,y_2),\cdots,(x_n,y_n)\} \tag{3.18}$$

朴素贝叶斯方法是通过在训练数据集上训练，得到联合概率分布 $P(X,Y)$。

先验分布

$$P(Y=c_k),\quad k=1,2,\cdots,K \tag{3.19}$$

条件概率分布

$$P(X=x\mid Y=c_k)=P(X^{(1)}=x^{(1)},\cdots,X^{(n)}=x^{(n)}\mid Y=c_k),\quad k=1,2,\cdots,K \tag{3.20}$$

由于条件概率分布的参数过多，因此引入了条件独立性的假设。条件独立性假设的定义如下：

$$\begin{aligned}P(X=x\mid Y=c_k)&=P(X^{(1)}=x^{(1)},\cdots,X^{(n)}=x^{(n)}\mid Y=c_k)\\&=\prod_{j=1}^{n}P(X^{(j)}=x^{(j)}\mid Y=c_k)\end{aligned} \tag{3.21}$$

这是一个很强的假设，这等于用于分类的特征在类别特定的情况下，全部是条件独立的，朴素贝叶斯也因此朴素，但是也会在一定程度上损失分类准确率。

朴素贝叶斯分类时，后验概率通过贝叶斯定理计算得到：

$$P(Y=c_k\mid X=x)=\frac{P(X=x\mid Y=c_k)P(Y=c_k)}{\sum_k P(X=x\mid Y=c_k)P(Y=c_k)} \tag{3.22}$$

朴素贝叶斯分类器可以表示为

$$y=\text{argmax}\,P(Y=c_k)\prod_j P(X^{(j)}=x^{(j)}\mid Y=c_k) \tag{3.23}$$

5. 朴素贝叶斯的参数估计

朴素贝叶斯使用的参数估计方法是极大似然估计。在朴素贝叶斯中，学习意味着计算 $P(Y=c_k)$ 和 $P(X^{(j)}=x^{(j)}\mid Y=c_k)$。

这两个概率可以使用极大似然估计进行估计。其中先验概率的极大似然估计是：

$$P(Y=c_k)=\frac{\sum_{i=1}^{N}I(y_i=c_k)}{N},\quad k=1,2,\cdots,K \tag{3.24}$$

设第 j 个特征可能是取值是 $\{a_{j1},a_{j2},a_{j3}\}$，条件概率 $P(X^{(j)}=a_{j1}\mid Y=c_k)$ 的极大似然估计是

$$P(X^{(j)}=a_{jl}\mid Y=c_k)=\frac{\sum_{i=1}^{N}I(x_i^{(j)}=a_{jl},y_i=c_k)}{\sum_{i=1}^{N}I(y_i=c_k)} \tag{3.25}$$

$$j=1,2,\cdots,n;l=1,2,\cdots,S_j,\quad k=1,2,3,\cdots,K$$

其中 $x_i^{(j)}$ 是第 i 个样本的第 j 个特征，I 是指示函数。

3.2.5 支持向量机

支持向量机属于分类模型，并且是二分类。支持向量机本身是线性分类器，但如果想进行非线性分类，就需要加入核函数。支持向量机可以理解成一个凸二次规划的求解问题，求解方式则是通过间隔最大化的方法。当训练数据线性可分时，通过硬间隔最大化，得到线性可分支持向量机。当训练数据近似线性可分时，通过软间隔最大化，得到线性支持向量机。支持向量机针对线性不可分的训练数据，可以通过加入核函数、软间隔最大化来学习非线性支持向量机。通过核函数学习非线性支持向量机等价于在高维的特征空间中学习线性支持向量机。这样的方法称为核技巧。支持向量机的最优化问题一般通过对偶问题转化为凸二次规划问题求解，具体步骤是将等式约束条件代入优化目标，通过求偏导求得优化目标在不等式约束条件下的极值。

1. 线性可分支持向量机

当训练数据集线性可分时，存在无穷个分离超平面可将两类数据正确分开。线性可分支持向量机指的是得到唯一最优分离超平面 $\boldsymbol{w}^* \cdot \boldsymbol{x}+\boldsymbol{b}^*=\mathbf{0}$ 和相应的分类决策函数 $f(x)=\mathrm{sign}(\boldsymbol{w}^* \cdot \boldsymbol{x}+\boldsymbol{b}^*)$，具体的得到过程是通过间隔最大化的方法。

(1) 样本点到分离平面的间隔

1）函数间隔

函数间隔指的是在 $\boldsymbol{w}^* \cdot \boldsymbol{x}+\boldsymbol{b}=\mathbf{0}$ 的已知超平面下，$\boldsymbol{x}$ 距离超平面的距离可以用 $|\boldsymbol{wx}+\boldsymbol{b}|$ 表示，而判断分类正确还是错误可以通过判断 $\boldsymbol{y}$ 与 $\boldsymbol{wx}+\boldsymbol{b}$ 的符号是否相同来进行。所以可用 $\hat{\gamma}_l=\boldsymbol{y}_i(\boldsymbol{w} \cdot \boldsymbol{x}+\boldsymbol{b})$ 来表示分类的正确性及确信度，这就是函数间隔。注意到即使超平面不变，函数间隔仍会受 $\boldsymbol{w}$ 和 $\boldsymbol{b}$ 的绝对大小的影响。

2）几何间隔

一般地，当样本点被超平面正确分类时，点 $\boldsymbol{x}$ 与超平面的距离是 $\gamma_l=\boldsymbol{y}_i\left(\frac{\boldsymbol{w}}{\|\boldsymbol{w}\|} \cdot \boldsymbol{x}+\frac{\boldsymbol{b}}{\|\boldsymbol{w}\|}\right)$，其中 $\|\boldsymbol{w}\|$ 是 $\boldsymbol{w}$ 的 L2 范数，$\|\boldsymbol{w}\|=\sqrt{\sum_i (\boldsymbol{w}_i)^2}$。这就是几何间隔的定义。

3）硬间隔最大化

硬间隔最大化是对线性可分的训练集而言的。也就是说在样本空间中找到间隔最大的超平面，表示这个超平面分类的效果最好。求最大间隔分离超平面即约束最优化问题：

$$\max_{w,b} \gamma$$

$$\text{s.t. } \boldsymbol{y}_i\left(\frac{\boldsymbol{w}}{\|\boldsymbol{w}\|} \cdot x_i+\frac{\boldsymbol{b}}{\|\boldsymbol{w}\|}\right) \geqslant \gamma, \quad i=1,2,\cdots,N \tag{3.26}$$

将几何间隔用函数间隔表示：

$$\max_{w,b} \frac{\hat{\gamma}}{\|\boldsymbol{w}\|}$$

$$\text{s.t. } \boldsymbol{y}_i(\boldsymbol{w} \cdot \boldsymbol{x}_i + \boldsymbol{b}) \geqslant \hat{\gamma}, \quad i = 1,2,\cdots,N \tag{3.27}$$

函数间隔的取值并不影响最优化问题的解，不妨令函数间隔＝1，并让最大化 $1/\|\boldsymbol{w}\|$ 等价为最小化 $\|\boldsymbol{w}\|$^2/2，则问题变为凸二次规划问题。

$$\min_{w,b} \frac{1}{2}\|\boldsymbol{w}\|^2$$

$$\text{s.t. } \boldsymbol{y}_i(\boldsymbol{w} \cdot \boldsymbol{x}_i + \boldsymbol{b}) - 1 \geqslant 0, \quad i = 1,2,\cdots,N \tag{3.28}$$

支持向量指的是距离分隔超平面最近的点。因此对 $y=+1$ 的正例点和 $y=-1$ 的负例点，支持向量分别在超平面 $H1$：$\boldsymbol{wx}+\boldsymbol{b}=+1$ 和 $H2$：$\boldsymbol{wx}+\boldsymbol{b}=-1$。$H1$ 和 $H2$ 平行，两者之间形成一条长带，长带的宽度 $\frac{2}{\|\boldsymbol{w}\|}$，称为间隔，$H1$ 和 $H2$ 称为间隔边界，如图 3.9 所示。在决定分离超平面时只有支持向量起作用，所以支持向量机是由很少的重要的训练样本确定的。由对偶问题同样可以得到支持向量一定在间隔边界上。

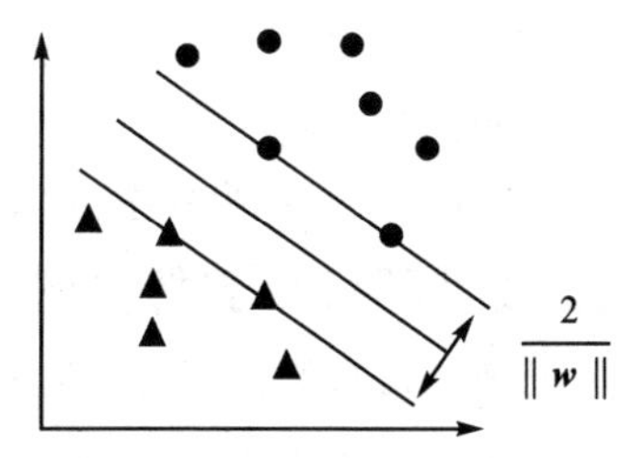

图 3.9　线性可分支持向量机

(2) 原始问题的对偶问题

通过加入拉格朗日乘子来定义。通过拉格朗日的对偶性，原始问题的对偶问题变为极大极小问题：$\max\limits_{\alpha} \min\limits_{w,b} L(\boldsymbol{w},\boldsymbol{b},\alpha)$。先求对 $\boldsymbol{w},\boldsymbol{b}$ 的极小值。将 $L(\boldsymbol{w},\boldsymbol{b},\alpha)$ 分别对 $\boldsymbol{w},b$ 求偏导数并令其等于 0，得 $\boldsymbol{w} = \sum_{i=1}^{N}\alpha_i \boldsymbol{y}_i \boldsymbol{x}_i$，$\sum_{i=1}^{N}\alpha_i \boldsymbol{y}_i = \boldsymbol{0}$，代入拉格朗日函数得

$$\begin{aligned} L(\boldsymbol{w},\boldsymbol{b},\alpha) = & \frac{1}{2}\sum_{i=1}^{N}\sum_{j=1}^{N}\alpha_i\alpha_j \boldsymbol{y}_i \boldsymbol{y}_j(\boldsymbol{x}_i \cdot \boldsymbol{x}_j) - \\ & \sum_{i=1}^{N}\alpha_i \boldsymbol{y}_i\left[\left(\sum_{j=1}^{N}\alpha_j \boldsymbol{y}_j \boldsymbol{x}_j\right) \cdot \boldsymbol{x}_i + \boldsymbol{b}\right] + \\ & \sum_{i=1}^{N}\alpha_i = -\frac{1}{2}\sum_{i=1}^{N}\sum_{j=1}^{N}\alpha_i\alpha_j \boldsymbol{y}_i \boldsymbol{y}_j(\boldsymbol{x}_i \cdot \boldsymbol{x}_j) + \sum_{i=1}^{N}\alpha_i \end{aligned} \tag{3.29}$$

这就是极小值。接下来对极小值求对 α 的极大，即是对偶题：

$$\max_{\alpha} -\frac{1}{2}\sum_{i=1}^{N}\sum_{j=1}^{N}\alpha_i\alpha_j \boldsymbol{y}_i \boldsymbol{y}_j(\boldsymbol{x}_i \cdot \boldsymbol{x}_j) + \sum_{i=1}^{N}\alpha_i$$

$$\text{s.t. } \sum_{i=1}^{N}\alpha_i \boldsymbol{y}_i = \boldsymbol{0}$$

$$\alpha_i \geqslant 0, \quad i = 1,2,\cdots,N \tag{3.30}$$

将求极大值转换为求极小值。

$$\min_{\alpha} \frac{1}{2}\sum_{i=1}^{N}\sum_{j=1}^{N}\alpha_i\alpha_j\boldsymbol{y}_i\boldsymbol{y}_j(\boldsymbol{x}_i \cdot \boldsymbol{x}_j) - \sum_{i=1}^{N}\alpha_i$$

$$\text{s.t.} \sum_{i=1}^{N}\alpha_i\boldsymbol{y}_i = \boldsymbol{0}$$

$$\alpha_i \geqslant 0, \quad i=1,2,\cdots,N \tag{3.31}$$

由 KKT 条件成立得到

$$\boldsymbol{w}^* = \sum_{i=1}^{N}\alpha_i^*\boldsymbol{y}_i\boldsymbol{x}_i$$

$$\boldsymbol{b}^* = \boldsymbol{y}_i - \sum_{i=1}^{N}\alpha_i^*\boldsymbol{y}_i(\boldsymbol{x}_i \cdot \boldsymbol{x}_j) \tag{3.32}$$

其中 j 为使 $\alpha_j^* > 0$ 的下标之一。所以问题就变为求对偶问题的解 α^*，再求得原始问题的解 $\boldsymbol{w}^*$，$\boldsymbol{b}^*$，从而得到分离超平面及分类决策函数。可以看出 $\boldsymbol{w}^*$ 和 $\boldsymbol{b}^*$ 都只依赖训练数据中 $\alpha_i^* > 0$ 的样本点 $(\boldsymbol{x}_i, \boldsymbol{x}_j)$，这些实例点 $\boldsymbol{x}_i$ 被称为支持向量。

2. 线性不可分支持向量机

如果训练数据是线性不可分的，那么上述方法中的不等式约束并不能都成立，需要修改硬间隔最大化，使其成为软间隔最大化。线性不可分意味着某些异常点不能满足函数间隔大于或等于1的约束条件，把松弛变量加到每一个样本上，并且保证引用松弛变量后，函数的间隔要大于或等于1，所以加入松弛变量后的约束条件是 $\boldsymbol{y}_i(\boldsymbol{w} \cdot \boldsymbol{x}_i + \boldsymbol{b}) \geqslant 1 - \xi_i$。目标函数变为 $\frac{1}{2}\|\boldsymbol{w}\|^2 + C\sum_{i=1}^{N}\xi_i$，其中 $C>0$ 称为惩罚参数，C 值越大对误分类的惩罚也越大。

(1) 软间隔最大化

问题变成如下凸二次规划问题：

$$\min_{w,b,\xi} \frac{1}{2}\|\boldsymbol{w}\|^2 + C\sum_{i=1}^{N}\xi_i$$

$$\text{s.t.}\ y_i(\boldsymbol{w} \cdot \boldsymbol{x}_i + \boldsymbol{b}) \geqslant 1 - \xi_i, \quad i=1,2,\cdots,N$$

$$\xi_i \geqslant 0, \quad i=1,2,\cdots,N \tag{3.33}$$

可以证明 $\boldsymbol{w}$ 的解是唯一的，但 $\boldsymbol{b}$ 的解存在一个区间。线性支持向量机包含线性可分支持向量机，因此适用性更广。对偶问题使用拉格朗日函数求解。

$$L(\boldsymbol{w},\boldsymbol{b},\xi,\alpha,\mu) = \frac{1}{2}\|\boldsymbol{w}\|^2 + C\sum_{i=1}^{N}\xi_i - \sum_{i=1}^{N}\alpha_i[\boldsymbol{y}_i(\boldsymbol{w} \cdot \boldsymbol{x}_i + \boldsymbol{b}) - 1 + \xi_i] - \sum_{i=1}^{N}\mu_i\xi_i \tag{3.34}$$

先求对 $\boldsymbol{w}, \boldsymbol{b}, \xi$ 的极小值，分别求偏导并令导数为0，得

$$\boldsymbol{w} = \sum_{i=1}^{N}\alpha_i\boldsymbol{y}_i\boldsymbol{x}_i \tag{3.35}$$

$$\sum_{i=1}^{N}\alpha_i \boldsymbol{y}_i=\boldsymbol{0} \tag{3.36}$$

$$C-\alpha_i-\mu_i=0 \tag{3.37}$$

代入原函数,再对极小值求 α 的极大值,得到

$$\max_{\alpha} -\frac{1}{2}\sum_{i=1}^{N}\sum_{j=1}^{N}\alpha_i\alpha_j \boldsymbol{y}_i \boldsymbol{y}_j(\boldsymbol{x}_i \cdot \boldsymbol{x}_j)+\sum_{i=1}^{N}\alpha_i$$

$$\text{s.t.} \sum_{i=1}^{N}\alpha_i \boldsymbol{y}_i=\boldsymbol{0}$$

$$C-\alpha_i-\mu_i=0$$

$$\alpha_i \geqslant 0,\quad \mu_i \geqslant 0,\quad i=1,2,\cdots,N \tag{3.38}$$

利用后三条约束消去 μ,再将求极大值转换为求极小值,得到对偶问题

$$\min_{\alpha} \frac{1}{2}\sum_{i=1}^{N}\sum_{j=1}^{N}\alpha_i\alpha_j \boldsymbol{y}_i \boldsymbol{y}_j(\boldsymbol{x}_i \cdot \boldsymbol{x}_j)-\sum_{i=1}^{N}\alpha_i$$

$$\text{s.t.} \sum_{i=1}^{N}\alpha_i \boldsymbol{y}_i=\boldsymbol{0}$$

$$0 \leqslant \alpha_i \leqslant C,\quad i=1,2,\cdots,N \tag{3.39}$$

由 KKT 条件成立可以得到

$$\boldsymbol{w}^*=\sum_{i=1}^{N}\alpha_i^* \boldsymbol{y}_i \boldsymbol{x}_i \tag{3.40}$$

$$\boldsymbol{b}^*=\boldsymbol{y}_j-\sum_{i=1}^{N}\boldsymbol{y}_i\alpha_i^*(\boldsymbol{x}_i \cdot \boldsymbol{x}_j) \tag{3.41}$$

j 是满足 $0<\alpha_j^*<C$ 的下标之一. 问题就变为选择惩罚参数 $C>0$,求得对偶问题(凸二次规划问题)的最优解 α^*,代入计算 $\boldsymbol{w}^*$ 和 $\boldsymbol{b}^*$,求得分离超平面和分类决策函数。因为 $\boldsymbol{b}$ 的解并不唯一,所以实际计算 $\boldsymbol{b}^*$ 时可以取所有样本点上的平均值。

(2) 线性不可分支持向量机

在线性不可分的情况下,将对应与 $\alpha_i^*>0$ 样本点$(\boldsymbol{x}_i,\boldsymbol{x}_j)$的实例点 $\boldsymbol{x}_i$ 称为支持向量。软间隔的支持向量或者在间隔边界上,或者在间隔边界与分类超平面之间,如图 3.10 所示。

3. 非线性支持向量机

如果分类问题是非线性的,就要使用非线性支持向量机。线性支持向量机可以通过引入核函数变为非线性模型。

(1) 核函数

设 X 是输入空间,H 为高维或者无穷维的特征空间,假设从 X 到 H 的映射为 $\phi(x):\mathcal{X}\rightarrow\mathcal{H}$,并且所有 x,z 属于 X,函数 $K(x,z)$满足条件 $K(x,z)=\phi(x)\cdot\phi(z)$,点乘代表内积,则称 $K(x,z)$为核函数。

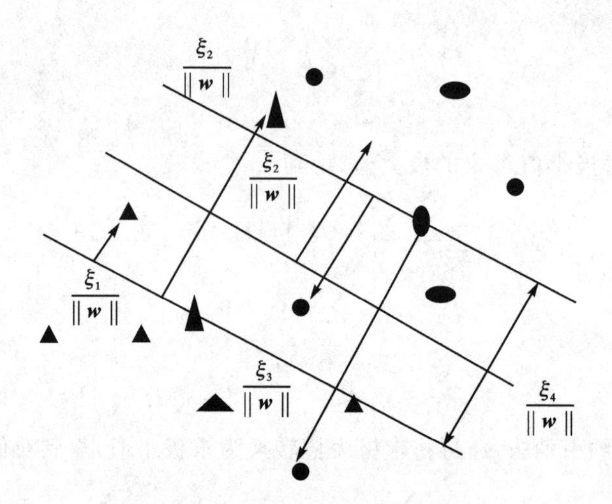

图 3.10　线性不可分支持向量机

一般而言，在学习和预测中只定义核函数 $K(x,z)$，而不显式地定义映射函数。对于给定的核函数 $K(x,z)$，特征空间和映射函数的取法并不唯一。在线性可分支持向量机的对偶问题中，输入 x_i,x_j 可以用核函数 $K(x_i,x_j)=\phi(x_i)\cdot\phi(x_j)$ 来代替。当映射函数是非线性函数时，学习到的含有核函数的支持向量机是非线性分类模型。一般来说，核函数的选择通常是根据领域知识来选择的。

(2) 正定核函数

正定核中的核函数通常指的是正定核函数。只要满足正定核的充要条件，那么给定的函数 $K(x,z)$ 就是正定核函数。设 K 是定义在 $X*X$ 上的对称函数，如果任意 x_i 属于 X，$K(x,z)$ 对应的 Gram 矩阵 $\boldsymbol{K}=[K(x_i,x_j)]_{m\times m}$ 是半正定矩阵，则称 $K(x,z)$ 是正定核。这一定义在构造核函数时很有用，但要验证一个具体函数是否为正定核函数并不容易，所以在实际问题中往往应用已有的核函数。一般算法为选取适当的核函数 $K(x,z)$ 和适当的参数 C，将线性支持向量机对偶形式中的内积换成核函数，构造并求解最优化问题：

$$\min_{\alpha}\frac{1}{2}\sum_{i=1}^{N}\sum_{j=1}^{N}\alpha_i\alpha_j y_i y_j K(x_i\cdot x_j)-\sum_{i=1}^{N}\alpha_i$$

$$\text{s.t.}\ \sum_{i=1}^{N}\alpha_i y_i=0$$

$$0\leqslant\alpha_i\leqslant C,\quad i=1,2,\cdots,N \tag{3.42}$$

选择最优解 α^* 的一个正分量 $0<\alpha_j^*<C$，计算 $b^*=y_j-\sum_{i=1}^{N}\alpha_i^* y_i K(x_i\cdot x_j)$，构造决策函数 $f(x)=\text{sign}\left[\sum_{i=1}^{N}\alpha_i^* y_i K(x_i\cdot x_j)+b^*\right]$。

3.3 无监督学习

3.3.1 K-Means 算法

1. 基本概念

首先通过一个例子来理解 K-Means 算法。通过观察可以很好发现，图 3.11 中有四处聚集在一起的点，但如何自动地分出四个类别呢？可以使用 K-Means 算法。

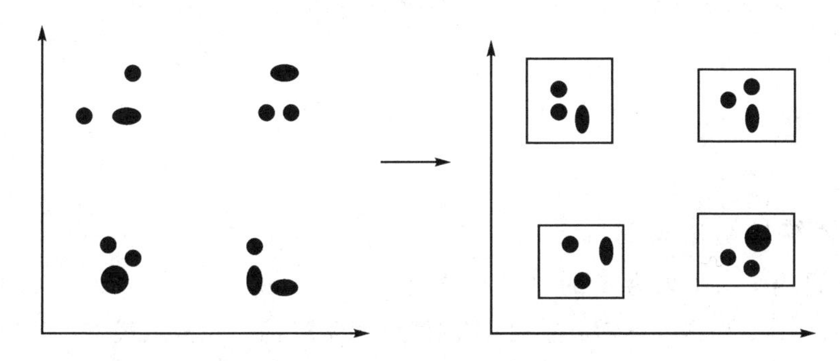

图 3.11 K-Means 算法例子

在图 3.12 中，图中有 5 个点 A、B、C、D、E。首先定义种子点，也就是图中灰色的点，这些点是最开始选来确定类别的点。这里有两处，也就是 $K=2$。然后计算图中所有点到这两个种子点的距离，把距离种子点近的点归为这个种子的类别。然后计

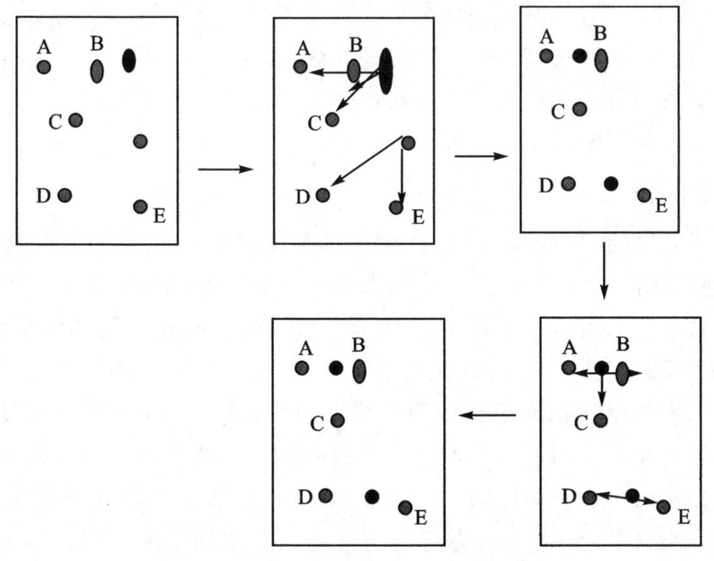

图 3.12 K-Means 算法概要示例图

算归到一类里的所有点的中心，把这个中心重新定义为种子点，然后再重复上述过程，直到种子点不再移动，此时类别划分完毕，这就是 K－Means 的主要算法过程。

2. K－Means 相关算法

中心点算法：点群中心点指一个类别的点群的中心，一般使用这个类别点群中的每个样本点的坐标的平均值作为这个点群的中心点。

3. K－Means 算法应用

如果只从二维平面上看，K－Means 算法似乎比较简单，因为通过人去观察就可以轻易得出。但是如果样本空间是高维度的，比如三维、四维或者更高，此时，就只能通过计算得到。而现实生活中有许多高维度的样例，因此 K－Means 具有很大的应用价值。

3.3.2 降　维

1. 降维的基本概念

降维是用一组个数为 d 的向量 $\boldsymbol{z}_i$ 来代表个数为 D 的向量 $\boldsymbol{x}_i$ 所包含的有用信息，其中 $d<D$。假设用 SVM 对 512×512 大小的图片进行分类，最直接的做法是将图按照行或者列展开变成长度为 512×512 的输入向量 $\boldsymbol{x}_i$，跟 SVM 的参数相乘。假如能够将 512×512 的向量在保留有用信息的情况下降维，那么存储输入和参数的空间会减少很多，计算向量乘法的时间也会减少很多，通过降维能有效减少计算时间。而高维空间的数据很有可能出现分布稀疏的情况，即样本在降维后的空间分布是非常稀疏的，每增加一维，则所需的样本个数就呈指数级增长，这种在高维空间中样本稀疏的问题被称为维数灾难。降维可以缓解这种问题。

正确降维后的数据一般保留了原始数据大部分的重要信息，从而很大程度上可以减少计算量。例如降到二维或者三维进行可视化。

2. 降维的角度

数据降维，可以直接提取特征子集做特征抽取，例如从 512×512 图中取中心部分；也可以通过线性/非线性的方式将原来高维空间变换到一个新的空间，这种变换一般通过两种思路来实现。一种方法是基于从高维空间映射到低维空间的投影方法，其中代表算法就是 PCA，而其他的 LDA、Autoencoder 也算是这种，用高维数据和一个计算出来的矩阵相乘来获取到低维度的数据；另一种方法是通过流形学习，主要是对高维的样本空间进行一种低维度的描述。它基于这样一种假设，数据在高维空间中会显示出一种有规律的低维流形排列，但是这种规律排列不能直接通过高维空间的欧式距离来衡量。如果能够有方法将高维空间中的流形描述出来，那么在降维的过程中就能够保留这种空间关系。为了解决这个问题，流形学习假设高维空间的局部区域仍然具有欧式空间的性质，即它们的距离可以通过欧式距离算出，或者某点坐标能够由临近的节点线性组合算出，从而可以获得高维空间的一种关系，这种关系能够在低维空间中保留下来，基于这种关系表示来进行降维，因此流形学习可以用来压缩数据、可视化、获取有效的距离矩阵等。

3. 降维方法

(1) 主成分分析 PCA

PCA 是一种降维方法，并且是线性的。高维空间的每一个样本点通过和一个矩阵 $\boldsymbol{W}$ 相乘，得到高维空间每个点在低维空间的映射。这样就可以得到从高维空间到低维空间的所有点。PCA 主要是把映射在低维空间得到的点划分得更合理，也就是让每个点的方差尽量大一些。把数据在高维空间上的每一维的均值设置为 0，然后给两边乘上 $\boldsymbol{W}^{\mathrm{T}}$，此时，降维后得到的数据每一维均值也是 0，构建一个矩阵，这个矩阵是这个高维空间的协方差矩阵，可以知道高维空间中每一维的方差是这个矩阵对角线上的值，高维空间中两维之间的协方差则是非对角线上的值。

$$\frac{1}{N}\boldsymbol{X} * \boldsymbol{X}^{\mathrm{T}} = \left(\frac{1}{N}\sum_{i=1}^{N}\boldsymbol{x}_{1i}^{2} \cdots \frac{1}{N}\sum_{i=1}^{N}\boldsymbol{x}_{1i}^{\mathrm{T}}\boldsymbol{x}_{Di} \cdots \frac{1}{N}\sum_{i=1}^{N}\boldsymbol{x}_{Di}^{\mathrm{T}}\boldsymbol{x}_{1i} \cdots \frac{1}{N}\sum_{i=1}^{N}\boldsymbol{x}_{Di}^{2}\right) \tag{3.43}$$

那么对于从高维空间中降维后的数据的协方差矩阵 $\boldsymbol{B}$，想要使得从高维降下来的点划分合理，就需要把 $\boldsymbol{B}$ 这个矩阵对角线上的值变大，也就是把每一个维度的方差变大，如果方差比较大，也就是说数据在这些维度上的可分性比较好，并且如果高维空间上的每一个维度都可以是正交的，那么就说明数据在这些维度上的关系是无关的。对于这种情况，$\boldsymbol{B}$ 在非对角线上的值应该都是 0，这样可以得到

$$\boldsymbol{B} = \frac{1}{N}\boldsymbol{Z} * \boldsymbol{Z}^{\mathrm{T}} = \boldsymbol{W}^{\mathrm{T}} * \left(\frac{1}{N}\boldsymbol{X} * \boldsymbol{X}^{\mathrm{T}}\right)\boldsymbol{W} = \boldsymbol{W}^{\mathrm{T}} * \boldsymbol{C} * \boldsymbol{W} \tag{3.44}$$

在 PCA 中，$\boldsymbol{W}$ 这个线性变换矩阵的意义是让原来的协方差矩阵 $\boldsymbol{C}$ 对角化。这样就可以通过计算特征值和特征向量来计算对角化进而得到 PCA 的算法过程。输入是高维空间的样本点。输出是投影矩阵 $\boldsymbol{W}$。目标是把降维后的数据划分得更加合理。假设条件是降维后数据每一维方差尽可能大，并且每一维都正交。计算过程是将输入的每一维均值都变为 0，去中心化。计算输入的协方差矩阵 $\boldsymbol{C}=\boldsymbol{X} * \boldsymbol{X}^{\mathrm{T}}$。对协方差矩阵 $\boldsymbol{C}$ 做特征值分解。取最大的前 d 个特征值对应的特征向量 $\boldsymbol{w}_1, \cdots, \boldsymbol{w}_d$。此外，PCA 还有很多变种，如 Kernel PCA，Probabilistic PCA 等。

(2) 多维缩放(MDS)

MDS 的目标是在降维的过程中将数据的差异性保持下来，即通过降维让高维空间中的距离关系与低维空间中的距离关系保持不变。这里的距离用矩阵表示，N 个样本的两两距离用矩阵 $\boldsymbol{A}$ 的每一项 a_{ij} 表示，并且假设在低维空间中的距离是欧式距离。而降维后的数据表示为 z_i，那么就有 $a_{ij}=|z_i|2+|z_j|2-2z_iz_jT$，右边的三项统一用内积矩阵 $\boldsymbol{E}$ 来表示，$e_{ij}=z_iz_jT$。去中心化之后，$\boldsymbol{E}$ 的每一行每一列之和都是 0，从而可以推导得出

$$e_{ij} = -\frac{1}{2}(a_{ij}^2 - a_{i.} - a_{.j} - a_{..}^2) =$$

$$-\frac{1}{2}\Big[e_{ii} + e_{jj} - 2e_{ij} - \frac{1}{N}(\mathrm{tr}(\boldsymbol{E}) + Ne_{jj}) -$$

$$\frac{1}{N}(\mathrm{tr}(\boldsymbol{E}) + Ne_{ii}) + \frac{1}{N^2}(2Ne_{jj})\Big] = e_{ij} = -\frac{1}{2}(\mathrm{PAP})_{ij} \tag{3.45}$$

其中 $\boldsymbol{P}=\boldsymbol{I}-1/\boldsymbol{N}_1$ 单位矩阵 $\boldsymbol{I}$ 减去全 1 矩阵的 $\boldsymbol{N}_1$，i 与 j 是指某列或者某列总和，从而建立了距离矩阵 $\boldsymbol{A}$ 与内积矩阵 $\boldsymbol{E}$ 之间的关系。因而在知道 $\boldsymbol{A}$ 的情况下就能够求解出 $\boldsymbol{E}$，进而通过对 $\boldsymbol{E}$ 做特征值分解，令 $\boldsymbol{E}=\boldsymbol{V\Lambda V}^{\mathrm{T}}$，其中 $\boldsymbol{\Lambda}$ 是对角矩阵，每一项都是 $\boldsymbol{E}$ 的特征值 $\lambda_1 \geqslant \cdots \geqslant \lambda_d$，那么在所有特征值下的数据就能表示成 $\boldsymbol{Z}=\boldsymbol{\Lambda}1/2\boldsymbol{V}^{\mathrm{T}}$，当选取 d 个最大特征值时就能将 d 维空间的距离矩阵近似为高维空间 D 的距离矩阵，既 MDS 的输入为，距离矩阵 $\boldsymbol{AN}*\boldsymbol{N}=a_{ij}$，上标表示矩阵大小，原始数据是 D 维，降维到 d 维。输出是降维后的矩阵。

(3) 等度量映射(Isomap)

Isomap 是一种非线性的降维算法，是一种等距映射算法，即降维后的点，两两之间距离不变，这个距离是测地距离(测地距离是曲线的长度)。Isomap 算法是在 MDS 算法的基础上衍生出的一种算法，MDS 算法是保持降维后的样本间距离不变。Isomap 算法引进了邻域图，离得很近的点可以用欧氏距离来代替，较远的点可通过最短路径算出距离，在此基础上进行降维保距。最短路径采用 Floyd 算法或 Dijkstra 算法。

(4) 局部线性嵌入(LLE)

流形学习的局部区域具有欧式空间的性质，那么在 LLE 中就假设某个点 x_i 坐标可以由它周围的一些点的坐标线性组合求出，即 $x_i = \sum_j \in x_i f_{ij} x_j$(其中 x_i 表示 x_i 的邻域上点的集合)，这也是在高维空间的一种表示。由于这种关系在低维空间中也被保留，因此 $z_i = \sum_j \in z_i f_{ij} z_j$。两个式子里面权重取值是一样的。

基于上面的假设，首先想办法来求解这个权重，假设每个样本点由周围 K 个样本求出，那么一个样本的线性组合权重大小应该是 $1*K$，通过最小化重构误差来求解，然后目标函数对 f 求导得到解。

$$\min_{f_1,\cdots,f_K} \sum_{k=1}^{K} \Big| X_i - \sum_{j\in X_i} f_{ij} X_j \Big|$$

$$\text{s.t.} \sum_{j\in X_i} f_{ij} = 1 \tag{3.46}$$

求出权重之后，代入低维空间的优化目标：

$$\min_{z_1,\cdots,z_K} \sum_{k=1}^{K} \Big| z_i - \sum_{j\in z_i} f_{ij} z_j \Big| = \mathrm{tr}((\boldsymbol{Z}-\boldsymbol{Z}*\boldsymbol{F})(\boldsymbol{Z}-\boldsymbol{Z}*\boldsymbol{F})^{\mathrm{T}}) = \mathrm{tr}(\boldsymbol{ZMZ})$$

$$\text{s.t.} \boldsymbol{Z}*\boldsymbol{Z}^{\mathrm{T}} = I \tag{3.47}$$

求解 $\boldsymbol{Z}$，这里将 $\boldsymbol{F}$ 按照 $\boldsymbol{N}*\boldsymbol{K}$ 排列起来，且加入了对 $\boldsymbol{Z}$ 的限制。这里用拉格朗日乘子法可以得到 $\boldsymbol{MZ}=\lambda\boldsymbol{Y}$ 的形式，从而通过对 $\boldsymbol{M}$ 进行特征值分解求得 $\boldsymbol{Z}$。该算法输入为 $\boldsymbol{N}$ 个 D 维向量 $x_1,\cdots,x_N$，一个点有 K 个近邻点，映射到 d 维。输出为降维后矩阵 $\boldsymbol{Z}$。其目标是在降维的同时保证高维数据的流形不变。假设条件为高维空间的局部区域上某一点是相邻 K 个点的线性组合，低维空间各维正交。所以计算过程首先由 KNN 先构造 $\boldsymbol{A}$ 的一部分，即求出 K 个相邻的点，然后求出矩阵 $\boldsymbol{F}$ 和 $\boldsymbol{M}$，对 $\boldsymbol{M}$ 进行特征值分解，取前 d 个非 0 最小的特征值对应的特征向量构成 $\boldsymbol{Z}$（这里因为最小化目标，所以取小的特征值）。

习　题

1. 分类算法中常常用精确率和召回率来作为模型的评估指标，TP（正类判别正类），FN（正类判别为负类），FP（负类判别为正类），TN（负类判别正类），下列哪几个式子是正确的？

(A) $P=\dfrac{\text{FP}}{\text{TP}+\text{FP}}$　　(B) $P=\dfrac{\text{TP}}{\text{TP}+\text{FP}}$

(C) $P=\dfrac{\text{TP}}{\text{TP}+\text{FP}}$　　(D) $P=\dfrac{\text{TP}}{\text{TP}+\text{FN}}$

参考答案：B，D

2. 在模型训练过程中常常会出现训练集上表现很好，但是测试时，预测结果很差的情况，我们称这样的现象为过拟合，下列哪个选项不是过拟合的原因？

(A) 样本的特征数量太多而训练样本数目比较少

(B) 样本噪声太大

(C) 模型参数太多，复杂度过高

(D) 训练样本太多

参考答案：D

3. 下列哪个说法不正确？

(A) K-Means 是一种分类算法

(B) 决策树可以做分类，也可以做回归

(C) 分类结果是离散的，回归是连续的

(D) Logistics 回归可以做分类

参考答案：A

4. 决策树有一个重要的概念，叫做熵（$H(D)$），衡量变量的不确定性，下列定义中哪个式子是正确的？

(A) $H(D)=-\sum\limits_{k=1}^{k}p_i\log_2 p_i$

(B) $H(D)=-\sum_{k=1}^{k} p_i(1-p_i)$

(C) $H(D)=-\sum_{k=1}^{k}(1-p_i)\log_2(1-p_i)$

(D) $H(D)=-\sum_{k=1}^{k}(p_i)\log_2(1-p_i)$

参考答案:A

5. 下列说法中,正确的是哪项?

(A) C4.5 决策树使用信息增益作为特征选择标准

(B) ID3 决策树使用信息增益作为特征选择标准

(C) CART 决策树使用信息增益作为特征选择标准

(D) C4.5、ID3、CART 决策树都是只能做分类

参考答案:B

6. 假设利用高斯核函数训练支持向量机,得到如下的决策线。你认为你的算法对数据集是欠拟合的,你应该增大还是减小 C? 增大还是减少方差 σ^2?

(A) 增大 C,增大 σ^2　　(B) 减小 C,增大 σ^2

(C) 减小 C,减小 σ^2　　(D) 增大 C,减小 σ^2

参考答案:D

7. 下列选项中,不正确的是哪项?

(A) 高斯核函数的最大值为 1

(B) 如果数据是线性可分的(决策先为直线),一个无核函数的 SVM 算法都会返回相同的参数 theta,无论如何改变 C 的值

(C) 如果你利用一对多的方法训练 SVM 算法,不能用任何核函数

(D) 假设你有二维的输入样本,线性核函数(无核函数)的 SVM 算法得到的决策线是一条直线

参考答案:C

8. 下列陈述中,哪几项是正确的?

(A) 给定样本 $\boldsymbol{x}$,$\boldsymbol{x}$ 是维度为 n 的向量,当我们运行 PCA 算法后得到的新的维度 k 必须小于或等于 n(特别的,当 $k=n$ 是可能的,但是 PCA 没作用;k 大于 n 是不可能的)

(B) 给定 $z(i)$和 U_reduce,不能重构出 x_approx

(C) 即使输入特征的取值在很小的范围之内,我们在运行 PCA 之前也应该进行均值归一化,那样特征的平均值在 0

(D) PCA 可能达到局部最优解,尝试不用的初始化参数可能会帮助选取全局最优解

参考答案:A、C

9. 下列哪些是 PCA 的典型应用?

(A) 为学习算法提供更多的特征

(B) 数据压缩:降低数据维度,因此消耗更少存储空间

(C) 防止过拟合:在有监督学习算法中减少特征数,因此学习时有更少的参数值

(D) 数据可视化,把数据维度降低到二维或三维,就可以画出来了

参考答案:B、D

第 4 章
深度学习

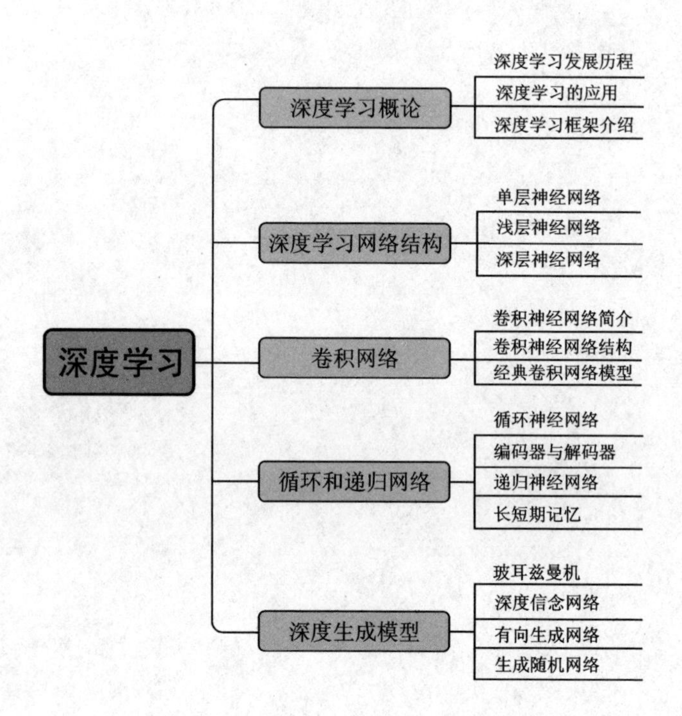

深度学习
深度学习概论
深度学习发展历程
深度学习的应用
深度学习框架介绍
深度学习网络结构
单层神经网络
浅层神经网络
深层神经网络
卷积网络
卷积神经网络简介
卷积神经网络结构
经典卷积网络模型
循环和递归网络
循环神经网络
编码器与解码器
递归神经网络
长短期记忆
深度生成模型
玻耳兹曼机
深度信念网络
有向生成网络
生成随机网络

4.1 深度学习概论

在介绍深度学习之前,首先介绍人工智能、深度学习的概念。人工智能之父约翰·麦卡锡将人工智能定义为制造智能机器的科学和工程。人工智能还有一些其他定义,如计算机科学的一个分支,负责计算机中智能行为的模拟;机器具有模仿人类行为的能力等。机器学习是人工智能的一个子集,如图4.1所示。也就是说,所有机器学习都算作人工智能,但并非所有人工智能都算作机器学习,例如专家系统。1959年,机器学习的先驱之一亚瑟·塞缪尔将机器学习定义为"计算机无需明确编程就能学习的研究领域",从某种意义上说,机器学习程序会根据它们所接触到的数据进行自我调整。

深度学习(deep learning)是机器学习的一个分支,是一种以人工神经网络为架构,对数据进行特征学习的算法。特征学习的目标是寻求更好的特征表示方法并构建更好的模型来从大规模未标记数据中学习这些特征表示方法。深度学习的基础是机器学习中的分散表示(distributed representation),分散表示假定观测值是由不同因子相互作用生成的。在此基础上,深度学习进一步假定这一相互作用的过程可分为多个层次,代表对观测值的多层抽象,不同的层数和层的规模可用于不同程度的抽象。深度学习运用了这分层次抽象的思想,从而实现使用分层特征提取高效算法来替代手工特征提取。至今已有数种深度学习框架,如深度神经网络、卷积神经网络、深度信念网络和递归神经网络,它们已被应用在计算机视觉、语音识别、自然语言处理、音频识别与生物信息学等领域并获取了极好的效果,而且不少深度学习算法都以无监督学习的形式出现,因而这些算法能被应用于其他算法无法使用的无标签数据,这一类数据比有标签数据更丰富,也更容易获得,这一点也为深度学习赢得了重要的优势。

4.1.1 深度学习发展历程

深度学习的历史可以追溯到1943年,沃尔特·皮茨(Walter Pitts)和沃伦·麦卡洛克(Warren McCulloch)基于人类大脑的神经网络创建了一个计算模型,他们将算法和数学结合起来模拟人类思维过程,称之为"阈值逻辑"。亨利·J·凯利(Henry J. Kelley)于1960年建立了连续反向传播模型的基础。1962年,斯图尔特·德莱弗斯(Stuart Dreyfus)构建了一个基于链式法则的简单版本的反向传播模型,虽然反向传播的概念在20世纪60年代初被提出,但由于算法本身的低效,直到1985年才

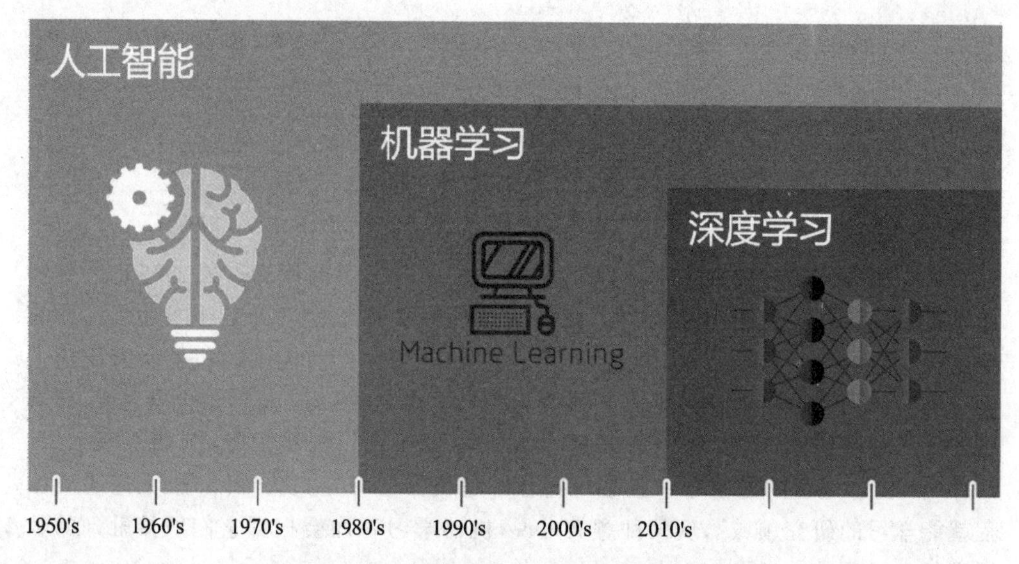

图 4.1 人工智能、机器学习和深度学习的关系

渐渐被人使用。

最早致力于深入学习算法研究的是《创建数据分组处理方法》(Alexey Grigoryevich Ivakhnenko)和《控制论和预测技术》(Valentin Grigor'evich Lapa)的作者在1965年的研究,他们使用多项式激活函数模型,然后根据统计分析将上一层选择出的最好的特征转发至下一层。

20世纪70年代,由于缺乏资金的影响限制了深度学习和人工智能的研究,这是人工智能遭遇的第一个冬季。幸运的是,有些科研人员在没有资助的情况下还继续进行研究。

对卷积神经网络的研究可追溯至日本学者福岛邦彦(Kunihiko Fukushima)于1979年提出的Neocognitron模型,该模型采用分层结构,具有多个池化层和卷积层,这种设计使计算机能够学习视觉的识别模式。该模型与现代的卷积网络模型类似,但他使用多层重复激活强化策略去训练网络。此外,他允许手动调整增加某些连接的“权重”。Neocognitron模型的许多思想继续被使用,自上而下的连接和使用新的学习方法使各种神经网络得以实现。当同时出现多个模式时,选择性注意模型可以通过将注意力从一个模式转移到另一个模式来分离和识别单个模式。现代的Neocognitron模型不仅可以识别有缺少信息的模式,还可以增加缺失的信息来构建完整的模式。

反向传播算法,即使用误差传播来完成对深度学习模型的训练。该概念于1970年被提出,来自Seppo Linnainmaa的硕士论文中,还包括可反向传播的Fortran代码。然而不幸的是,这个概念直到1985年Rumelhart、Williams和Hinton证明了神经网络中的反向传播可以提供分布表示时才正式应用于神经网络。从哲学上讲,这一发现揭示了认知心理学中的一个问题，即人类的理解是依赖于符号逻辑（计算主义）还是分布式表示（连接主义）。1989年，Yann LeCun在贝尔实验室进行了第一次反向传播的实践演示，他结合卷积神经网络和反向传播算法并将其应用于"手写"数字识别上，这个系统最终被用来识别手写支票号码。

由于许多过于乐观的人夸大了人工智能的"即时"潜力，而实际上没有达到其预期的效果，由此激怒了投资者，以至于人工智能被认为是伪科学，至此人工智能迎来了第二个冬季（1985年到90年代）。幸运的是，一些人继续致力于人工智能和深度学习的研究，并取得了一些重大进展，例如1995年，Dana Cortes和Vladimir Vapnik创建了支持向量机算法（一个用于映射和识别类似数据的系统）；1997年Sepp Hochreiter和Juergen Schmidhuber创建了用于循环神经网络的长短期记忆（LSTM）算法。

深度学习迅速发展的一个重要阶段发生于1999年，当时计算机技术的发展使得处理数据的速度变快，并且随着GPU（图形处理单元）的出现，使得图片处理速度比10年前提高了1 000倍。在此期间，神经网络算法开始与支持向量机算法竞争。虽然与支持向量机算法相比，神经网络算法处理速度较慢，但对于处理相同的数据，神经网络算法可以得到更好的结果。随着训练数据的增加，神经网络算法的结果还可以继续改进。

在2000年前后，深度学习出现了梯度消失的问题。人们发现，下层提取到的"特征"并没有被上层所学习，因为学习信号没有传递到这些层。然而这个问题不是所有神经网络都存在，仅仅存在于基于梯度学习的神经网络中。问题的根源来自于神经网络中所使用的某些激活函数，这些激活函数压缩了它们的输入，从而以某种混乱的方式减少了输出范围，这就产生了在非常小的范围内映射大的输入区域。在这些输入区域中，一个大的变化只能得到一个小的变化的输出，从而导致梯度的消失。解决梯度消失的办法有两种：一种是逐层的预训练；另一种就是使用长短期记忆方法。

2001年，META Group（现在称为Gartner）的一份研究报告描述了随着数据源和数据类型范围的增加，数据量会不断增加以及数据传输速度会不断地提高，这是号召大家为即将到来的大数据时代做好准备。

互联网到处都是未标记的图像，然而需要用标记的图像来训练神经网络。2009年，斯坦福大学的人工智能教授李飞飞组建大型免费数据库ImageNet，包含超过1 400万张已标记的图像。

2011年，GPU的运算速度显著提高，使得"无需"逐层预训练就能训练卷积神经网络成为了可能。随着计算速度的不断提高，深度学习在效率和速度上较于其他算法具有明显的优势。最好的例子就是AlexNet卷积神经网络，其架构在2011年和2012年赢得了ILSVRC挑战赛。

目前，深度学习技术已成为大数据的处理和人工智能发展的主流。

4.1.2 深度学习的应用

在过去的几年里，深度学习方法已经被证明在计算机视觉、自然语言处理、语音识别领域超过了以前传统的机器学习方法，深度学习方法不仅广受科研人员重视，而且世界上很多高科技公司将其应用到日常生活中。下面主要介绍深度学习方法在计算机视觉、自然语言处理、语音识别等领域的应用。

1. 计算机视觉

深度学习方法可以解决计算机视觉的关键任务，如目标检测、人脸识别、动作和行为识别以及人体姿态估计。目标检测指的是在数字图像或视频中检测特定类语义对象的实例的过程，目标检测框架的常见方法包括创建大量候选窗口，然后通过使用卷积神经网络对这些候选窗口提取特征并且分类。绝大多数使用深度学习方法进行目标检测的工作都应用卷积神经网络或其变种，而使用其他深度学习模型的目标检测则相对较少；人脸识别是最热门的计算机视觉应用之一，也具有很大的商业价值。传统的基于手工特征提取的人脸识别系统主要采用特征提取器从对齐的人脸中提取特征以获得其低维表示，并通过分类器进行预测。而卷积神经网络由于具有特征学习和平移不变性，为人脸识别领域带来了巨大的变化，例如Google的FaceNet和Facebook的DeepFace都基于卷积神经网络；而动作和行为识别及人体姿态估计一直是研究人员的热点研究问题，在过去几年的文献中已经提出了许多基于深度学习技术完成相关任务的工作，并且还可以融合各种传感器所提供的数据去构建学习模型。

2. 自然语言处理

自然语言处理使得机器具备了模仿人类感知和认知的能力，而深度学习方法使得该技术更完美地复制人类的能力。基于深度学习方法的自然语言处理可以收集、识别和分类非结构化数据(如图像、视频和文本)，以下是其几种应用：

文本分析。深度学习可以使人工智能系统理解非结构化数据，例如来自不同来源的文本。由于大多数可用数据采用这种格式，因此进行文本识别时能够访问更多种类和更大量的原始数据，获取更多数据意味着更加智能，从而实现更智能和具有更好决策能力的人工智能系统；

语言翻译。例如Google翻译或百度翻译等语言翻译称为机器翻译，该应用可以将文本从一种语言转换翻译为另一种语言，使用不同语言的语法规则和词汇所训练出深度学习模型，能够准确地在具有完全不同语法的语言之间进行翻译。基于深度学习方法的自然语言处理还有其他应用，例如聊天机器人、手机键盘文本预测等。

3. 语音识别

语音识别是计算语言学的一个交叉子领域，它发展了各种方法和技术，使计算机能够识别和将口语翻译成文本，它融合了语言学、计算机科学和电气工程领域的知识和研究。最近几年，语音识别领域受益于深度学习和大数据方面的发展，这不仅体现在该领域发表的学术论文数量激增，更重要的是，全球工业界在设计语音识别系统时采用了深度学习方法。现代语音识别的应用，如 Siri 或 Cortana 等虚拟 AI 助手，正变得越来越擅长理解音频信号，这是因为这些应用是基于深度学习和自然语言处理技术实现的，类似的技术也被用于将语音转录成文本和用于指示语音操作系统。语音识别应用可以让残疾人受益，对于失聪或听力较差的人，语音识别可自动生成字幕从而让他们参与到对话中，例如会议或者课堂讲座的讨论。语音识别对于学习第二语言是有用的，它可以教授正确的发音，帮助提高口语技巧。

4.1.3 深度学习框架介绍

Caffe(convolutional architecture for fast feature embedding)是由伯克利视觉和学习中心(Berkeley Vision and Learning Center, BVLC)开发的基于 C++/CUDA/Python 实现的深度学习框架，提供了面向命令行、MATLAB 和 Python 的接口，它是一个清晰、高效的深度学习框架，它既可以在 CPU 上运行，也可以在 GPU 上运行，该框架作者为加州大学伯克利分校博士生贾杨清。

Caffe 的特性：①适用于前馈卷积神经网络；②利用了 OpenBLAS、cuBLAS 等计算库加速计算并支持 GPU 加速；③适合对图像数据进行特征提取；④完全开源代码，遵循 BSD - 2 协议；⑤提供了一整套工具集，可用于数据与处理、模型训练、微调、预测以及测试；⑥提供一系列深度学习网络模型和快速上手的例程，并在国内外有比较活跃的社区；⑦代码组织良好，可读性强，通过学习 Caffe 框架可以很容易理解其他深度学习框架。

TensorFlow 是 Google 大脑团队开发的使用数据流图进行数值计算(numerical computation)的开源软件库，Tensor 代表的是节点之间传递的数据，通常是一维向量或者是多维度数组；Flow 指的是数据流，就是数据按照流的形式进入数据运算图的各个节点。这种灵活的体系结构能够在无需重写代码的前提下，将计算部署到含有一个或多个 CPU 或 GPU 的 PC 机、服务器或移动设备中，TensorFlow 还包含数据可视化工具包 TensorBoard。

TensorFlow 的特性：①灵活，它可以用做神经网络算法和普通机器学习算法研究，甚至是只要能将计算表示成数据流图，都可使用 TensorFlow。②便携，可将计算部署到含有一个或多个 CPU 或 GPU 的 PC 机、服务器或移动设备中。③研究和产品的枢纽，研究人员使用 TensorFlow 研究新的算法，产品团队使用它来训练实际的产品模型，这样就将研究成果转化为了实际的产品。④自动做微分运算，如机器学习中的梯度计算。⑤TensorFlow 是使用 C++语言实现的，并用 Python 语言封装，暂时只支持这两种语言。⑥最大化性能，TensorFlow 可以运行在各种硬件设备上，并根据计算的需要将运算分配到相应的硬件设备中，例如卷积运算分配到 GPU 上。

飞桨(PaddlePaddle)是百度自主研发的集深度学习核心框架、工具组件和服务平台为一体的技术领先、功能完备的开源深度学习平台，有全面的官方支持的工业级应用模型，涵盖自然语言处理、计算机视觉、推荐引擎等多个领域，并开放多个预训练模型。框架本身具有易学、易用、安全、高效四大特性，是最适合中国开发者和企业的深度学习工具，目前已经被中国企业广泛使用，并拥有活跃的开发者社区生态。它支持稠密参数和稀疏参数场景的大规模深度学习并行训练，支持千亿规模参数、数百个节点的高效并行训练。拥有多端部署能力，支持服务器端、移动端等多种异构硬件设备的高速推理，预测性能有显著优势。目前飞桨已经实现了 API 的稳定和向后兼容，具有完善的中英双语使用文档。

飞桨的技术特色：①新一代深度学习框架，它是基于“深度学习编程语言”的新一代深度学习框架，在兼具性能的同时，极大地提升了框架对模型的表达能力，能够描述任意潜在可能出现的模型。②对大规模计算更加友好，经过百度内多种大规模计算业务的打磨，飞桨在分布式计算上表现优异，基于 EDL 技术能够节约大量计算资源，同时也能支持大规模稀疏模型的训练。③提供可视化的深度学习，通过 Visual DL 可以帮助开发者方便地观测训练整体趋势、数据样本质量和中间结果、参数分布和变化趋势以及模型的结构，帮助开发者更便捷地完成编程过程。

4.2 深度学习网络结构

4.2.1 单层神经网络

1. 简 介

1958 年，Frank Rosenblatt 提出了神经网络，它由两层神经元组成，可以被视为是一种最简单的前馈式神经网络，是一种二元线性分类器，这就是“感知器”。感知器一经推出就引起了社会轰动，因为在当时这是首个可以进行自我学习的人工神经网络。

单层感知器对于线性可分数据可以在有限的迭代次数中收敛，训练过程也很简单，就是使通过神经网络后样本的值与预期的都相同时才停止，所以训练的结果很容易过拟化，泛化能力差。

单层感知器可以用来模拟逻辑非(NOT)、逻辑或(OR)、逻辑与(AND)和逻辑与非(NAND)等逻辑函数，但是对于逻辑异或函数(XOR)，必须用两层神经元才能模拟(XOR)。

除了输入之外，感知器也有现在神经网络常用的偏置(bias)和激活(activation)，偏置加在输入和权重得到的加权和上，得到的和随后经过激活部分以得到最终的结果。所以偏置大小决定了输入的大小(输入的加权和)才能激发神经元进入兴奋状态,而偏置的权值可以通过学习算法加以调整。

感知器和现行流行的神经网络不同的是,感知器需要训练的部分是权重和偏置,而且输入和权值存在一一对应的关系,因此计算输出是很容易的。

2. 单层感知器结构

这一小节将主要介绍感知器的结构以及相关的数据传输过程。如图4.2所示的是单层感知器的结构,图中 $x_1,x_2,\cdots,x_m$ 代表感知器的输入,每个输入对应特定的权重 $w_1,w_2,\cdots,w_m$。在感知器中有两个层次,分别是输入层和输出层,输入层只负责传输数据,而输出层包括图中的加权和、偏置和激活这一系列对前面一层输入进行的计算。由 $x_1,x_2,\cdots,x_m$ 输入得到 y 的计算公式为

$$y=f\left[\left(\sum_{i=0}^{m}x_iw_i\right)+b\right] \tag{4.1}$$

其中,x_i 和 w_i 分别代表输入和其对应的权值,b 代表偏置,$f(\cdot)$表示激活函数。

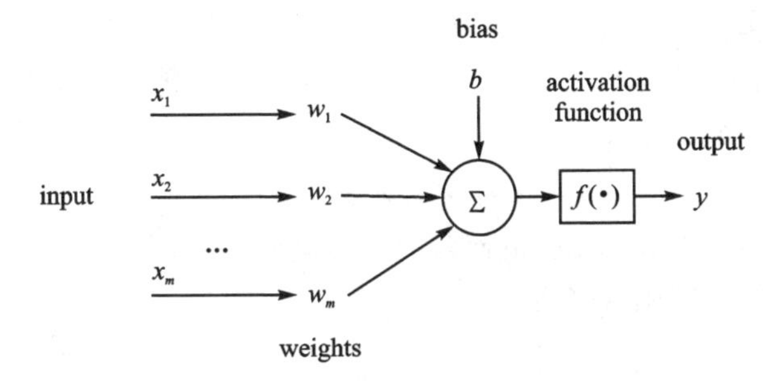

图4.2 单层感知器的结构

感知器内数据传输则是输入一组二进制值,将每个输入乘以相对应的权重值并相加,再对上面得到的加权和统一加上偏置,这一系列求和后再送入激活单元,具体的就是设置一个阈值,如果这些输入值的和超过这个阈值,就输出1,否则输出0。

这一关于神经元的模型是建立在Warren McCulloch和Walter Pitts工作上的。如图4.3所示,从另外一个角度来看感知器是如何模拟生物中神经传输处理信息的过程。$x_0,x_1,x_2,\cdots$代表的是输入或者是附近的神经元的输出,权重的加权和则是模拟每个附近神经元的突触强度,而激活函数和最终的输出则是模拟神经元是否放电等一系列操作。

单层感知器不仅仅可以运用于单个输出的网络,同时也可以运用于多输出网络,当预测目标是一个向量时,就需要在输出层再增加一个输出单元,图4.4所示为带有两个输出单元的单层神经网络。

单层神经网络的输出计算公式为

$$Z_1=g(a_1*w_1+a_2*w_2+a_3*w_3) \tag{4.2}$$

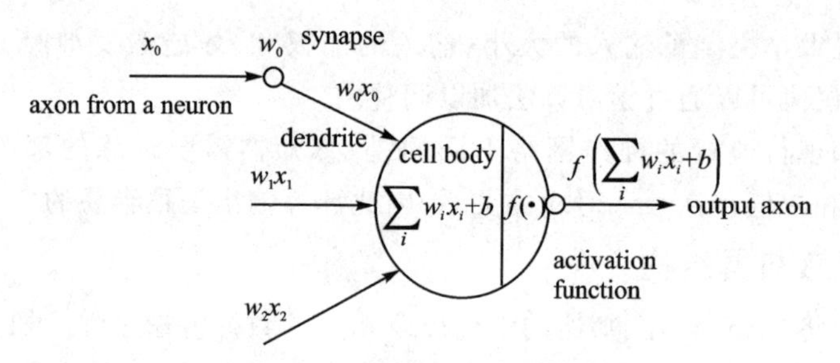

图 4.3　生物学角度的感知器

3. Logistic 回归

单层网络的一个代表之一就是 Logistic 回归模型，所以在这里介绍一下 Logistic 回归模型，使得读者对神经网络模型有进一步理解。

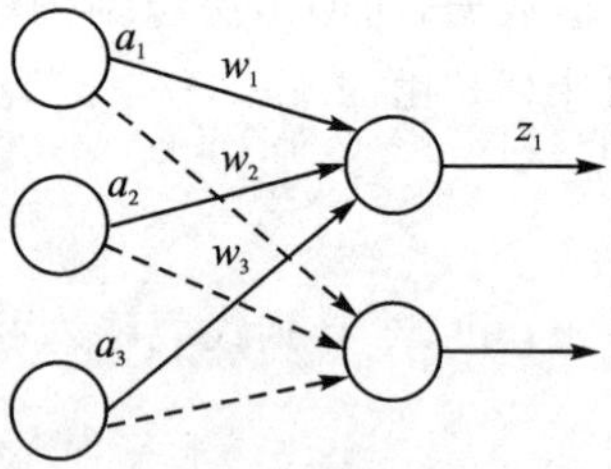

线性回归模型只可用于回归学习，可表示为

$$f(x)=w_0x_0+w_1x_1+\cdots+w_nx_n+b \tag{4.3}$$

向量形式的表达为

$$f(\boldsymbol{x})=\boldsymbol{w}^{\mathrm{T}}\boldsymbol{x}+\boldsymbol{b} \tag{4.4}$$

图 4.4　两个输出单元的单层神经网络

广义线性回归的模型为

$$\boldsymbol{y}=\boldsymbol{g}^{-1}(\boldsymbol{w}^{\mathrm{T}}\boldsymbol{x}+\boldsymbol{b}) \tag{4.5}$$

线性回归模型中引起 Logistic 回归的分类模型，可用来处理二分类任务，对于二分类问题可选单位阶跃函数来表达：

$$y=\begin{cases}0, & z<0\\ 0.5, & z=0\\ 1, & z>0\end{cases} \tag{4.6}$$

此时如果输出结果大于 0，则判断为正，小于 0 则判断为反例，等于 0 可任意判断。Logistic 回归的输出结果值应是一个概率值，即 $y=P\{y=1|x\}$ 。但是单位阶跃函数是非连续的函数，因此需要用一个连续非线性函数进行转换，这个转换函数也被称为激活函数。在不同的应用场景下可选择不同的激活函数，下面以 Sigmoid 激活函数(见图 4.5)为例进行介绍。

在线性回归模型的基础上加上 Sigmoid 函数便形成了 Logistic 回归模型的预测函数，可以用于二分类问题：

$$y=\frac{1}{1+\mathrm{e}^{-(w^{\mathrm{T}}x+b)}} \tag{4.7}$$

对上述的公式做变换可得

$$\ln\frac{y}{1-y}=w^{\mathrm{T}}x+b \tag{4.8}$$

因此此时的问题就在于经过训练之后，求出最佳的参数 w 和 b 使得预测结果更加准确。

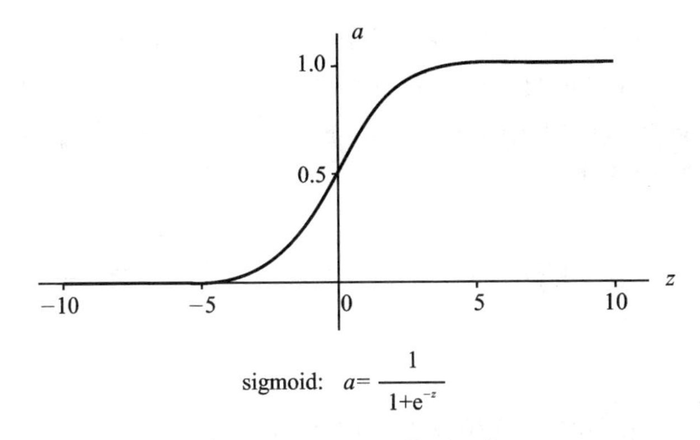

图 4.5 Sigmoid 激活函数

4. 感知器的训练

上文中提到的权重项和偏置项值都是通过感知器训练算法得到的：首先将权重项初始化为[0,1]中的任意一个数，将偏置项初始化为 0，然后，利用下面的公式进行不停的迭代，来修改 w_i 和 b，直到训练结束。

$$w_i \leftarrow w_i + \Delta w_i \tag{4.9}$$

$$b \leftarrow b + \Delta b \tag{4.10}$$

其中：

$$\Delta w_i = \eta(t - y) \cdot x_i \tag{4.11}$$

$$\Delta b = \eta(t - y) \tag{4.12}$$

上述公式中 w_i 是与对应于输入 x_i 的权重项，b 是相应的偏置项，t 是训练样本对应的实际值，一般称为 Label。而 y 则是样本输入感知器后的输出值，它是根据公式(4.1)计算得出的。η 是一个称为学习速率的常数，主要是为了控制每一步调整权重的幅度，这个学习率的值不能过大也不能过小，过大会导致训练过程的振荡，过小会使学习过程的收敛过慢。

感知器训练的具体过程是：每次从训练数据中取出一个样本 x，作为输入向量经过感知器内来计算并输出 y，根据上述的公式来不断地对权重和偏置进行微调。感知器的训练机制是每处理一个样本就调整一次权重，这样全部的训练数据被反复处理多轮后，得到感知器的权重，使之达到目标。

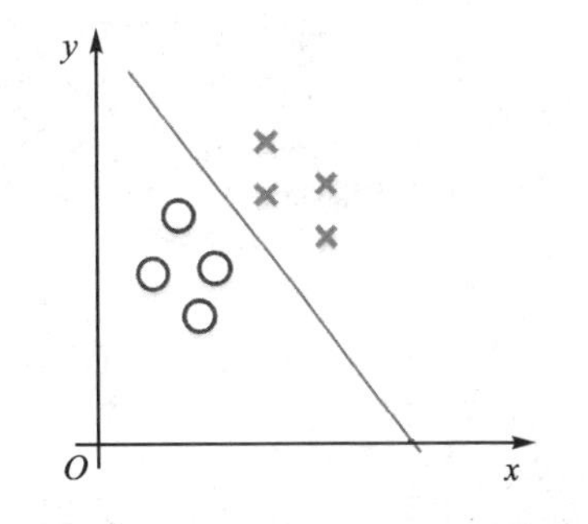

图 4.6 二维平面决策分界的效果

5. 单层感知器的优缺点

单层感知器的权值和偏置值都是通过训练得到的，而感知器类似一个逻辑回归模型，不保证获得最优曲线，只保证获得可区分的情况，只能对线性分类任务有效。图 4.6 显示了在二维平面中划出决策分界的效果，也就是感知器的分类效果。

但是单层感知器网络不稳定,网络遇到不符合的即刻修改,所以训练过程中不断在修改不断在抖动,这也很大的局限了感知器的应用范围,不能解决线性不可分的问题例如异或问题。同时正确样本在划分正确以后就没有再利用,错误划分的错误程度没有计入考虑之中。

4.2.2 浅层神经网络

1. 简 介

上文也介绍到,单层的神经网络无法解决异或问题,虽然两层神经网络可以解决异或问题,且具有较好的非线性分类效果,但是多层神经网络计算量大的问题一直没有解决。

1986 年,Rumelhar 和 Hinton 等人提出了反向传播算法(Backpropagation,BP),成功解决了多层神经网络计算量大的问题,打破了限制两层神经网络发展的壁垒。利用 BP 算法可以更好的训练多层感知机(multi layer perceptron)模型,让人工神经网络从大量训练样本中更好的学习,从而对未知事件做预测。这种方法在很多方面都远超于过去的预测系统。

到了 20 世纪 90 年代,多种浅层机器学习模型相继被提出,例如支撑向量机(support vector machines,SVM)、Boosting、最大熵方法(logistic regression,LR)等。

2. 结 构

隐藏层和输出层都是计算层。两层神经网络除了包含一个输入层,一个输出层以外,增加了一个隐藏层。扩展上节提到的单层神经网络,在右边新加一个层次,如图 4.7 所示。

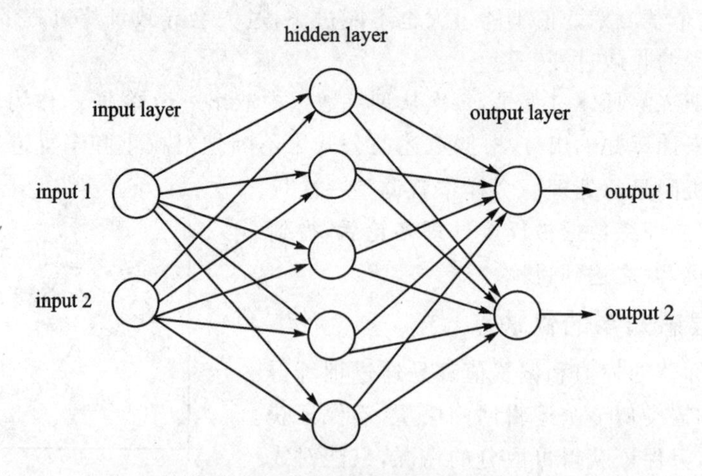

图 4.7 浅层神经网络的结构

相比于单层神经网络，两层神经网络的权值矩阵增加到了两个，并以上标来区分不同层次之间的变量，例如 $a_x^{(y)}$ 代表第 y 层的第 x 个节点，z_1，z_2 变成了 $a_1^{(2)}$，$a_2^{(2)}$，如图 4.8 所示。

计算公式如下：

$$a_1^{(2)} = g(a_1^{(1)} * w_{1,1}^{(1)} + a_2^{(1)} * w_{2,1}^{(1)} + a_3^{(1)} * w_{3,1}^{(1)}) \tag{4.13}$$

$$a_2^{(2)} = g(a_1^{(1)} * w_{1,2}^{(1)} + a_2^{(1)} * w_{2,2}^{(1)} + a_3^{(1)} * w_{3,2}^{(1)}) \tag{4.14}$$

由公式(4.13)、公式(4.14)可以看到，通过 $a_1^{(2)}$，$a_2^{(2)}$ 和第二个权值矩阵得到输出层的结果 z_1，z_2，如图 4.9 所示。

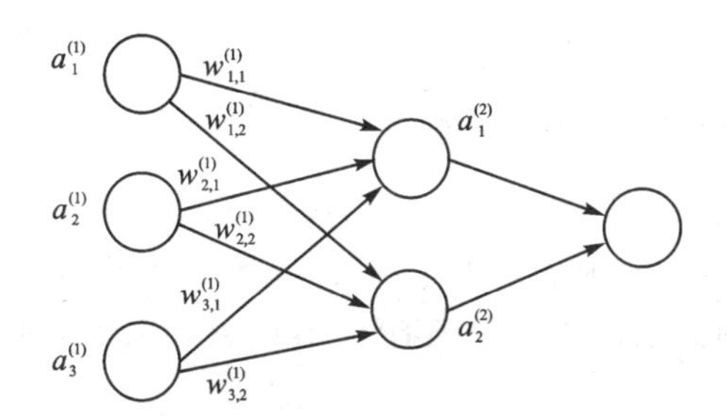

图 4.8　浅层神经网络

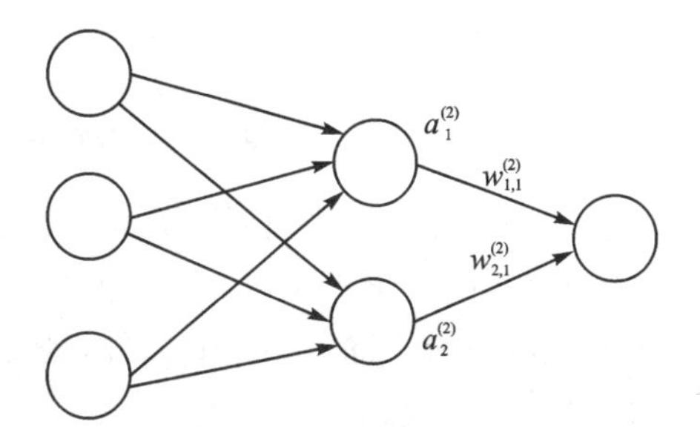

图 4.9　计算浅层神经网络的输出层

计算方式如下：

$$z_1 = g(a_1^{(2)} * w_{1,1}^{(2)} + a_2^{(2)} * w_{2,1}^{(2)}) \tag{4.15}$$

对于向量目标的预测，可以在此基础上，将中间层的网络参数用矩阵表示，如图 4.10 中的 $W^{(1)}$ 和 $W^{(2)}$，传输的数据用向量表示，如图中的 $a_1^{(2)}$，$a_2^{(2)}$，最后在输出层增加节点，如图中的 z。

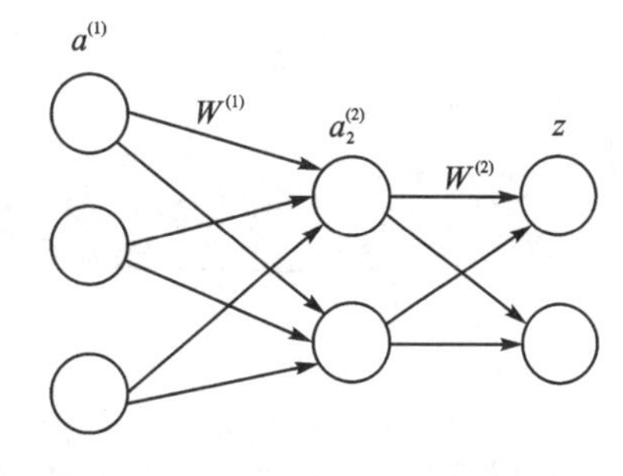

图 4.10　浅层神经网络的向量形式

以下两式表示了浅层神经网络的计算：

$$g(W^{(1)} * a^{(1)}) = a^{(2)} \tag{4.16}$$

$$g(W^{(2)} * a^{(2)}) = z \tag{4.17}$$

可以看到使用矩阵运算来表达无论有多少节点参与运算，乘法两端都只有一个变量，不会受到节点数增多的影响，比较简洁。因此神经网络的教程中大量使用矩阵运算来描述。

此外，在实际应用中，神经网络的结构中的每一层(输出层除外)，都默认存在着具有存储功能的单元，它连接着之后的每一个层所有节点，称这个单元成为偏置节点，将参数设置为向量 b，将 b 称为偏移量，如图 4.11所示。

考虑了偏置以后的浅层神经网络的矩阵运算如下：

$$g(W^{(1)} * a^{(1)} + b^{(1)}) = a^{(2)} \tag{4.18}$$

$$g(W^{(2)} * a^{(2)} + b^{(2)}) = z \tag{4.19}$$

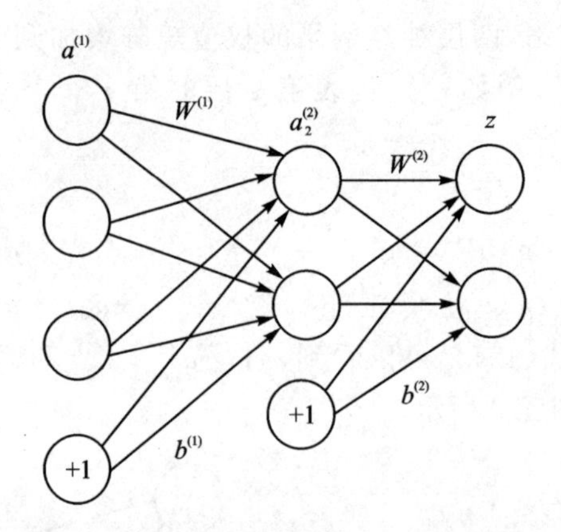

图 4.11　带有偏置节点的浅层神经网络

在浅层神经网络中，使用 Sigmoid 函数代表着激活函数 g。Sigmod 函数是一种平滑函数，它的输出不是以 0 为中心的，且当 z 非常大或非常小时，导数接近于 0，梯度下降速度很慢。除 Sigmoid 以外，经常用做激活函数的还有 tanh 函数和 Relu（修正线性单元）函数。

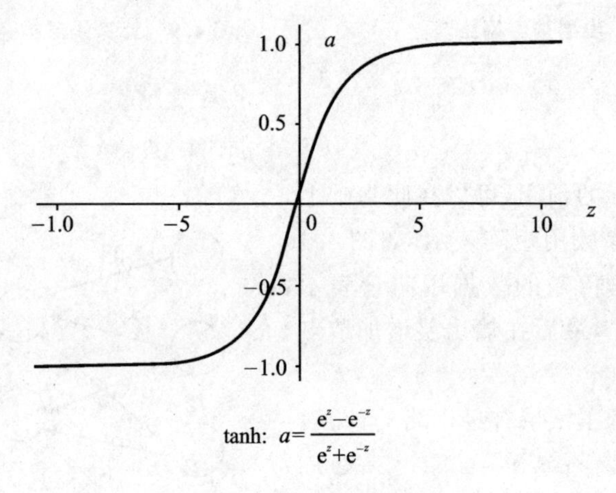

图 4.12　tanh 激活函数

tanh 函数的优点和缺点：

优点：数据平均值接近于 0，方便下层学习计算。

缺点：存在梯度下降慢的问题。

一般二分类问题中隐藏层用 tanh 函数，输出层用 Sigmod 函数。

Relu（修正线性单元）函数的优点和缺点：

优点：激活函数斜率与 0 相差比较大，因此学习速度快。

缺点：当 z 为负时，导数为 0，梯度下降慢。但是实际上大部分时候 z 都是大于 0 的。

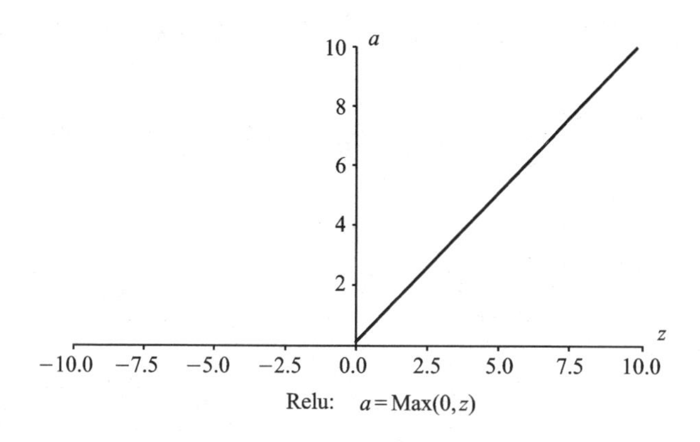

图 4.13 Relu 激活函数

3. 训 练

在感知器模型阶段，参数的训练方法比较简单，限制了其适用与扩展，为了解决这个问题，浅层网络的训练开始使用机器学习的相关方法如海量数据以及优化算法等。

其基本过程为：

① 所有的参数的初始值为随机数值。

② 通过不断调整参数来使得模型尽可能与真实的模型逼近。

③ 使用参数值来预测测试数据样本。

这种利用海量数据与优化算法的方式可能使得模型的训练在性能和数据上都具有一定的优势，大大提高其运用的范围。

在训练过程中，为了不断逼近实际值，设定了损失值 loss 来衡量参数的优劣，从而不断调整参数，以逼近最真实目标的值。loss 的定义如下所示，其中，y_p 表示预测目标，y 表示真实目标。

$$\text{loss}=(y_p-y)^2 \tag{4.20}$$

由公式可知，训练的目标是求得所有训练数据的最小损失和，为了得到这个值，将 $z=y_p$ 代入到 y_p 中，得到损失转化为关于参数的函数即损失函数。此时的目标就变成了一个优化问题：如何优化参数以求得损失函数的最小值。

为了解决上述问题，数学中常用求导的方式，但是由于求导方式在计算导数等于 0 的时候计算量过大，而神经网络训练一般又含有较多的参数量，因此采用梯度下降算法来解决这个问题。

梯度下降算法是通过不断迭代让参数向着梯度与当前参数梯度相反的方向前进一段距离，直到找到梯度接近零的节点，一般这时为全局最优解，如图 4.14 所示。

为了解决神经网络模型由于其复杂性而造成的计算梯度的代价过大问题，引入了 BP 即反向传播算法。

反向传播算法是从后往前进行的算法，如图 4.15 所示，梯度的计算从后往前，在神经网络中，依次计算输出层、第二层、中间层、第一个参数矩阵的梯度、输入层的梯度，E 表示相对导数。

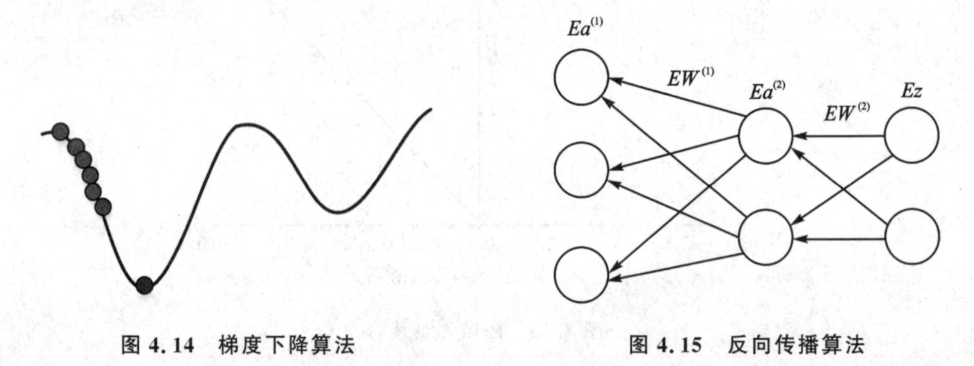

图 4.14　梯度下降算法　　　　图 4.15　反向传播算法

4.2.3　深层神经网络

1. 简　介

本小节介绍的深层神经网络也就是多层感知器（Multi Layer Perceptron，MLP），又称为深度神经网络（Deep Neural Networks，DNN）。从上文可知，感知器学习算法（Perceptron Learning Algorithm，PLA）是一个线性的二分类器，对于非线性的数据不能有效的预测。为了解决此问题便有了对网络层次的加深。从理论上说，多层网络可以模拟任何复杂的函数。

MLP 相较于之前的网络做了以下的扩展和改进：

① 加入了隐藏层，从而增强了模型表达能力。

除了输入输出层，它中间可以有多个隐层，如图 4.16 所示分别是没有隐层的单层感知器、只有一个隐层、两个隐层以及五层隐层多层感知器的结构。

从图中可以看到，多层感知器层与层之间是全连接的。多层感知器最底层是输入层，中间是隐藏层，最后是输出层。输入层还是和以前一样就是传输数据，数据是 N 维就有 N 个神经元。

具体的隐藏层神经元是由什么表示的呢？隐藏层的神经元储存上一步的计算值，首先隐藏层与输入层是全连接的，假设输入层用向量 $\boldsymbol{X}$ 表示，则隐藏层的输出就是 $f(w_j x_i + b_j)$，其中 w_j 是权重，b_j 是偏置，函数 f 是相应的激活函数。

② 输出层可以有多个输出，由隐藏层到最后的输出层可以看成是一个多类别的逻辑回归，如图 4.17 所示，便有 4 个输出层。神经网络的这种特性可使得神经网络结构广泛地应用在分类回归问题中。

③ 激活函数的选择。感知器的激活函数是 sign(z)，虽然简单但由于其处理能力有限并不适用神经网络。比如前文中提到的 Sigmoid 函数，用在了逻辑函数回归

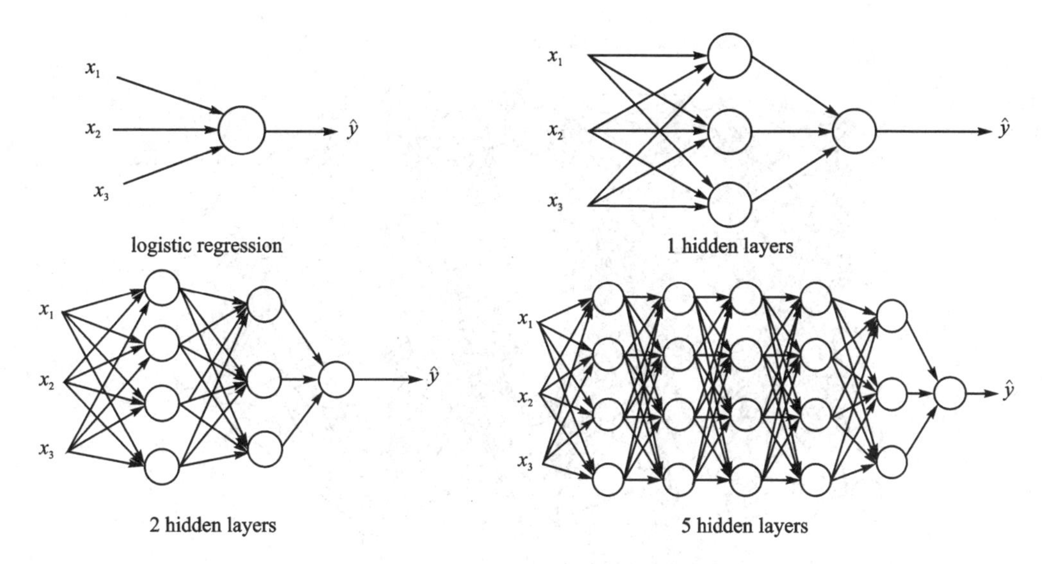

图 4.16　不同隐藏层的深层神经网络

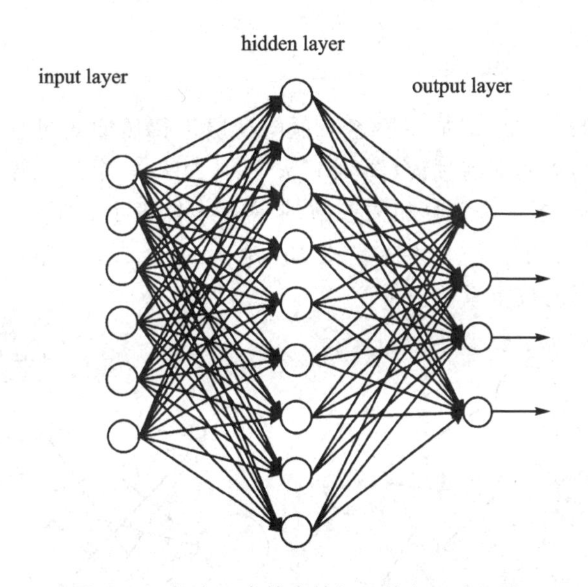

图 4.17　拥有四个输出神经元的多层感知器

中，还有后来出现的 tanh，Softmax 和 Relu 函数等。对于各种常用的激活函数，不同场景下需要选用不同类型的激活函数，以便深入挖掘神经网络的表达能力。

2. MLP 的基本结构

通过上面的介绍了解了神经网络基于感知器的扩展，结构主要分为输入层、隐藏层和输出层，如图 4.18 所示为一个三层隐藏层的深层神经网络，一般来说第一层是输入层，中间层都是隐藏层，最后一层是输出层，层与层之间是全连接的。

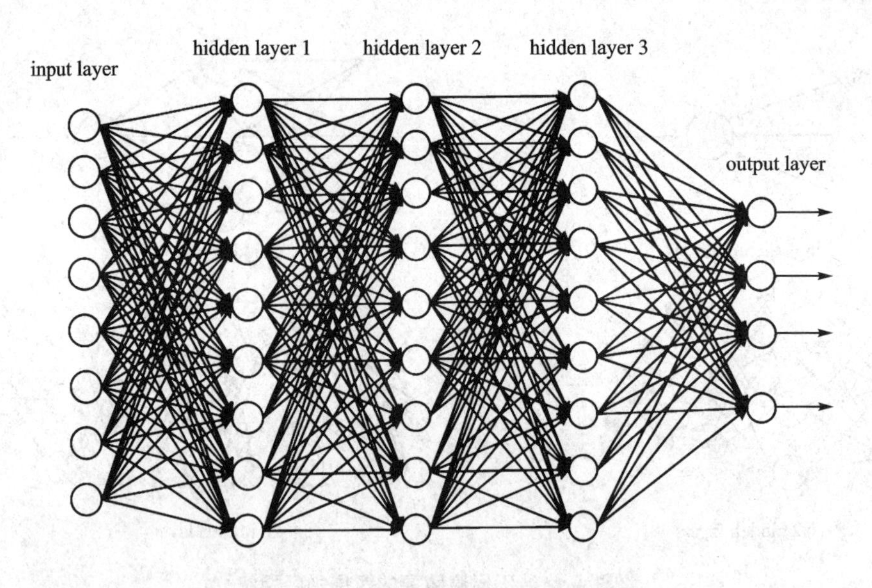

图 4.18　三层隐藏层的深层神经网络图

3. 训练过程

(1) 前向传播

前向传播指的是信息从第一层逐渐地向高层进行传递的过程。会用很多公式来解释深层神经网络的训练过程，图 4.19～图 4.21 以一个三维输入三层隐藏层的深层神经网络为例，首先来解释相关参数的意义：w_{ji}^{h} 表示由第 $h-1$ 层的第 i 个神经元到第 h 层的第 j 个神经元的权重，例如 w_{24}^{3} 表示第二层的第四个神经元到第三层的第二个神经元的权重系数。

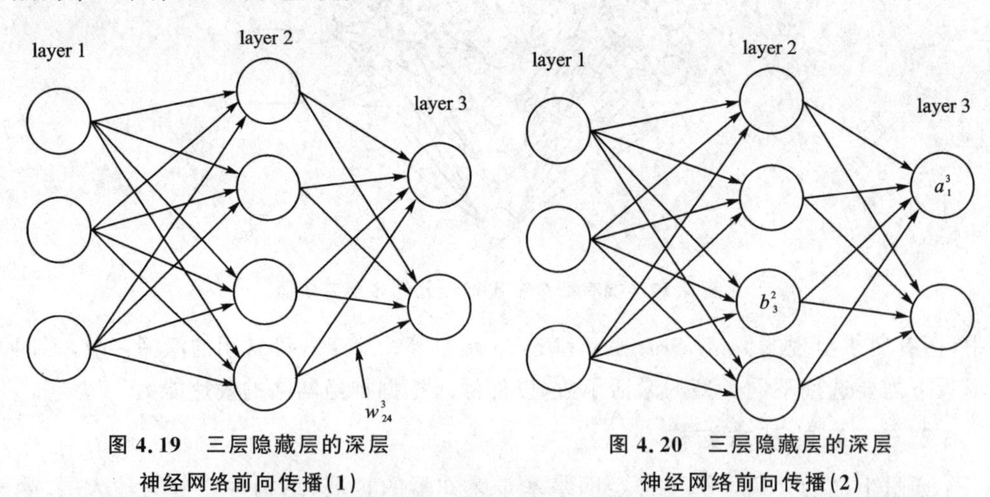

图 4.19　三层隐藏层的深层神经网络前向传播(1)

图 4.20　三层隐藏层的深层神经网络前向传播(2)

以此类推，b_i^h 表示的是第 h 层的第 i 个神经元对应的偏置，例如，第二层的第三个神经元对应的偏置定义为 b_3^2，输入层没有偏置也没有权重。从数学符号的解释也可以看出,偏置值是对于神经元来说,每个神经元对应一个偏置值;二权重值则是相对于神经元之间的连接而言,一个连接对应一个权重值。

上面已经介绍了深层神经网络的各层权重 w 和偏置 b 的表示。假设以 $\sigma(z)$ 为激活函数,a 为隐藏层和输出层的输出值,则对于图 4.21 中的三层神经三维神经网络,使用 BP 算法。

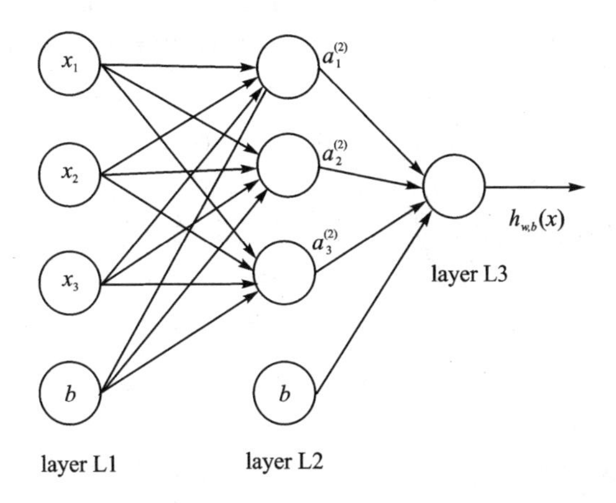

图 4.21　三层隐藏层的深层神经网络前向传播(3)

首先对于输入 x_1, x_2, x_3,输入层是没有权重和偏置的,所以对于第二层的输出 a_1^2, a_2^2, a_3^2,有

$$a_1^2 = \sigma(z_1^2) = \sigma(w_{11}^2 x_1 + w_{12}^2 x_2 + w_{13}^2 x_3 + b_1^2) \tag{4.21}$$

$$a_2^2 = \sigma(z_2^2) = \sigma(w_{21}^2 x_1 + w_{22}^2 x_2 + w_{23}^2 x_3 + b_2^2) \tag{4.22}$$

$$a_3^2 = \sigma(z_3^2) = \sigma(w_{31}^2 x_1 + w_{32}^2 x_2 + w_{33}^2 x_3 + b_3^2) \tag{4.23}$$

a_1^2, a_2^2, a_3^2 作为第三层的输入,得到的第三层的输出是

$$a_1^3 = \sigma(z_1^3) = \sigma(w_{11}^3 a_1^2 + w_{12}^3 a_2^2 + w_{13}^3 a_3^2 + b_1^3) \tag{4.24}$$

将上式扩展化到 $l-1$ 层共有 m 个神经元,那么对于 l 层的第 j 个神经元的输出 a_j^l,有

$$a_j^l == \sigma(z_i^l) = \sigma\left(\sum_{k=1}^{m} w_{jk}^l a_k^{l-1} + b_j^l\right) \tag{4.25}$$

如果 $l=2$,则对于 a_k^{l-1} 即为输入层的 x_k,在实际运用中经常使用矩阵的方法来表示以简化运算,假设第 $l-1$ 层共有 m 个神经元,而第 l 层共有 n 个神经元,则第 l 层的权重 w 组成了一个 $n \times m$ 的矩阵 $\boldsymbol{w}^l$,第 l 层的偏置 b 是一个 $n \times 1$ 的向量 $\boldsymbol{b}^l$,第 $l-1$ 层的输出 a 是 $m \times 1$ 的向量 $\boldsymbol{a}^{l-1}$,第 l 层未激活前的输出 z 是 $n \times 1$ 的向量 $\boldsymbol{a}^l$,则矩阵表示第 l 层的输入为

$$\boldsymbol{a}^l = \sigma(\boldsymbol{z}^l) = \sigma(W^l \boldsymbol{a}^{l-1} + \boldsymbol{b}^l) \tag{4.26}$$

(2) 反向传播

在基本的模型搭建完成后,训练的时候所做的就是完成模型参数的更新。由于

存在多层的网络结构,因此无法直接对中间的隐层利用损失来进行参数更新,但可以利用损失从顶层到底层的反向传播来进行参数的估计。这就用到了 4.2.2 小节介绍的 BP 算法,来更新参数。

4. 缺点和影响

神经网络最可能被人知晓的缺点是它们的"黑盒子"性质,而在某些领域,可解释性非常重要。神经网络通常需要更多的数据,至少需要数千数百万个标记样本。而如果使用其他算法,则许多机器学习问题可以用较少的数据很好地解决。通常,神经网络比传统算法的计算代价更高。对于深层神经网络,加深网络虽然能增加网络的表达力,但是同时会大幅度地增加运算量和参数量,使得训练变得更困难,完成深度神经网络从头到尾的完整训练,可能需要几周的时间。后面介绍的卷积神经网络也一直在平衡网络的深度和参数之间寻找解决方案。深度神经网络以及各种算法的提出极大地促进了神经网络的发展,各种网络结构及其在各个领域的运用百花齐放,迎来了人工智能发展的黄金时代。

4.3 卷积网络

4.3.1 卷积神经网络简介

卷积神经网络(Convolutional Neural Networks,CNN)是深度学习框架的算法之一,它带有卷积结构,是一种深度神经网络,现已在图像识别、文本数据、语音信号等研究领域有广泛的运用。卷积神经网络的核心是对特征进行学习,并通过分层网络逐层获取特征信息。与传统的机器学习算法不同的是,CNN 无须手工提取特征。可以在训练中自动完成特征的提取和分类,且 CNN 在结构上和图片的空间结构相似,这使得 CNN 的结构能够较好地适应图像的结构,更好地提取图像中的有用特征。CNN 的局部感受野和权值共享则能减少网络的训练参数,使得网络结构更简单,适应性更强。

19 世纪 60 年代,科学家 Hubel 和 Wiesel 发现了视觉系统的信息处理是分层的,提出了感受野(receptive field)的概念,即每个视觉神经元细胞只负责处理小块区域的图像,最后再把这些提取到的局部信息组合成高级信息给大脑进行判别。整个过程可以简单概括为先从瞳孔摄入像素原始信号,接着大脑皮层检测出边缘和方向,然后抽象判定出物体的形状,再进一步判定出物体的类别。卷积神经网络对像素进行识别的思想与其非常类似。

19 世纪 80 年代,日本科学家 Fukushima 在感受野的基础上提出了神经认知机(neocognitron),如图 4.22 所示,这是卷积神经网络的第一次实现,主要思想是将特征分为多个子特征进行分层处理,其中主要包括两类神经元,S - cells 用来提取特征，C - cells 用来控制特征的形变。

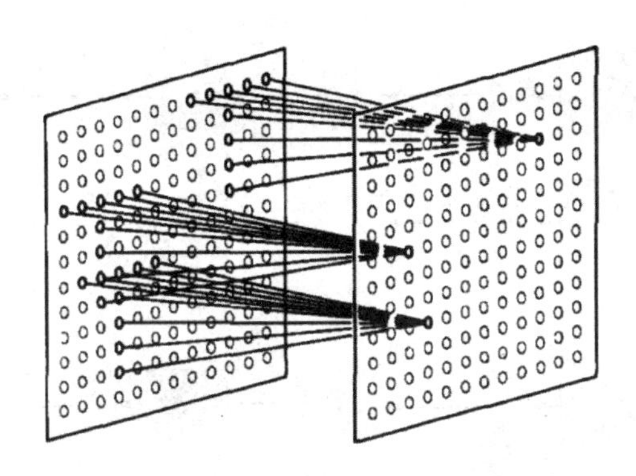

图 4.22　Fukushima 提出的内部神经元连接方式

1987 年，Alexander Waibel 等人提出时间延迟网络(Time Delay Neural Network, TDNN)，该网络可以看做是卷积神经网络的前身，TDNN 主要是为了解决语音识别的问题。TDNN 在动态时域变化上比 HMM 表现更好，并且受此影响，后来有了卷积神经网络的诞生。

1989 年，Yann LeCun 构建了卷积神经网络 LeNet，并首次提出了“卷积”一词。在 LeNet 的基础上，1998 年，Yann LeCun 等人提出了更加完善的卷积网络结构 LeNet - 5，该网络当时是用于解决手写数字识别的任务，LeNet - 5 包含了卷积层、池化层、全连接层，基本确立了现代卷积神经网络的结构。LeNet - 5 也能使用反向传播算法(backpropagation)进行训练，其结构中交替出现的卷积层-池化层有效提取了输入图像的平移不变特征，LeCun 等人的工作被成功用于 NCR(National Cash Register coporation)的支票读取系统。

CNN 能够直接从原始像素中经过极少的预处理，提取出原始图像的有效特征，但由于当时大规模数据的缺乏，以及计算机硬件条件的限制，使得 CNN 缺乏对复杂问题的处理能力，没有得到广泛的应用。

2006 年，Hinton 提出了深度学习，随着深度学习理论的不断完善，计算机硬件如 GPU 的涌现，以及大规模数据库提供的资源，使得大规模网络训练成为可能，CNN 也开始迅速发展。2012 年，Krizhevsky 等人提出的 CNN 结构 AlexNet 在图像识别任务上取得了重大突破，之后又出现了一些经典的 CNN 算法，如 VGGNet、GoogLeNet、ResNet 等，它们均为 ImageNet 大规模视觉识别竞赛的优胜算法，之后将对这些经典的 CNN 算法逐一进行介绍。

4.3.2　卷积神经网络结构

卷积神经网络是一种多层的监督学习神经网络，主要由数据输入层、卷积层、激励层、池化层和全连接层组成，每层由单独的神经元组成，CNN 的基本结构如图 4.23

所示。

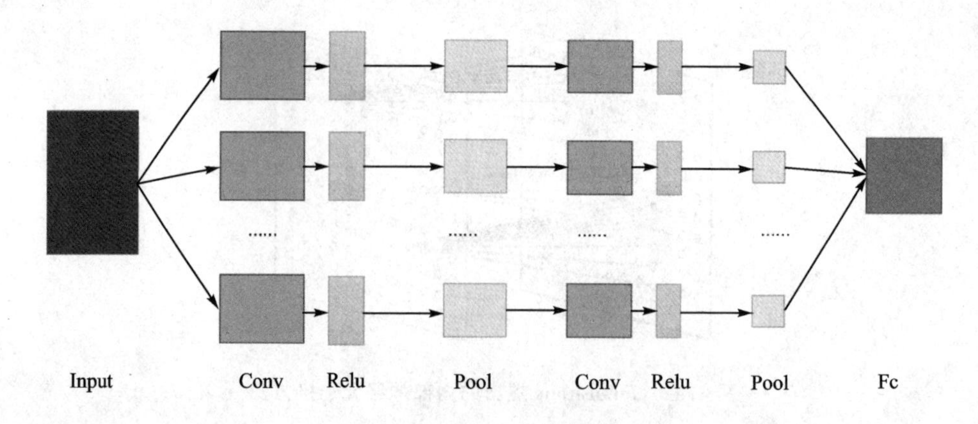

图 4.23　CNN 基本结构

输入层是整个神经网络的输入,在处理图像的卷积神经网络中,输入层一般为图像的像素矩阵。卷积层包含 CNN 重要的卷积结构,该层中的每个神经元与上一层的局部输出相连,对其进行更加深入的分析从而提取到抽象程度更高的特征,卷积得到结果加上偏置后,通过 Relu 激励层得到特征映射图。池化层是对特征图进行降采样处理,它在不改变图像重要特征的同时,可以降低图像的维度和参数的数量,池化层一般出现在一个或多个卷积层后。卷积层和池化层对图像进行处理后,则将得到的向量进行连接并输入到全连接层,全连接层采用逻辑回归或 Softmax 等方法进行分类,网络最后可以有多个全连接层。

1. 局部感受野和参数共享

在 CNN 中,每个神经元仅与输入神经元的一小块区域连接,这块区域称为感受野(receptive field),局部连接的思想是受生物学中视觉系统结构的启发得到的,视觉皮层的神经元就是采用局部感知来接受信息。在图像卷积操作中,每个神经元不必对全局像素进行感知,只需要局部感知,然后在更高层抽象提取出全局重要特征。这样做的优点是,既能够对局部的输入特征有最强的响应,又能大幅降低学习参数的数量。

参数共享,是指可以通过一个卷积核提取原图不同位置的相似特征,这里的“相似特征”是指对于一幅图片来说,若想提取一个相同的目标,那么该图像的不同位置的特征是基本相同的,用一个卷积核在不同位置进行卷积即可,而不同特征也可以用不同卷积核来实现。这样,同一层的卷积核进行共享,可以在很大程度上减少参数的数量。

局部感知和参数共享降低了网络的参数数量,减小了训练复杂度,缓解了过拟合问题,提高了模型的泛化能力。

2. 卷积层

在了解了卷积神经网络的一般网络结构和减少参数数量的原理后，下面依次介绍 CNN 的各层结构以及具体计算操作。首先是卷积层，卷积层包括卷积计算、卷积核、步长、填充等概念。

(1) 卷积(convolution)

卷积是 CNN 的一个基本操作，下面用一个例子来说明卷积操作的过程，如图 4.24 所示，图(a)为 5×5 的图像，图(b)为 3×3 的卷积核，用该卷积核对图像进行卷积操作，会得到一个 3×3 的输出矩阵。

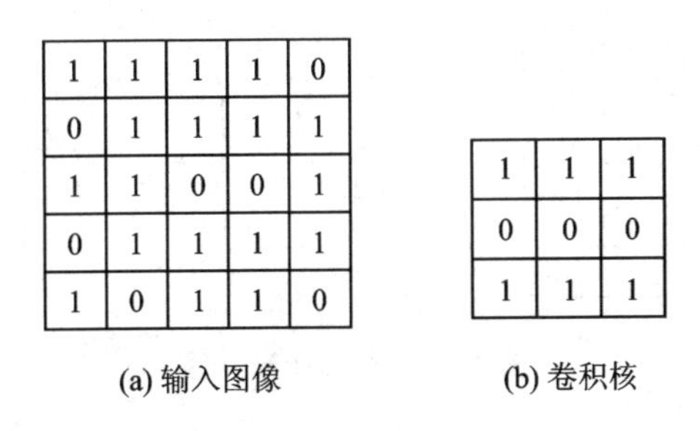

图 4.24　输入图像和卷积核

首先计算第一个元素，如图 4.25 所示，在 5×5 矩阵的左上取 3×3 矩阵(灰色区域)内的元素，用 3×3 的卷积核与其相对应位置元素分别做乘法，然后将各元素相加，即 1×1+1×1+1×1+0×0+1×0+1×0 +1×1+1×1+0×1=5，得到输出矩阵左上角的一个值。接下来继续用这个卷积核与各小区域做卷积，以获得特征值，把卷积核水平向右移动一格，该 3×3 区域中的元素做与上一步相同的操作，得到输出矩阵的第二个值，以此类推，最后得到输出矩阵的 9 个值。

在实际训练过程中，卷积核的值是在学习过程中学到的，往往有多个卷积核，每个卷积核代表了一种图像模式。图 4.26 所示为是 Sobel 滤波器，它是一种典型的检测边缘的线性滤波器，基于两个简单的 3×3 内核，图(a)为水平方向检测卷积核，图(b)为垂直方向的检测卷积核，可以用卷积运算来看它如何实现垂直或水平边缘的检测。

如图 4.27(a)所示，这是一张左半部分为白色，右半部分为黑色的图片，用像素值来表示如图 4.27(b)所示，左半部分像素全部为 1，表示较亮部分；右半部分像素全部为 0，表示较暗部分，中间有一条明显的明暗分界的边缘。

用 Sobel 垂直滤波器来进行检测，把输入图像和滤波器做图 4.28 的卷积运算，得到一个 4×4 的输出图像。可以看到输出矩阵的中间是像素值为－4 的区域，垂直两侧为像素值为 0 的区域，即中间为深，两侧浅，检测出一条明显的垂直边缘。

1	1	1	1	0
0	1	1	1	1
1	1	0	0	1
0	1	1	1	1
1	0	1	1	0

*

1	1	1
0	0	0
1	1	1

=

5		

1	1	1	1	0
0	1	1	1	1
1	1	0	0	1
0	1	1	1	1
1	0	1	1	0

*

1	1	1
0	0	0
1	1	1

=

5	4	

1	1	1	1	0
0	1	1	1	1
1	1	0	0	1
0	1	1	1	1
1	0	1	1	0

*

1	1	1
0	0	0
1	1	1

=

5	4	3
4	6	6
4	3	3

图 4.25　卷积计算过程

−1	0	1
−2	0	2
−1	0	1

(a) 水平方向检测卷积核

−1	−2	−1
0	0	0
−1	−2	−1

(b) 垂直方向检测卷积核

图 4.26　水平、垂直滤波器

(a) 输入图像

1	1	1	0	0	0
1	1	1	0	0	0
1	1	1	0	0	0
1	1	1	0	0	0
1	1	1	0	0	0
1	1	1	0	0	0

(b) 对应的像素图

图 4.27　输入图像及其像素图

（2）步长（stride）

步长是卷积中的一个概念，表示卷积核每次滑动的步数，在刚才的卷积计算过程中，卷积核每次滑动一个单元格，即步长为 1，假设现在把步长设为 2，还是用之前的例子做一次卷积运算。

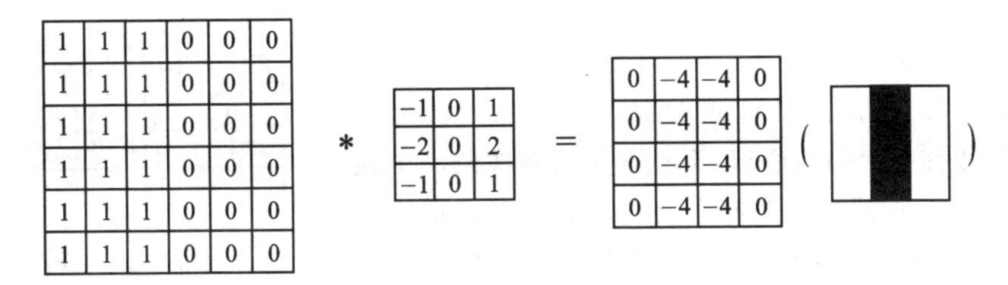

图 4.28　图像与 Sobel 滤波器进行卷积运算

如图 4.29 所示，先取左上角 3×3 浅色区域的元素与卷积核做乘积并相加，得到 5，下一步让卷积核移动 2 个步长，到了深色区域的位置，还是将每个元素相乘并求和，得到 3，继续移到下两行，以此类推，得到图中的输出矩阵。可以发现，当步长设为 2 时，输出矩阵为 2×2，这里输出的大小是由输入矩阵的大小、卷积核大小、步长所决定的，假设输入矩阵的大小为 $n\times n$，卷积核大小为 $f\times f$，步长为 s，则计算输出矩阵大小的公式为 $(n-f)/s+1$，结果再向下取整。在这个例子里，$n=5$，$f=3$，$s=2$，因此算得结果为 2。

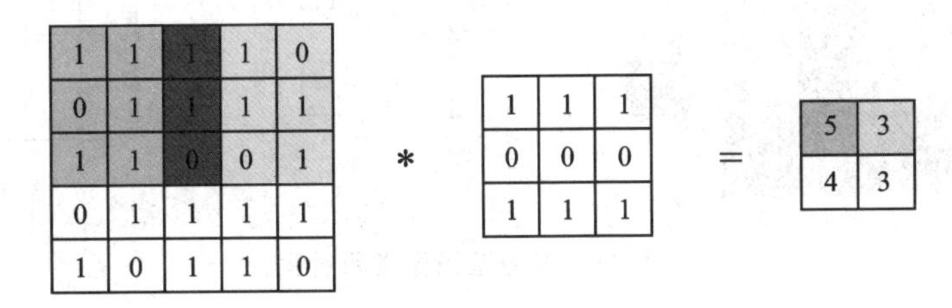

图 4.29　步长为 2 的卷积运算

(3) 填充(padding)

在之前的卷积运算中，发现输出矩阵的大小发生了变化，5×5 的图像与 3×3 的卷积核做卷积，步长设置为 1 时，最后得到大小为 3×3 的输出矩阵，步长设为 2 时得到大小为 2×2 的输出矩阵，可以看到，输出图像都在变小。通过观察可以发现，位于边缘的像素点被使用的次数总是小于位于图像中间的像素点，比如位于顶角上的像素从始至终只被使用过一次，边线上的像素也类似，这样会导致边缘信息的丢失。因此，为了不让图像迅速缩小，且使输入图像的每个像素都能被充分利用，引入了填充(padding)操作。

如图 4.30 所示，沿着 5×5 的图像边缘填充一层像素，都取 0 的值，那么填充后得到 7×7 的图像。用该图像与 3×3 的卷积核进行卷积，仍得到大小为 5×5 的图像，与原始图像尺寸相同。当然，也可以填充 2 层或更多层的像素，通常有 valid 卷积和 same 卷积，valid 卷积即不填充，same 卷积则是填充后使输出图像与原始图像大小相等。

(4) 多通道卷积

上面介绍了二维平面上的卷积运算过程,在对图像的处理中,往往需要检测 RGB 图像的特征,由于 RGB 图像有 3 个颜色通道,不只有灰度图像的一个通道,因而需要对其进行多通道卷积运算。多通道卷积的原理和二维卷积类似,多通道图像可以看做是多个二维图像的叠加,做卷积运算时需要和与其有相同通道数的多维卷积核运算。

0	0	0	0	0	0	0
0	1	1	1	1	0	0
0	0	1	1	1	1	0
0	1	1	0	0	1	0
0	0	1	1	1	1	0
0	1	0	1	1	0	0
0	0	0	0	0	0	0

图 4.30 padding 值为 1

如图 4.31 所示为一个 5×5×3 的 RGB 图像,第一个 5 是它的高,第二个 5 是它的宽,3 代表通道数目,即红、绿、蓝三个颜色通道,使用一个 3×3×3 的卷积核与其进行运算,卷积核的通道数与输入图像通道数相等。

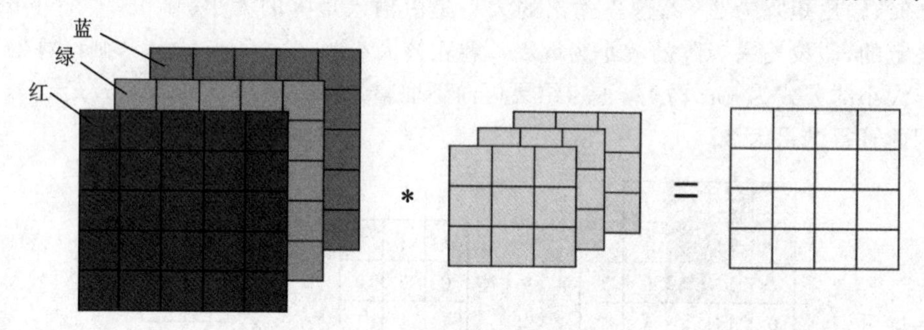

图 4.31 多通道图像卷积过程

多维卷积计算与二维卷积计算类似,如图 4.32 所示,首先取输入图像立方体的左上角的 3×3×3 范围的像素,与卷积核对齐,对应位置的元素分别相乘,再相加得到一个值。从这个操作可以看到,即使是具有多个通道的图像,通过一个卷积核计算出的结果仍是单通道的图像,接下来把卷积核向右移动,同样进行上一步的多维卷积操作,以此类推,最后得到一个 3×3 的二维输出。

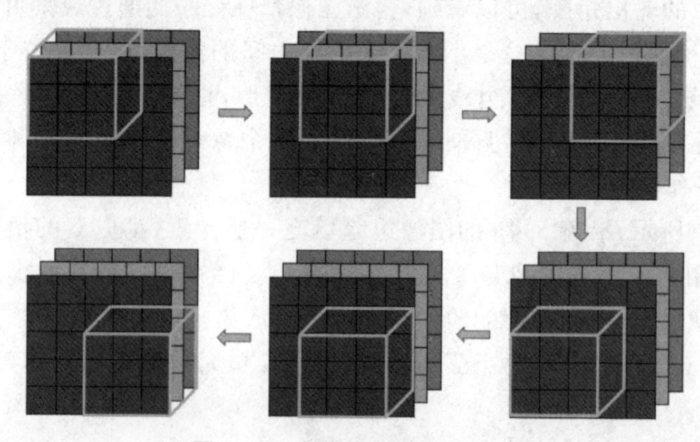

图 4.32 多维卷积核移动过程

如果想检测多个图像的多个特征，就要用到多个卷积核，如图4.33所示，假设这里有两个3×3×3大小的卷积核，同样是5×5×3的RGB图像作为输入，那么分别用这两个卷积核与输入图像进行卷积运算，然后把两个运算得到的二维输出图像堆叠在一起，就得到一个最后的3×3×2的输出图像。也可以用3个、4个甚至更多的卷积核进行运算，只需将输出结果进行堆叠即可，且一个卷积核表示检测一种特征，使用的卷积核数目或输出的通道数则表示检测的特征数目。

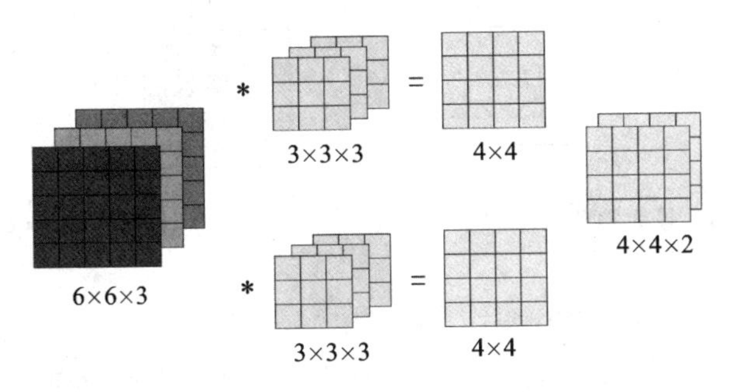

图4.33 多卷积核运算

3. 激励层

卷积层使用用多个不同的卷积核滤波得到的结果，需要加上偏置(Bias)，再进行非线性激活处理，CNN采用的激励函数一般为Relu，它的特点是收敛快，求梯度简单。若用W表示卷积核，I表示输入图像，B表示偏差，Relu()表示做非线性映射函数，则前向传播过程中对卷积后的结果做非线性操作可用公式表示为$\mathrm{Relu}(W\times I+B)$。

4. 池化层(pooling)

池化层在连续的卷积层中间，之前提到过，池化层可以用来压缩数据和参数数量，缩减模型的大小，值得一提的是池化层具有特征不变性，它在缩小图像的同时，仍然保留着图像中最重要的特征，相当于在压缩时去掉了一些不太重要的信息，留下的仍是具有尺度不变性的特征，是最能表达图像的特征。池化层通过特征降维，提高了计算速度，并使提取到的特征更具有鲁棒性，通过卷积层与池化层，可以获得更多的抽象特征。

这里同样通过一个具体的例子来说明池化层的工作原理。如图4.34所示，假设有一个4×4的输入图像，对其进行最大池化操作，设置步长为2，卷积核的大小为2×2，那么首先在左上角的2×2的区域取出最大的一个数值7，填入输出矩阵的左上角，由于步长是2，下一步向右移动两步，在下一个2×2区域内取最大数值4，填入输出矩阵对应位置，接着移到下两行，以此类推，得到最大池化的结果。

当然也可以改变卷积核或步长的大小，还可以增加padding操作，但池化层一般不需要padding。需要注意的是，池化过程中没有参数需要学习，只需设置超参数，如卷积核的大小、步长等值。对于多通道图像，每个通道单独执行池化计算，再把各通道输出的图像堆叠起来,即池化后的图像的通道数不变。

上面的例子中用到的是最大池化,还有另一种池化是平均池化,顾名思义,平均池化取区域内的平均值,如图 4.35 所示,在指定区域内,对 4 个数相加取平均。在一些很深的神经网络中,可能会用到平均池化在整个空间内求平均值,但在实际运用中,最大池化使用的更多。

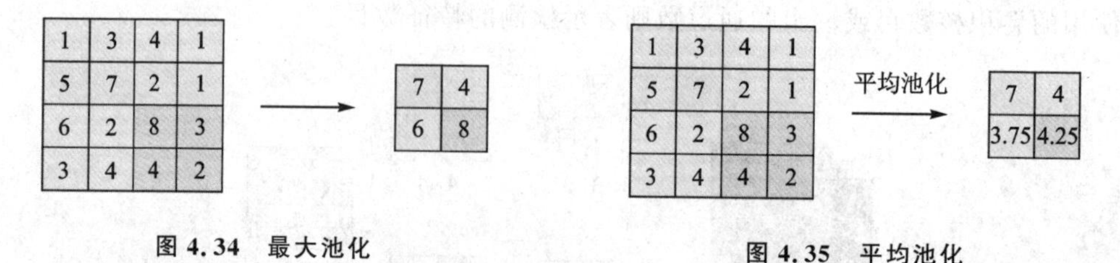

图 4.34　最大池化　　　　图 4.35　平均池化

5. 全连接层(full connected layer)

全连接层出现在卷积层和池化层交替出现的最后,它将前面卷积层提取到的局部特征进行整合并归一化,使后面的分类器可以根据这一层得到的概率进行分类,全连接层常用的非线性激活函数有 Sigmoid,tanh。

假设在最后一次卷积池化后输出了 12×12×20 的图像,然后要通过有 100 个神经元的全连接层,该过程可看做是有 100 个和图像一样大的卷积核 12×12×20 进行卷积运算,得到 1×100 的向量,交给最后的分类器或者做回归。

4.3.3　经典卷积网络模型

这一节将介绍几个经典的卷积网络模型,按提出时间先后顺序分别介绍 LeNet-5、AlexNet、GoogLeNet 和 VGGNet。

1. LeNet-5

LeNet-5 是 Yann LeCun 在 1998 年设计提出的模型,可看做是卷积神经网络的奠基之作,当时的 LeNet-5 主要用于银行的手写数字识别系统。

LeNet-5 网络模型的结构如图 4.36 所示,网络结构规模较小,共有八层,包括输入层、卷积层、池化层、全连接层和输出层,图中 C 代表卷积层,通过卷积操作提取更高层的特征,S 代表池化层,对图像进行降采样,在保留图像重要信息的同时减少数据量,F 代表全连接层,相当于一个分类器。

输入层是 32×32 的灰度图像,图像中字母较大,是为了让笔画的断点、字符角点这些明显的特征能够出现在感受野的中心,输入可以是多个 32×32 的灰度图。

C1 层是第一个卷积层,这一层有 6 个 5×5 大小的卷积核,不同的卷积核提取不同的特征,因此得到 6 个特征图(feature map),特征图的大小可根据上一节提到的方法进行计算,为 32−5+1=28,即 28×28,有 28×28 个神经元,每个神经元与输入

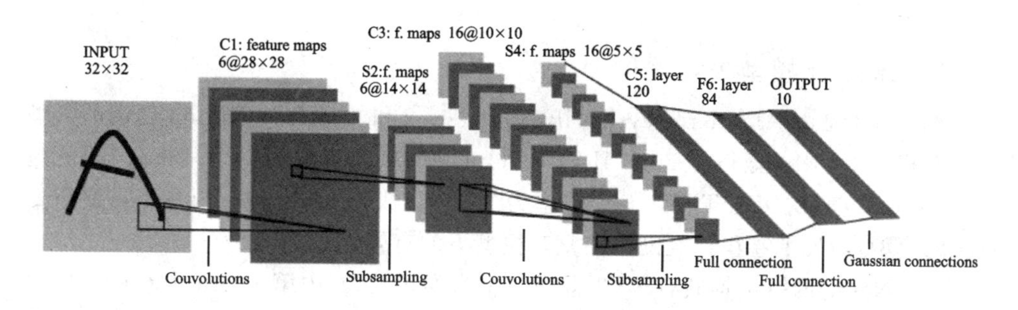

图 4.36 LeNet-5 网络模型结构

层局部区域相连。C1 层的参数包括卷积核的参数和偏置参数，故 C1 层共有 6 ×(5×5+1)=156 个参数，与上一层建立了 156×(28×28)=122 304 个连接，但只需要学习 156 个参数，主要是通过权值共享实现的。

S2 层是一个池化层，该层使用大小为 2×2 的卷积核进行池化，即对 C1 中的 2×2 区域内的像素求和后乘以一个权值系数，再加上一个偏置，然后将这个结果再做一次映射，得到 6 个 14×14 的特征图，每个特征图进行下采样，每个下采样的卷积核有两个训练参数，所以共有 2×6=12 个训练参数，5×14×14×6=5 880 个连接。

C3 层是一个卷积层，16 个卷积核大小为 5×5，输出特征图的大小为 10×10((14−5+1)=10)，那么如何从 C2 的 6 个特征图得到 16 个特征图呢，是通过 C3 的每个节点与 S2 中的多个特征图相连实现的。首先以 S2 的 3 个相邻特征图为输入，得到 6 个特征图，再把 S2 中接下来的 4 个相邻特征图作为输入，得到 6 个特征图，再把 S2 中不相邻的 4 个特征图作为输入，得到 3 个特征图，最后将 S2 中所有特征图作为输入，得到一个特征图，即通过对上一层特征图进行不同组合，得到这一层的特征图。共有(5×5×3+1)×6+(5×5×4 + 1) ×3+(5×5×4 +1)×6+(5×5×6+1)×1=1 516 个训练参数，共有 1 516×10×10=151 600 个连接。

S4 是一个下采样层，与 S2 一样对 C3 层的 16 个 10×10 的特征图分别以 2×2 区域为单位进行下采样得到 16 个 5×5 的特征图。这一层有 2×16 共 32 个训练参数，5×5×5×16=2 000 个连接。

C5 层是一个卷积层，有 120 个 5×5 的卷积核，由于 S4 层的特征图的大小为 5×5，C5 层每个特征图与上一层的 16 个特征图相连，故卷积后得到 120 个特征图，大小均为 1×1(5−5+1)，有(5×5×16+1)×120=48 120 个参数，48 120 个连接。

F6 层是全连接层，有 84 个特征图，每个特征图由一个神经元与 C5 层全部相连，训练参数和连接数相等，都是(120+1)×84=10 164。

Output 层是全连接层，有 10 个节点，分别代表数字 0～9，因为该网络最后是用来识别 0～9 这 10 个数字。

LeNet-5 对手写体字符的识别非常高效，卷积神经网络能够很好的利用图像的结构信息，卷积层的参数也较少，这是由卷积层的主要特性即局部连接和共享权重所决定的。

2. AlexNet 模型

AlexNet 是由 Alex Krizhevsky,Ilya Sutskever 和 Geoffrey Hinton 创造的大型深度卷积神经网络,赢得了 2012 ILSVRC(ImageNet 大规模视觉识别挑战赛)的冠军,且是 CNN 首次实现 TOP－5 误差率为 15.4%,成为 CNN 领域内具有重要历史意义的模型,验证了卷积神经网络在复杂模型下的有效性。

AlexNet 的网络结构共有 8 层,前面 5 个为卷积层,其中第 1、2、5 个卷积层后面有一个池化层,后 3 层为全连接层,最后一个全连接层进行 1 000 个类别的分类输出,网络模型结构如图 4.37 所示。

第一层的输入数据为 227×227×3 的图像,有 96 个大小为 11×11×3 的卷积核进行计算,步长为 4,因此,卷积后会生成(227－11)/4＋1＝55 个像素,得到大小为 55×55×96 的特征图。由于网络规模较大,训练过程中用到了两个 GPU,因此在实际训练中,96 个卷积核被分成 2 组,故每组有 48 个卷积核,对应生成 2 组 55×55×48 的卷积后的像素层数据,这些像素层经过 Relu1 单元的处理被激活并进行 Norm 变换。

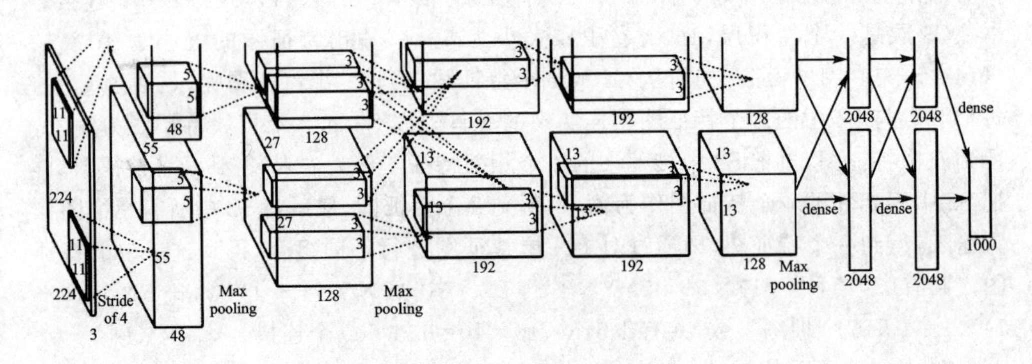

图 4.37　AlexNet 网络模型结构

接下来进行 pool1 池化运算,池化运算的尺度为 3×3,步长为 2,池化后图像的大小为(55－3)/2＋1＝27,即特征图的尺寸为 27×27×96,作为输出传递到下一层。

第二层的输入为第一层输出的 27×27×96 的图像,有 256 个大小为 5×5×96 的卷积核进行计算,步长为 1,这一层进行了 pad 操作,值为 2,即每幅像素层的左右两边和上下两边都要填充 2 个像素,卷积后图像的尺寸为(27＋2×2－5)/1＋1＝27,得到大小为 27×27×256 的特征图,这些像素层经过 Relu2 单元的处理被激活。

这些特征图接着进行 pool2 池化运算,尺度为 3×3,步长为 2,计算得到池化后的图像大小为(27－3)/2＋1＝13,即该层得到的特征图大小为 13×13×256,作为输出传递到下一层。

第三层的输入为第二层输出的 13×13×256 的图像,有 384 个大小为 3×3 的卷积核进行计算，步长为1，填充值为1，卷积后图像的尺寸为(13+1×2−3)/1+1=13，得到大小为13×13×384的特征图，这些像素层经过Relu3单元的处理被激活。

第四层的输入为第三层输出的13×13×384的图像，有384个大小为3×3的卷积核进行计算，步长为1，填充值为1，卷积后图像的尺寸为(13+1×2−3)/1+1=13，得到大小为13×13×384的特征图，这些像素层经过Relu4单元的处理被激活。

第五层的输入为第三层输出的13×13×384的图像，有256个大小为3×3的卷积核进行计算，步长为1，填充值为1，卷积后图像的尺寸为(13+1×2−3)/1+1=13，得到大小为13×13×256的特征图，这些像素层经过Relu5单元的处理被激活。

这些特征图接着进行pool3池化运算，尺度为3×3，步长为2，池化后图像的大小为(13−3)/2+1=6，该层输出的特征图大小为6×6×256，作为输出传递到下一层。

第六层为全连接层fc6，输入数据是第五层的池化层输出的6×6×256的特征图，采用4 096个6×6×256的卷积核对输入数据进行卷积运算，得到4 096个特征图，用Relu6函数进行激活，再经过dropout运算，得到本层输出的4 096个结果。

第七层fc7也是全连接层，第六层输出的数据与第七层的神经元进行全连接，再经Relu7进行处理后生成4 096个数据，接下来进行dropout处理，最后输出4 096个数据。

第八层fc8是最后一个全连接层，第七层输出的4 096个数据与第八层的1 000个神经元进行全连接进行训练，输出训练后的值。

AlexNet包含了6亿3 000万个连接，6 000万个参数和65万个神经元，在前几个卷积层，虽然计算量很大，但参数量很小，也用实例证明了卷积层可以通过较小的参数量提取有效的特征。

3. VGGNet模型

VGGNet是由牛津大学计算机视觉组和Google DeepMind公司的研究员一起研发的网络，于2014年被提出，与GoogLeNet同一年参加2014年的ILSVRC比赛，VGGNet获得大赛分类项目的第二名和定位项目的第一名。

VGGNet是一个典型的深度卷积神经网络，VGGNet的组成结构和AlexNet类似，可看作是在AlexNet上进行了加深，在比赛中达到了TOP-5错误率为7.3%的成绩，在实际中验证了加深网络的深度能提高网络的性能。

VGGNet的网络各层结构如图4.38所示，有5个卷积层，3个全连接层，以及一个softmax输出层，采用的池化方式为最大池化，都采用Relu激活函数。VGGNet结构的一个特点就是使用了多个3×3的小卷积核代替一个大卷积核，因此在结构中出现了多个小卷积核堆叠的情况，这样做的优点是可以减少参数，并获得更大的感受野，使卷积层有更多的非线性，增加网络的拟合能力。

VGGNet中所有的卷积大小都为3×3，池化核大小都为2×2，步长为1，填充值为1，如图4.38所示。VGGNet设计了A、A-LRN、B、C、D、E六种结构，这几种结构的区别在于每层的子层数不同,其他部分都相同,从 A 到 E 子层数量不断增加,分别为 11、11、13、16、16、19 层,每一个子层的卷积核数也从 64 逐次翻倍增加到 512,并保持不变,其中结构 D 就是 VGG16,结构 E 就是 VGG19。

ConvNet Configuration					
A	A-LRN	B	C	D	E
11 weight layers	11 weight layers	13 weight layers	16 weight layers	16 weight layers	19 weight layers
input (224 × 224 RGB image)					
conv3-64	conv3-64 **LRN**	conv3-64 **conv3-64**	conv3-64 conv3-64	conv3-64 conv3-64	conv3-64 conv3-64
maxpool					
conv3-128	conv3-128	conv3-128 **conv3-128**	conv3-128 conv3-128	conv3-128 conv3-128	conv3-128 conv3-128
maxpool					
conv3-256 conv3-256	conv3-256 conv3-256	conv3-256 conv3-256	conv3-256 conv3-256 **conv1-256**	conv3-256 conv3-256 **conv3-256**	conv3-256 conv3-256 conv3-256 **conv3-256**
maxpool					
conv3-512 conv3-512	conv3-512 conv3-512	conv3-512 conv3-512	conv3-512 conv3-512 **conv1-512**	conv3-512 conv3-512 **conv3-512**	conv3-512 conv3-512 conv3-512 **conv3-512**
maxpool					
conv3-512 conv3-512	conv3-512 conv3-512	conv3-512 conv3-512	conv3-512 conv3-512 **conv1-512**	conv3-512 conv3-512 **conv3-512**	conv3-512 conv3-512 conv3-512 **conv3-512**
maxpool					
FC-4096					
FC-4096					
FC-1000					
softmax					

图 4.38 VGGNet 网络各层结构

VGGNet 虽然结构很深,但使用了多个小卷积核的组合取代一个大的卷积核,注重池化,在一定程度上控制了计算规模,另外值得注意的一点是,作者把最后的全连接层都换成了 3 个卷积操作,例如 7×7×512 的层要跟 4 096 个神经元的层做全连接,则替换为对 7×7×512 的层作通道数为 4096、卷积核为 1×1 的卷积,这样可以接收任意宽或高的输入,而无需对原图做重新缩放处理。

4. GoogLeNet 模型

自 2012 年 AlexNet 做出历史突破以来,直到 GoogLeNet 出来之前,主流的网络结构突破大致是增加网络的深度或宽度,但是增大网络的缺点也显而易见,比如参数太多容易过拟合,网络越大计算复杂度越大,网络越深梯度越往后穿越容易消失,难以优化模型。为了解决这些问题,GoogLeNet 诞生了,GoogLeNet 由 Google 提出,该网络是 2014 年 ILSVRC 的冠军,TOP－5 错误率下降到 6.66%,GoogLeNet 有 22 层,大小却比 AlexNet 小很多,而且从模型结果来,GoogLeNet 的性能却更加优越。

GoogLeNet 提升性能的方法是构造出了 Inception 模块，通常，为了减少参数，会想到将全连接变成稀疏连接，但在实现上，全连接变成稀疏连接后实际计算量并不会有太大提升，因此希望有一种既能保持网络结构的稀疏性，又能利用密集矩阵的高计算性能的方法。文献表明可以将稀疏矩阵聚类为较为密集的子矩阵来提高计算性能，Inception 模块就是这样一个基础结构，可用来搭建一个具有稀疏性和高计算性能的网络结构。

Inception 的基本结构如图 4.39 所示，在这个结构中将 3 个卷积核大小不一的卷积层和一个最大池化层拼接在一起，这 3 个卷积核的大小分别为 1×1，3×3，5×5，池化层为 3×3，这样做的效果一是增加网络的宽度，二是增强网络对不同尺度的适应性。因为 5×5 的滤波器也能够覆盖大部分接受层的的输入，池化操作可以减少空间大小、降低过度拟合，另外每一个卷积层后都要做一个 Relu 操作。通过前面介绍的卷积计算过程，可以猜到若把这些所有的特征图都拼接在一起，那么计算量会非常大，因此在原始 Inception 结构的基础上，在 3×3、5×5、池化层后加上了一个 1×1 的卷积，1×1 卷积的作用主要就是降维，完整的 Inception 结构如图 4.40 所示。

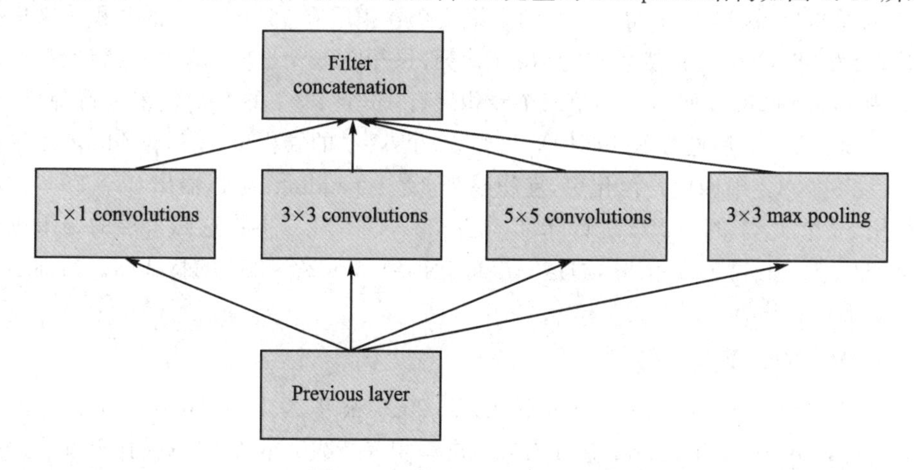

图 4.39　基本 Inception 结构

介绍完 Inception 结构，接下来看 GoogLeNet 的网络结构，GoogLeNet 共有 22 层，主要由 Inception 模块组成，网络最后采用了平均池化(average pooling)来代替全连接层，使用了 Dropout，为了避免梯度消失，网络额外增加了 2 个辅助的 softmax 用于向前传导梯度。

输入图像大小为 224×224×3，第一层是卷积层，64 个卷积核大小为 7×7，步长为 2，padding 值是 3，故输出特征图为 112×112×64，卷积后进行 Relu 操作，再进行最大池化，卷积核大小为 3×3，步长为 2，输出特征图 56×56×64，再进行 Relu 操作。

第二层也是卷积层，192 个卷积核大小为 3×3，步长为 1，padding 值是 1，故输出

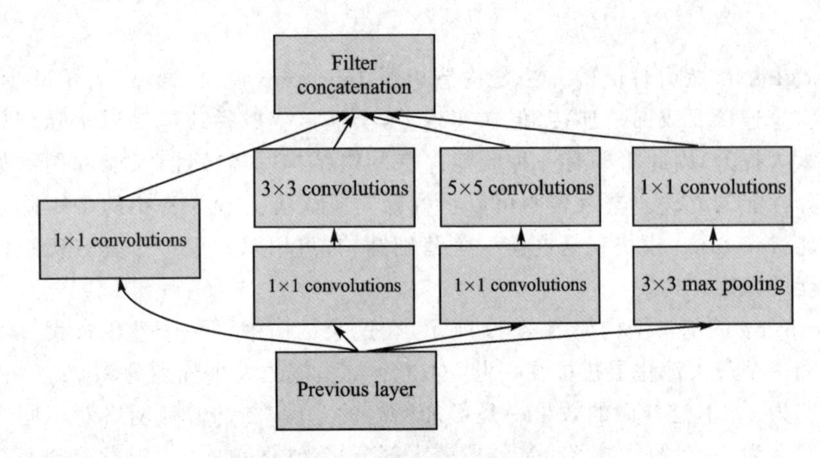

图 4.40　完整 Inception 结构

特征图为 56×56×192，卷积后进行 Relu 操作，再进行最大池化，卷积核大小为 3×3，步长为 2，输出特征图 28×28×192，再进行 Relu 操作。

第三层是 Inception 结构，有 3 个卷积层和一个池化层。第一个卷积层有 64 个 1×1 的卷积核，输出得到 28×28×64。第二个卷积层有 96 个 1×1 的卷积核来进行降维，变为 28×28×96，然后进行 Relu 计算，再用 128 个 3×3 的卷积核计算，padding 为 1，得到 28×28×128。第三个卷积层有 16 个 1×1 的卷积核来进行降维，变为 28×28×16，然后进行 Relu 计算，再用 32 个 5×5 的卷积核计算，padding 为 1，得到 28×28×32。第四层是池化层，卷积核为 3×3，padding 为 1，输出 28×28×192，然后用 32 个 1×1 的卷积核进行降维，得到 28×28×32。再将这四个层的结果进行连接，64＋128＋32＋32＝256，即这一层最终得到 28×28×256 的特征图。后面的计算类似不再叙述。

5. ResNet 模型

ResNet(Residual Neural Network)于 2015 被华人学者 He Kaiming、Zhang Xiangyu、Ren Shaoqing、Sun Jian 提出，并获得了 2015 年 ILSVRC 比赛的冠军，TOP－5 错误率降低到 3.57%，网络深度达 152 层，参数量却比 VGG 网络少，且训练速度和准确率较之前的网络有了很大的提升。

ResNet 的提出主要是针对传统神经网络对深度敏感的问题，我们一般认为网络深度的加大对模型训练效果更好，VGG 网络把深度加到了 16～19 层，并取得了较好的效果，而 GoogLeNet 更是加到了 22 层。但是实验发现，当网络层数达到一定深度后再增加，准确率不但不会上升，反而会先达到饱和再下降，如图 4.41 所示，该图来自 ResNet 作者的论文，左图为训练集的错误率，右图为测试集的错误率，可以看到，更深的网络有更高的错误率，不只是测试集的误差大，训练集的误差也增大。此外，随着网络层数的加深，训练复杂度也急剧上升，训练速度也受到影响。

针对这一问题，ResNet 提出了新的思想，它不像一般 CNN 直接学习输入与输

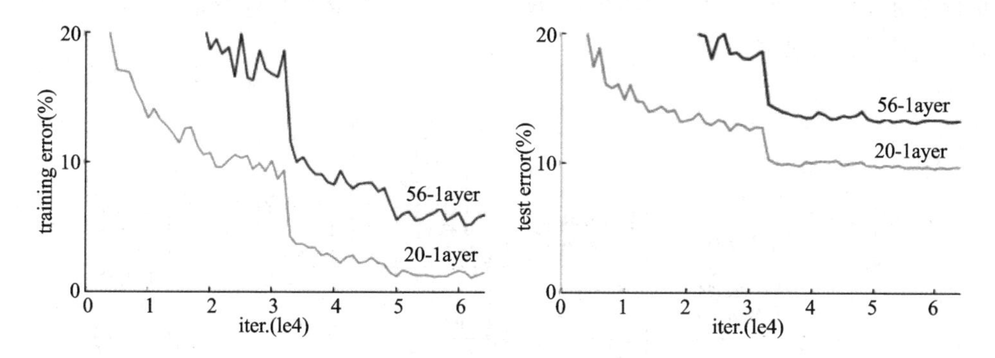

图 4.41　不同深度下网络的错误率

出之间的映射，而是学习输入与输出之间的差别，即残差，并把原始输入直接传到输出中，实验证明学习残差可以在更深的神经网络中取得更高的准确度，并且收敛速度更快。

图 4.42 是一个 ResNet 的残差学习单元(residual unit)，假设它的输入为 x，输出记为 $H(x)$，x 直接传到输出，而这里要学习的为 $F=H(x)-x$，F 即为残差映射，在图中有两层。通过把输入直接传到输出，相当于在输入与输出之间建立了一条直接关联的通道，减少了信息的损耗，而整个网络只学习残差则简化了学习目标和难度。

当输入和输出的通道数相同时，可直接对输入 x 进行相加，而当通道数不同时，作者提出了两种 identity mapping 方式进行处理，一是直接把 x 相对于 $H(x)$ 缺少的通道补零，二是用 1×1 卷积来使其达到一致。除了上述提到的两层残差学习单元，作者还提出了三层的残差学习单元，如图 4.43 所示，在 3×3 卷积层的前后分别加上一个 1×1 卷积层，可以用来增减特征的维度，节省计算时间。

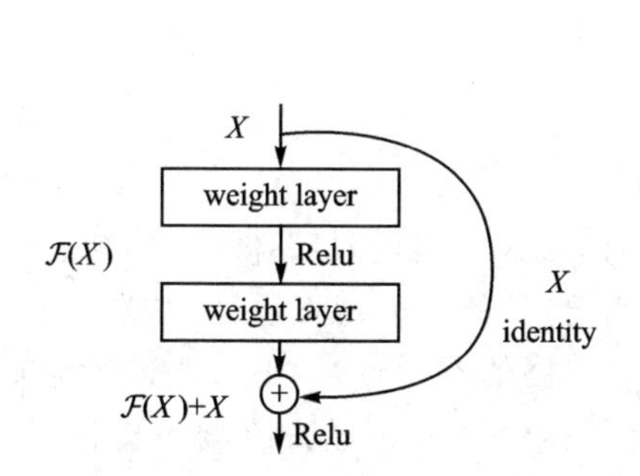

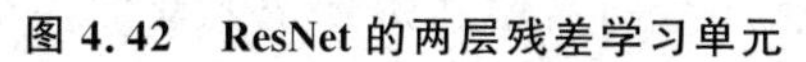
图 4.42　ResNet 的两层残差学习单元

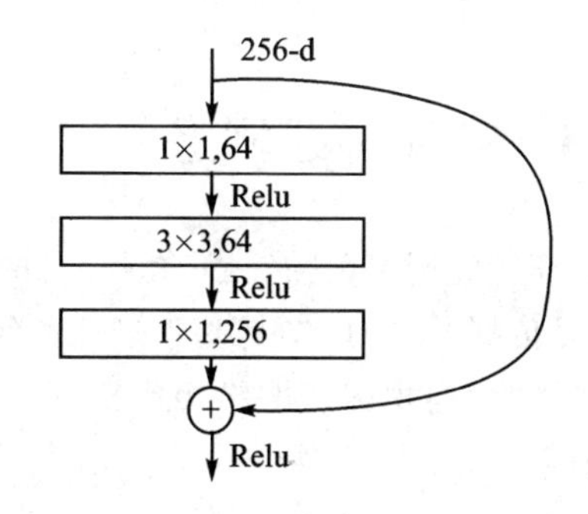

图 4.43　ResNet 的三层残差学习单元

图 4.44 所示为 5 种 ResNet 在不同层数下的网络结构，基本结构都是上述提到的两层或三层的残差学习单元，深度分别是 18、34、50、101、152，都是先通过一个 7×7 的卷积层和一个最大池化层，接着是不同残差模块的堆叠，残差块的个数从左到右

依次是8、16、16、33、50,最后在网络结尾都加了一个全局平均池化层,防止过拟合,且具有更好的鲁棒性。

layer name	output size	18-layer	34-layer	50-layer	101-layer	152-layer
conv1	112×112	7×7, 64, stride 2				
conv2_x	56×56	3×3 max pool, stride 2				
		[3×3, 64; 3×3, 64]×2	[3×3, 64; 3×3, 64]×3	[1×1, 64; 3×3, 64; 1×1, 256]×3	[1×1, 64; 3×3, 64; 1×1, 256]×3	[1×1, 64; 3×3, 64; 1×1, 256]×3
conv3_x	28×28	[3×3, 128; 3×3, 128]×2	[3×3, 128; 3×3, 128]×4	[1×1, 128; 3×3, 128; 1×1, 512]×4	[1×1, 128; 3×3, 128; 1×1, 512]×4	[1×1, 128; 3×3, 128; 1×1, 512]×8
conv4_x	14×14	[3×3, 256; 3×3, 256]×2	[3×3, 256; 3×3, 256]×6	[1×1, 256; 3×3, 256; 1×1, 1024]×6	[1×1, 256; 3×3, 256; 1×1, 1024]×23	[1×1, 256; 3×3, 256; 1×1, 1024]×36
conv5_x	7×7	[3×3, 512; 3×3, 512]×2	[3×3, 512; 3×3, 512]×3	[1×1, 512; 3×3, 512; 1×1, 2048]×3	[1×1, 512; 3×3, 512; 1×1, 2048]×3	[1×1, 512; 3×3, 512; 1×1, 2048]×3
	1×1	average pool, 1000-d fc, softmax				
FLOPs		1.8×10^9	3.6×10^9	3.8×10^9	7.6×10^9	11.3×10^9

图 4.44　ResNet 不同层数的网络结构

残差网络通过引入跳跃连接,使上一个残差块的信息没有阻碍的流入到下一个残差块,提高了信息流通,并且也避免了由于网络过深所引起的消失梯度问题和退化问题,层数不断加深导致的准确度误差增大的情况也得到消除。随着 ResNet 的提出,Google 也借鉴该模型提出了 Inception - Resnet - V2,通过融合两个模型,在 ILSVRC 上得到了更高的精度,随后 ResNet V2 也被提出,主要是替换了激活函数和加入了 Batch Normalization,提高了残差模块的泛化能力。

4.4　循环和递归网络

4.4.1　循环神经网络

循环神经网络(recurrent neural network, RNN)是经过特殊设计的神经网络结构,它是依据“人的认知是基于过往的经验和记忆”的历史观点设计和提出的。与深度神经网络、卷积神经网络相比较,循环神经网络的不同点是:不仅考虑当前时刻的输入信息,而且考虑网络的历史信息,赋予了神经网络对过去时刻历史信息的“记忆”功能。一般来讲,可以通过以下三种方法来给网络增加短期记忆能力。第一种是简单的利用历史信息的方法,在网络数据流中建立一个额外的延时单元,用来存储网络的历史信息(包括输入、输出、隐状态等)。此类方法代表性的模型是延时神经网络,延时神经网络是在前馈网络中的非输出层都添加一个延时器,记录最近几次神经元的输出。第二种是有外部输入的非线性自回归模型。自回归模型(autoregressive model,AR)是统计学上常用的一类时间序列模型,用一个变量的历史信息来预测自己。有外部输入的非线性自回归模型是自回归模型的扩展,在每个时刻都有一个外部输入产生一个对应的输出。第三种就是使用循环神经网络。循环神经网络使用带自反馈的神经元和网络的"记忆"功能,能够实现对任意长度的时序数据的处理。

循环神经网络的输入通常是一个序列。序列是相互依赖的(有限或无限)数据流,按照时间顺序可以简单表示为$(X_1,X_2,\cdots,X_{t-1},X_t)$,代表性的序列数据有时间序列数据、包含信息的字符串、对话等。在对话中,一个句子可能有一个意思,但是整体的对话可能又是完全不同的意思。循环神经网络的"循环"的意义是一个时间序列输入当前的输出结果既与当前时刻的输入相关,也与之前时刻的输出也有关。实际表现为网络会对过去时刻的历史信息进行记忆并应用于当前时刻神经网络输出的计算中;隐藏层之间的节点是有连接的;隐藏层的输入包含当前输入层的输出以及上一时刻隐藏层的输出。当神经网络的输入数据在时间维度上相互依赖且是序列模式时,CNN 的结果一般都不太理想。CNN 的前后输入之间没有任何关联,所有时刻的输出都是独立的。循环神经对时间信息的高效利用使得其在特定任务上表现出了强大的能力,例如机器翻译、语义识别、推荐系统等领域。机器翻译领域通常单个词汇具有多重语义,需要考虑句子上下文之间的联系才能准确识别句子表达的意思,这涉及到上下文也就是输入序列间的依赖关系。因此,循环神经网络以及长短期记忆网络在机器翻译领域具有广泛的应用前景。

图 4.45 展示了一个经典的循环神经网络结构单元,时刻在循环神经网络中是一个至关重要的概念,标识了循环神经网络所处的状态。循环神经网络的输出是由当前时刻的输入和当前时刻模型所处的状态决定的。t 时刻循环神经网络的隐藏层 S 的输入除了来自网络的输入层 X,还包含从 $t-1$ 时刻以循环的边的方式传递来的隐藏状态。U 表示输入层到隐藏层的权重矩阵,O 表示输出层的值;V 代表隐藏层到输出层的权重矩阵。由图中可以看到,循环神经网络的隐藏层的值 S 不但取决于当前时刻的输入层的输入 X,而且取决于上一时刻隐藏层的值。权重矩阵 W 决定了上一时刻隐藏层的值作为当前时刻的输入的权重。循环神经网络结构单元按照时间序列复制就可以构成完整的循环神经网络结构。循环神经网络的目的是准确地对时序数据进行预测分类,因此误差的反向传播和梯度下降算法是普遍使用的优化算法。

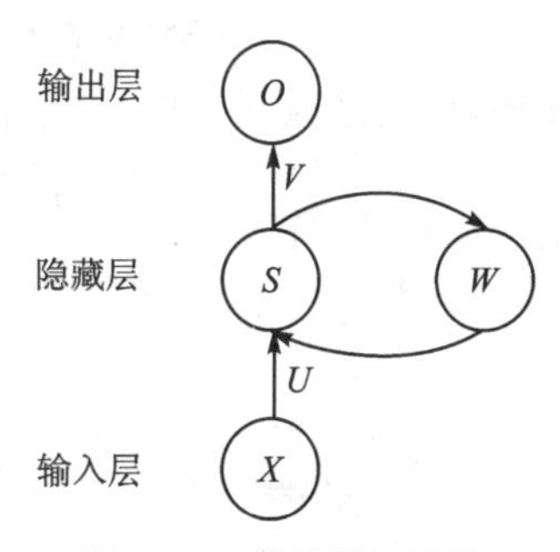

图 4.45 循环神经网络模型结构单元示意图

循环网络依赖于一种反向传播扩展,称为时序反向传播算法。时序反向传播算法是专门针对神经网络循环层参数的训练算法,它的基本原理和计算过程与反向传播算法是一样的，同样的包含三个基本步骤：①计算前向传播中网络的每个神经元的输出值；②计算反向传播中网络的每个神经元的误差项值，即损失函数对神经元的加权输入的偏导数；③计算每个权重的梯度，再用随机梯度下降算法更新每个神经元的权重。在时序反向传播算法中，时间通过一系列定义明确、有序的计算来表达，这些计算将一个时间步与下一个时间步联系起来。无论是循环还是非循环神经网络的反向传播计算，都是简单的嵌套复合函数，比如 $f(g(h(x)))$。循环神经网络添加了时间维度元素，仅仅是扩展了使用链式法则计算导数的函数序列。

图 4.46 所示为一个按时序顺序展开的完整的循环神经网络。循环神经网络中的计算公式如下所示：

$$O_t = g(\mathbf{V} \cdot S_t) \tag{4.27}$$

$$S_t = f(\mathbf{U} \cdot X_t + \mathbf{W} \cdot S_{t-1}) \tag{4.28}$$

式(4.27)是循环神经网络中的输出层的计算公式。输出层的每个节点将和隐藏层的每个节点相连，实际上是一个全连接层。$\mathbf{V}$ 是隐藏层到输出层的权重矩阵，g 是神经网络的激活函数。式(4.28)是循环神经网络中的隐藏层的计算公式，从中可以看到隐藏层的输入不仅和 X_t 有关，还与 S_{t-1} 有关。$\mathbf{U}$ 是输入 x 的权重矩阵，$\mathbf{W}$ 是上一次的值作为这一次的输入的权重矩阵，f 是激活函数。可以将隐层状态 S_t 认为是循环神经网络的记忆，此时输出层 O_t 的计算完全依赖于时刻 t 的记忆。理论上，循环神经网络的记忆功能可以捕获之前所有历史时刻发生的信息，然而事实上 S_t 通常不能获取之前过长时刻的信息；不像传统的深度神经网络，在不同的层使用不同的参数，循环神经网络在所有步骤中共享参数($\mathbf{U}$、$\mathbf{V}$、$\mathbf{W}$)。在每一步上执行相同的任务，仅仅是输入不同，这个机制极大减少了需要学习的参数的数量。

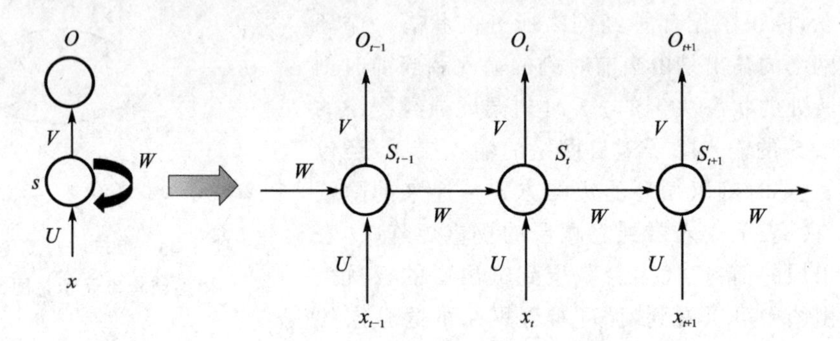

图 4.46　完整的循环神经网络结构图

图 4.47 所示为循环神经网络的基本类型，橙色代表输入层，绿色代表隐藏层，蓝色代表输出层，循环神经网络主要包含以下几类：

① one to one：输入和输出都是等长序列，和全连接神经网络并没有什么区别。

② one to many：输入不是序列，输出是序列。

③ many to one：输入是序列，输出不是序列。

④ many to many:输入和输出都是序列,但两者长度可以不一样。

⑤ many to many:输入和输出都是序列,两者长度一样。

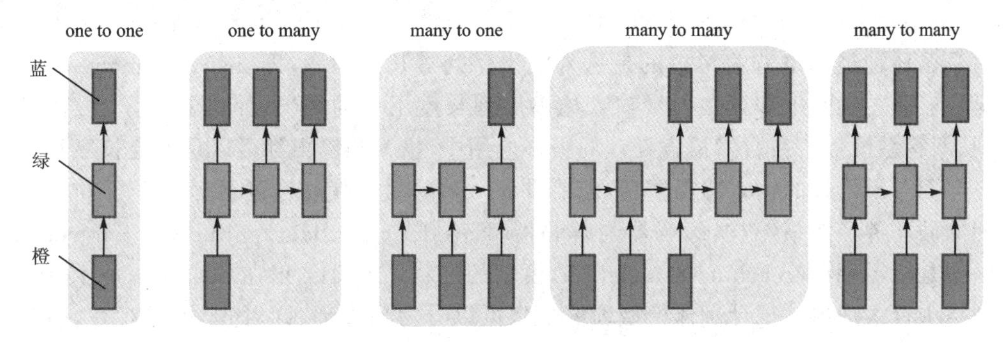

图 4.47 循环神经网络的类型

图 4.48 所示为经典的 many to many 循环神经网络结构,其输入和输出序列等长,适用范围比较小,比如字符识别,视频每一帧的分类任务等。图中展示的都是单向的 RNN,单向 RNN 有个缺点是在 t 时刻,无法使用 $t+1$ 及之后时刻的序列信息,为了克服这个缺点,于是就有了双向循环神经网络(bidirectional RNN)。理论上循环神经网络能够做到支持任意长度的序列输入,然而在实际应用中,输入序列过长会导致网络模型优化时出现梯度消散的问题。实际操作中一般会规定一个网络优化所能容忍的最大长度,当输入序列长度超过规定长度之后会对输入序列进行截断。RNN 面临的一个技术挑战是长期依赖(long - term dependencies)问题,即当前时刻无法从序列中间隔较大的那个时刻获得需要的信息。在理论上,RNN 完全可以处理长期依赖问题,然而实际上,RNN 的表现并不理想。而改进的门控循环单元(GRU)和长短期记忆(LSTM)可以处理网络训练中的梯度消散问题和实际应用中的长期依赖问题。

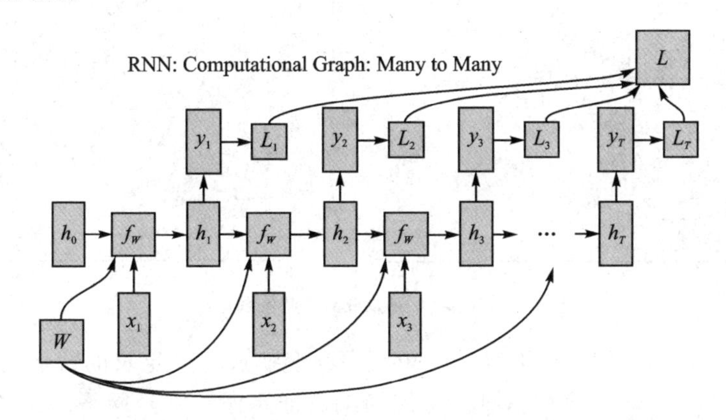

图 4.48 经典 RNN Many - to - Many 网络结构

4.4.2 编码器与解码器

循环神经网络普遍考虑的是输入输出序列等长的问题，即 many to many 的情况。然而在实际中却存在大量输入输出序列长度不等的情况，如机器翻译、语音识别、问答系统等。在自然语言处理的很多应用中，输入和输出都可以是不定长序列。

面对不定长的输入输出序列，需要设计一种映射可变长序列至另一个可变长序列的循环神经网络结构，编码器与解码器（Encoder - Decoder）。Encoder - Decoder 框架是机器翻译（machine translation）模型的产物，于 2014 年在 Seq2Seq 循环神经网络中首次提出。统计翻译模型训练步骤可以分为预处理、词对齐、短语对齐、抽取短语特征、训练语言模型、学习特征权重等诸多步骤。当输入和输出都是不定长序列时，可以使用编码器-解码器（Encoder - Decoder）或者 Seq2Seq 模型（如图 4.49 所示）。这两个模型本质上都用到了两个循环神经网络，一个叫做编码器，一个叫做解码器。编码器用来分析输入序列，解码器用来生成输出序列。编码器-解码器模型的思路非常简单，使用一个循环神经网络（编码器）读取输入序列，将整个序列的信息压缩到一个固定维度的特征编码中；再使用另一个循环神经网络（解码器）读取这个特征编码，将其“解压”为输出序列。这两个循环神经网络分别称为编码器（Encoder）和解码器（Decoder），这就是 Encoder - Decoder 框架的由来。

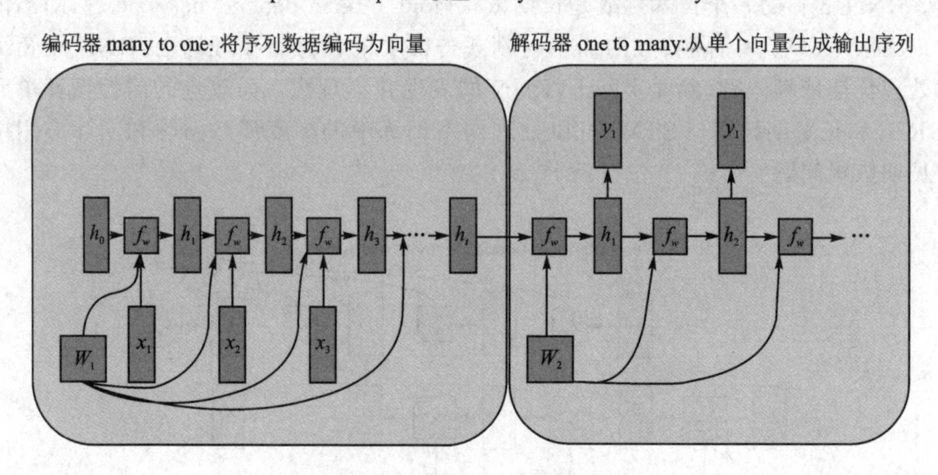

图 4.49 Seq2Seq 模型结构

编码器的作用是把一个不定长的输入序列变换成一个定长的特征变量 c，并在该背景变量中编码输入序列信息。常用的编码器是循环神经网络。让考虑批量大小为 1 的时序数据样本。假设输入序列是（$X_1, X_2, \cdots, X_{t-1}, X_t$），例如 X_i 是输入句子中的第 i 个词。在时刻 t，循环神经网络将输入 X_t 的特征向量 x_t 和上个时刻的

隐藏状态 h_{t-1} 变换为当前时刻的隐藏状态 h_t。可以用函数 f 表示循环神经网络隐藏层的非线性变换：

$$h_t = f(x_t, h_{t-1}) \tag{4.29}$$

接下来，编码器通过自定义函数 q 将各个时刻的隐藏状态变换为特征变量：

$$c = q(h_1, \cdots, h_t) \tag{4.30}$$

例如，当选择 $q(h_1, \cdots, h_t) = h_t$ 时，特征变量是输入序列最终时刻的隐藏状态 h_t。上述编码器是一个单向的循环神经网络，每个时刻的隐藏状态只取决于该时刻及之前的输入子序列。也可以使用双向循环神经网络构造编码器，加强前后序列间的联系。在这种情况下，编码器每个时刻的隐藏状态同时取决于该时刻之前和之后的子序列（包括当前时刻的输入），并编码了整个序列的信息。

编码器输出的特征变量 c 编码了整个输入序列 $(x_1, x_2, \cdots, x_{t-1}, x_t)$ 的信息。给定训练样本中的输出序列 $(y_1, y_2, \cdots, y_{t-1}, y_t)$，对每个时刻 t'（符号与输入序列或编码器的时刻 t 有区别），解码器输出 y_t 的条件概率将基于之前的输出序列 $(y_1, y_2, \cdots, y_{t'-1})$ 和特征变量 c，即

$$P(y_{t'} \mid y_1, y_2, \cdots, y_{t'-1}, c) \tag{4.31}$$

使用另一个循环神经网络作为解码器。在输出序列的时刻 t'，解码器将上一时刻的输出 $y_{t'-1}$ 以及特征变量 c 作为输入，并将它们与上一时刻的隐藏状态 $s_{t'-1}$ 变换为当前时刻的隐藏状态 $s_{t'}$。用函数 g 表达解码器隐藏层的变换：

$$s_{t'} = g(y_{t'-1}, c, s_{t'-1'}) \tag{4.32}$$

计算得到解码器的隐藏状态后，可以使用自定义的输出层和 SofMax 运算来计算$P(y_{t'} | y_1, y_2, \cdots, y_{t'-1}, c)$，例如，基于当前时刻的解码器隐藏状态 $s_{t'}$、上一时刻的输出 $y_{t'-1}$ 以及特征变量 c 来计算当前时刻输出 $y_{t'}$ 的概率分布。根据最大似然估计，可以最大化输出序列基于输入序列的条件概率：

$$\begin{aligned} & P(y_1, \cdots, y_{T'} \mid x_1, x_2, \cdots, x_{t-1}, x_T) \\ = & \prod_{t'=1}^{T'} P(y_{t'} \mid y_{1'}, y_{2'}, \cdots, y_{t-1'}, x_1, x_2, \cdots, x_{t-1}, x_T) \\ = & P(y_{t'} \mid y_1, y_2, \cdots, y_{t'-1}, c) \end{aligned} \tag{4.33}$$

并得到该输出序列的损失：

$$\begin{aligned} & -\log P(y_1, \cdots, y_{T'} \mid x_1, x_2, \cdots, x_{t-1}, x_T) \\ = & -\sum_{t'=1}^{T'} \log P(y_{t'} \mid y_1, y_2, \cdots, y_{t'-1}, c) \end{aligned} \tag{4.34}$$

在模型训练中，所有输出序列损失的均值通常作为网络模型的损失函数，利用梯度下降法来最小化损失函数。在上述的模型预测中，需要将解码器在上一个时刻的输出作为当前时刻的输入。在训练中也可以将标签序列（训练集的真实输出序列）在上一个时刻的标签作为解码器在当前时刻的输入，即强制教学（teacher forcing）。总结可知，编码器-解码器可以输入并输出不定长的序列；编码器-解码器使用

了两个循环神经网络分别做为编码器和解码器；在编码器-解码器的训练中，可以采用强制教学。

4.4.3 递归神经网络

递归神经网络(recursive neural network，RNN)是一种区别于循环神经网络的可变长输入网络，它的主要特点是层内的加权连接(与传统前馈网络相比，连接仅馈送到后续层)。递归神经网络包含循环，可以在处理新输入的同时存储信息。这种记忆使它们非常适合处理必须考虑事先输入的任务(比如时序数据)。递归神经网络将输入序列按照树结构或者图结构信息编码为一个特征向量，将不同的输入信息映射到一个语义向量空间中。一个标准的语义向量空间应该满足某类性质，比如向量距离等同于语义距离，语义相似的向量距离更近。简单来说，如果两句话的意思是相近的，它们编码后的两个特征向量在语义空间中的距离也是相近的。反之，如果两句话的含义截然相反，那么编码后的特征向量在语义向量空间中的向量距离也相距很远。

如何区分循环神经网络(recurrent neural network)与递归神经网络(recursive neural network)，recurrent 是时间维度的展开，代表信息在时间维度从前往后的的传递和积累，可以类比 Markov 假设，后面的信息的概率建立在前面信息的基础上，在神经网络结构上表现为后面的神经网络的隐藏层的输入是前面的神经网络的隐藏层的输出；recursive 是空间维度的展开，是一个树结构，比如自然语言处理领域里某句话，用循环神经网络来建模的话就是假设句子后面的词的信息和前面的词有关，而用递归神经网络来建模的话，就是假设句子，由几个部分(主语、谓语、宾语)组成的树状结构，而每个部分又可以在分成几个更小的部分，也就是整句话的信息由组成这句话的几个子部分组合而成，某一子部分的信息由它的子树的信息组合而成。

从表示方式的角度来看，递归神经网络可以被视为一种表示学习。词语、句子、段落、篇章按照语义映射到同一个语义向量空间中，把可组合的信息按照树结构或者图结构表示为更为直接和有意义的特征向量。

递归神经网络在处理结构化数据和语义分析上具有强大的表示能力，但是在实际中并没有得到广泛应用。其中一个主要原因是，递归神经网络的输入是树结构或图结构的序列数据，而这种结构化数据需要花费很多人工去标注。循环神经网络处理句子时，可以直接输入整个句子。然而用递归神经网络处理句子时，必须事先把每个句子人工标注为语法解析树的形式再输入到递归神经网络中。这就要求投入大量的精力在数据预处理环节，相对于递归神经网络模型带来的性能提升，这个投入的性价比是非常低的。

接下来以处理树型结构信息为例介绍递归神经网络是如何处理树结构和图结构的信息的。如图 4.50 所示，递归神经网络模型的输入数据是两个或者多个子节点

(在语义分析中就是拆分之后的单词),输出结构是将这两个子节点进行特征编码后产生的父节点,父节点的特征维度和单个子节点的维度是相同的。

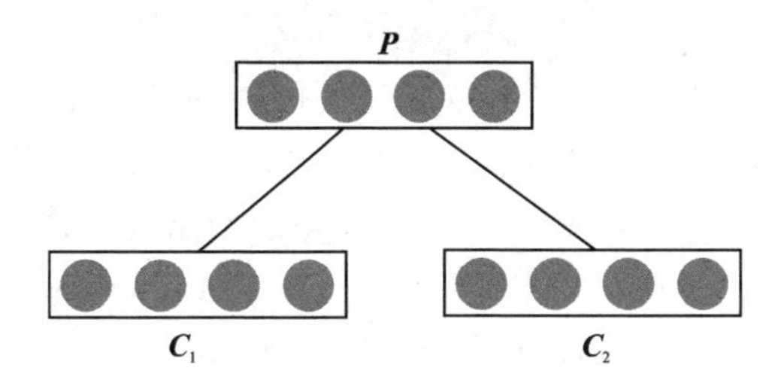

图 4.50 递归神经网络的父子节点表示

$\boldsymbol{C}_1$ 和 $\boldsymbol{C}_2$ 表示两个子节点的特征向量,$\boldsymbol{P}$ 表示父节点的特征向量。子节点和父节点相互连接组成一个全连接神经网络,即子节点的每个神经元都和父节点的每个神经元两两相连。矩阵 $\boldsymbol{W}$ 表示全连接网络的权重,它的维度是 $d\times 2d$,d 表示每个图中节点的维度。父节点的特征向量的计算公式可以归纳为

$$p=\tanh\left(\boldsymbol{W}\begin{bmatrix}\boldsymbol{C}_1\\ \boldsymbol{C}_2\end{bmatrix}+b\right) \tag{4.35}$$

式(4.35)中,tanh 是神经网络中的激活函数;b 是偏置项 bias,也是一个维度为 d 的特征向量。把产生的父节点的特征向量和其他子节点的特征向量再次作为递归神经网络的输入,再次产生它们的父节点。不断递归下去,直至整棵语义树处理完毕。最终将得到一个树的根节点的特征向量,认为它是对整棵语义树的特征向量表示,如图 4.51 所示。

训练递归神经网络的算法和循环神经网络类似。区别在于,训练递归神经网络需要将残差从根节点反向传播到各个子节点,而循环神经网络是将残差从当前时刻 t_k 反向传播到初始时刻 t_1。

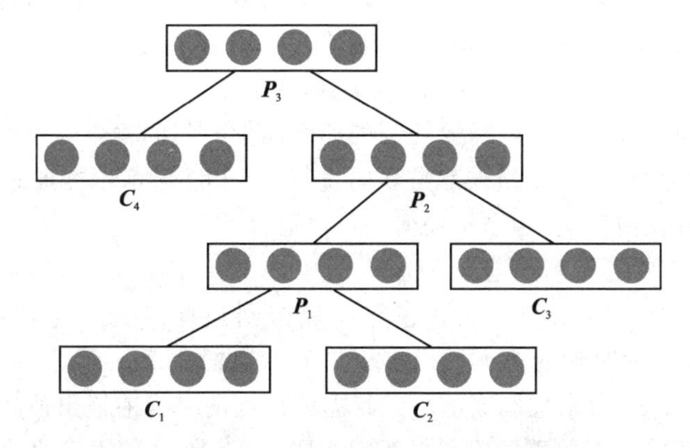

图 4.51 树形结构的循环神经网络示意

4.4.4 长短期记忆

简单循环神经网络理论上可以建立长时间间隔的时间序列之间的依赖关系，但实际情况中，如果 t 时刻的输出依赖于 $t-k$ 时刻的输入 $\boldsymbol{x}_{t-k}$，当间隔 k 比较大时，可能会出现梯度爆炸或梯度消失现象，简单循环神经网络很难建模这种长距离的依赖关系，称为长期依赖问题(long - term dependencies problem)。长期依赖问题是指当前系统的状态，可能受很长时间之前系统状态的影响，实际情况中循环神经网络只能建立时间序列间的短期依赖关系。

由循环神经网络的网络结构可知，RNN 的连接关系可以表述为

$$\boldsymbol{h}_t=\boldsymbol{W}\boldsymbol{h}_{t-1}+\boldsymbol{U}\boldsymbol{x}_t+b\boldsymbol{h}_t \tag{4.36}$$

如果 abs($\boldsymbol{W}$)<1，当初始时刻隐藏层的输出 $\boldsymbol{h}_0$ 传递到 t 时刻时，其权重值为 $\boldsymbol{W}^t$，对此时的输出 $\boldsymbol{h}_t$ 几乎不产生影响，即初始时刻的信息几乎被遗忘，长期记忆失效。理论上，通过调整参数，循环神经网络是可以学习到时间久远的信息的。但是实践中的结论是，循环神经网络很难学习到这种依赖，因为经过许多阶段传播后的梯度倾向于消失(大部分情况)或爆炸(很少，但对优化过程影响很大)。循环神经网络会丧失学习时间价格较大的信息的能力，导致长期记忆失效。

解决长期依赖问题的方法有很多，其中一个比较常用的方法是长短期记忆网络(LSTM)。原始的循环神经网络的隐藏层只有一个对于短期输入非常敏感的状态变量 $\boldsymbol{h}$。而长短期记忆网络额外增加了一个保存长期状态的元胞状态 c。

长短期记忆网络结构中引入了 3 个门，即输入门(input gate)、遗忘门(forget gate)和输出门(output gate)，以及与隐藏状态形状相同的记忆细胞(某些文献把记忆细胞当成一种特殊的隐藏状态)，来记录额外的信息，如图 4.52 所示。门(gate)本质上是一层全连接层，输入是一个特征向量，输出是一个 0 到 1 之间的实数向量。假设 $\boldsymbol{W}$ 是门的输出权重向量，b 是偏置项，那么门可以表示为：

$$g(x)=\sigma(\boldsymbol{W}x+b) \tag{4.37}$$

门的输出向量按元素乘以需要控制的那个向量。门的输出是 0 到 1 之间的实数向量，当门输出为 0 时，向量相乘都是 **0** 向量，相当于任何都不能通过；输出为 1 时，向量相乘没有有任何变化，相当于任何都可以通过。

长短期记忆网络借助遗忘门和输入门操作来控制单元状态 c，遗忘门(forget gate)，负责控制上一时刻的单元状态能够保留到当前时刻的比重；输入门(input gate)，负责控制当前时刻的输入被保存到单元状态的比重。而且，长短期记忆网络用输出门(output gate)来控制当前单元状态输出到网络当前输出值的比重。

与门控循环单元中的重置门和更新门相同，长短期记忆的门的输入均为当前时刻输入 X_t 与上一时刻隐藏状态 H_{t-1}，输出由激活函数为 Sigmoid 函数的全连接层计算得到，三个门元素的值域均为[0,1]。长短期记忆网络的三个门如同是 3 个开关，

共同负责数据流状态的更替。长短期记忆网络的关键所在是控制单元状态 c。

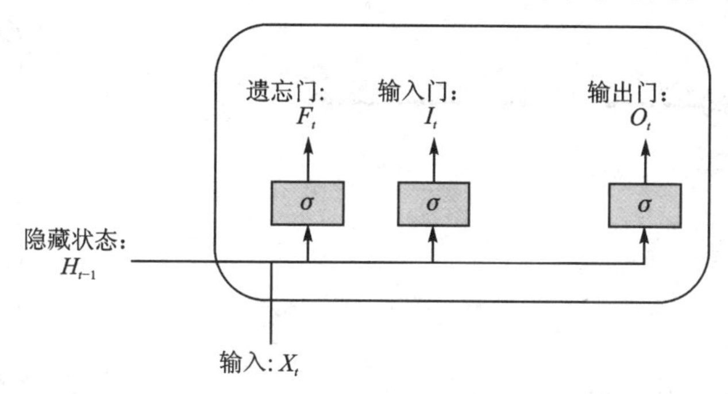

图 4.52　长短期记忆中的遗忘门、输入门和输出门

长短期记忆网络的结构与循环神经网络类似,区别是每个循环结构中具有四层网络。图 4.53 所示为长短期记忆网络的整体结构。图 4.54 所示为长短期记忆网络的单个基本结构,整个长短期记忆网络是由很多个类似单元构成。单元状态(cell state)(图 4.55 所示)是长短期记忆网络的关键,它将上个时刻的状态转移到当前时刻及下一刻。前后时刻数据直接在单元状态的控制链上运行,不同时刻状态之间仅有少量的线性交互。信息基本保持不变。在长短期记忆网络中使用门结构控制信息通过的数量。门的计算由 Sigmoid 函数和点乘计算组成,Sigmoid 函数可以输入映射到 0～1 之间,0 表示 let nothing through,1 表示 let everything through。在 t 时刻,输入和输出是向量,长短期记忆网络的输入是由当前时刻的输入、上一时刻的输出、以及上一时刻的单元状态加权而成;长短期记忆网络的输出是由当前时刻网络输出和当前时刻的单元状态加权而成。

长短期记忆网络是有不足之处的。循环神经网络和长短期记忆网络及其衍生都是随着时间推移进行顺序处理。长短期记忆网络和门控循环单元(gated recurrent unit,是长短期记忆网络的衍生)及其衍生能够记住大量更长期的信息,但是它们只能记住 100 个量级的序列。而且训练循环神经网络和长短期记忆网络非常困难,需要存储带宽绑定计算,这也大大限制了循环神经网络的适用性。

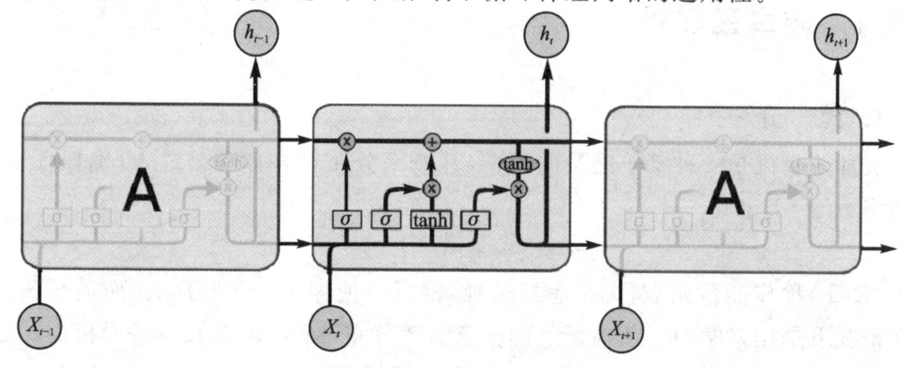

图 4.53　长短期记忆网络结构示意图

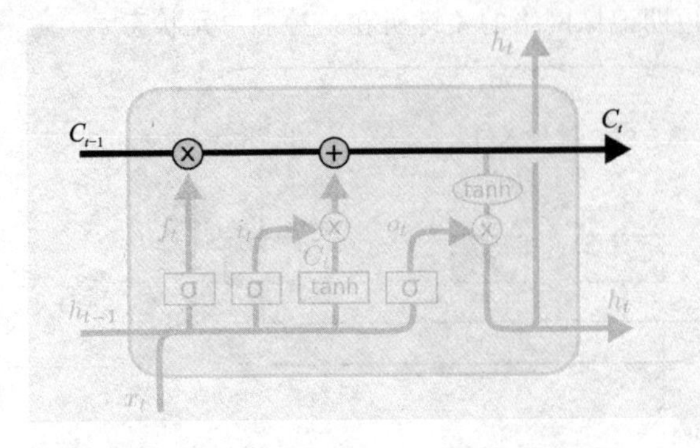

图 4.54　长短期记忆网络的单个基本结构

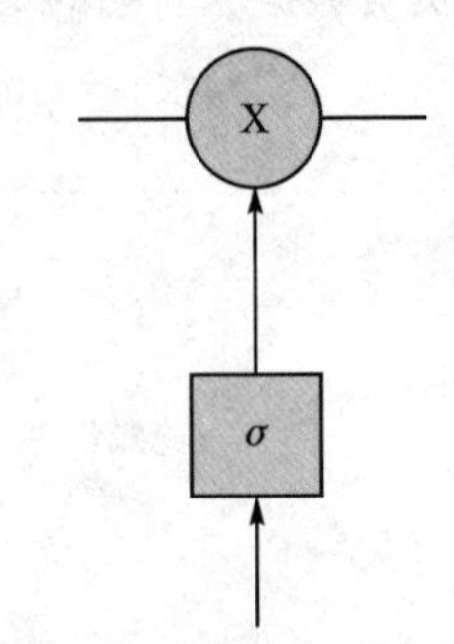

图 4.55　长短期记忆网络的单元状态结构图

长短期记忆网络出现了很多变种来提升其性能，常见的有以下三种：①增加 peephole connections，即对每个门的输入都增加了上一时刻的单元状态；②耦合输入门和遗忘门，即同时决定需要丢弃和保存的信息，而不是分开计算；③将输入门和遗忘门结合成为更新门(update gate)，同时把单元状态和隐藏状态合并。

4.5　深度生成模型

监督学习模型可以分为生成模型(generative modeling)和判别模型(discriminative modeling)。其中，判别模型是直接由训练数据学习决策函数 $f(x)$或者条件概率分布 $P(Y|X)$获得预测模型，而生成模型的不同在于通过学习联合概率分布 $P(X,Y)$从而间接获得条件概率分布 $P(Y|X)$，即通过贝叶斯定理计算得到：

$$P(Y \mid X)=\frac{P(X,Y)}{P(X)} \tag{4.38}$$

在传统的机器学习算法中，朴素贝叶斯、隐马尔可夫模型等都是典型的生成模型。下面将介绍几种深度学习上常用的生成模型。

4.5.1　玻耳兹曼机

1. 简　介

玻耳兹曼机是一种基于能量的模型，其概率分布符合如下公式，可确保任取 x，其概率 $p(x)$大于 0：

$$p(x)=\exp(-E(x)) \tag{4.39}$$

其中，$E(x)$称作能量函数，无论怎样选择，都可以使得 $p(x)$大于 0。而玻耳兹曼机通常情况下是用来学习二值向量上的任意概率分布，图 4.56 为玻耳兹曼机的一般形式。玻耳兹曼机有很多变体，这里主要介绍目前应用广泛的受限玻耳兹曼机

(RBM),常应用于深度概率模型作为其中的组件之一,又称作簧风琴(harmonium),是图模型在深度学习上的一个典型应用。

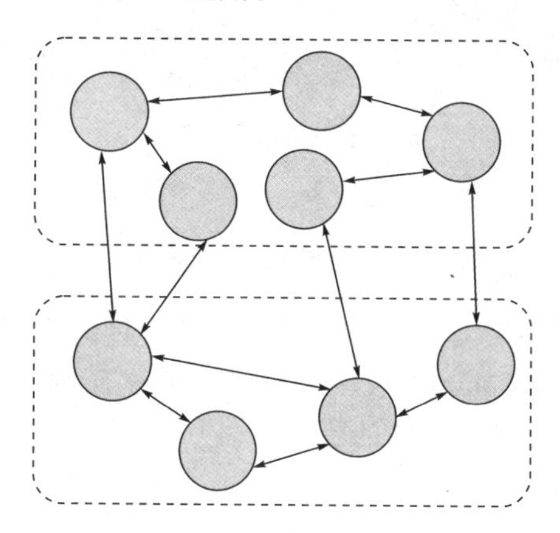

图 4.56 玻耳兹曼机的一般形式

受限玻耳兹曼机是一种特殊的玻耳兹曼机,可用于降维、分类、回归、协同过滤、特征提取和主题建模等,"受限"在于可见层以及隐含层的内部没有节点之间的连接,如图 4.57 所示。

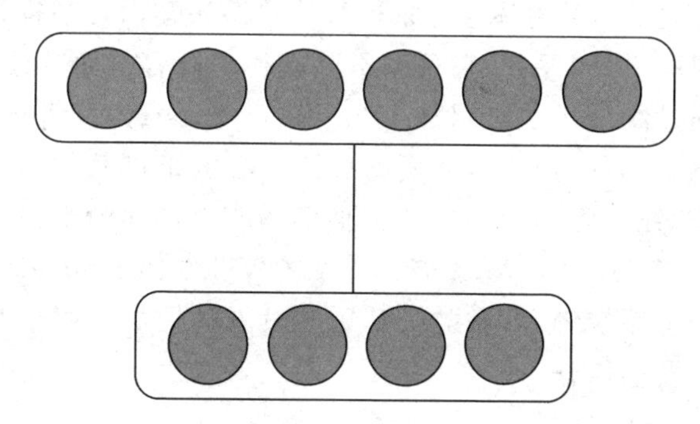

图 4.57 受限玻耳兹曼机(RBM)及其参数

标准的 RBM 包含了二值的可见单元和隐含单元,其能量函数描述为

$$E(v,h)=-b^{\mathrm{T}}v-c^{\mathrm{T}}h-v^{\mathrm{T}}Wh \tag{4.40}$$

其中,b,c,W 均为可学习的实数参数。该模型以无向图的形式可以绘制如图 4.58 所示。

由图 4.58 可以看出,模型由 v 和 h 两组单元组成,v 称作可见层,h 称作隐藏层。两组单元内部均无连接,连接仅存在于两组单元之间,且连接是双向的,两个方向上权值相同即 RBM 的能量函数中的权重矩阵 W,但偏置不同(b 和 c)。这一点与神经网络不同,RBM 没有前向和后向的区分,可见层和隐藏层的状态可以相互传递。

2. 训练方法

从理论上来讲梯度下降可以用来优化 RBM 模型,但实际上可见层节点的联合

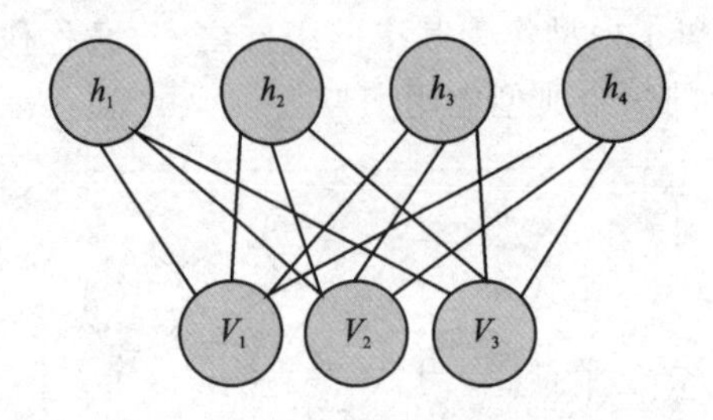

图 4.58 RBM 的无向图形式

概率分布 $P(v)$很难求得，有着很大的计算复杂度。因此 RBM 在实际训练过程中，是采用吉布斯采样（Gibbs sampling）生成样本，并基于对比发散算法（Contrastive Divergence，CD）进行模型权重矩阵的更新。

3. 应　用

准确来说，RBM 并不属于深度神经网络，其结构简单仅包含两层神经元，但是 RBM 是深度神经网络结构中常用的一个组件，单独使用也在很多方面有着比较多的应用，下面将主要围绕 RBM 在协同过滤上的应用进行介绍。

协同过滤又称作评分（rating）或群体过滤（social filtering），是用于推荐系统中根据一些兴趣或经验类似的群体喜好来进行用户感兴趣内容的推荐，或者依据个体用户对于信息的回应，比如评分，来过滤不感兴趣的内容进而帮助类似的用户进行内容的筛选。协同过滤最早的应用是 1992 年的 Tapestry，是 Xerox 公司帮助其研究中心员工完成电子邮件的筛选，从而解决该中心资讯过载的问题。两年之后，用于新闻筛选的系统 GroupLens 提出，各类推荐系统也都逐渐推出，如电影推荐系统 MovieLens，音乐推荐系统 Ringo，影音推荐系统 Video Recommender 以及亚马逊的电子商务平台的推荐系统等等，各类推荐系统发展的更加严密精准，帮助用户更加便捷快速的获得需要的信息。

4. 深度玻耳兹曼机

深度玻耳兹曼机（Deep Boltzmann Machine，DBM）顾名思义是层数较多的玻耳兹曼机，包含至少两层的隐藏层。与 RBM 相同，每一层内的变量是相互独立的，对于一个包含一个可见层 v 和三个隐藏层 $h^{(1)}, h^{(3)}, h^{(3)}$ 的 DBM，其联合概率为

$$P(v, h^{(1)}, h^{(3)}, h^{(3)}) = \frac{1}{Z(\theta)} \exp(-E(v, h^{(1)}, h^{(3)}, h^{(3)}; \theta)) \tag{4.41}$$

其中，深度玻耳兹曼机的能量函数 E 定义为（省略偏置参数）：

$$E(v, h^{(1)}, h^{(3)}, h^{(3)}) = -v^{\mathrm{T}} \boldsymbol{W}^{(1)} h^{(1)} - h^{(1)\mathrm{T}} \boldsymbol{W}^{(2)} h^{(2)} - h^{(2)\mathrm{T}} \boldsymbol{W}^{(3)} h^{(3)} \tag{4.42}$$

$\boldsymbol{W}^{(1)}$ 表示可见层和隐藏层 $h^{(1)}$ 之间的权重矩阵，$\boldsymbol{W}^{(2)}$ 和 $\boldsymbol{W}^{(3)}$ 则表示隐藏层之间的权重。相比于全联接的玻耳兹曼机，DBN 有着类似于 RBM 的一些优点，如图 4.59 所示为一个包含了三层隐含层的 DBM，重新排列层间位置，将奇数层和偶数层分别分列两侧。可以看出与 RBM 有着类似的结构，所不同是两层之间的神经元不是全

连接的。

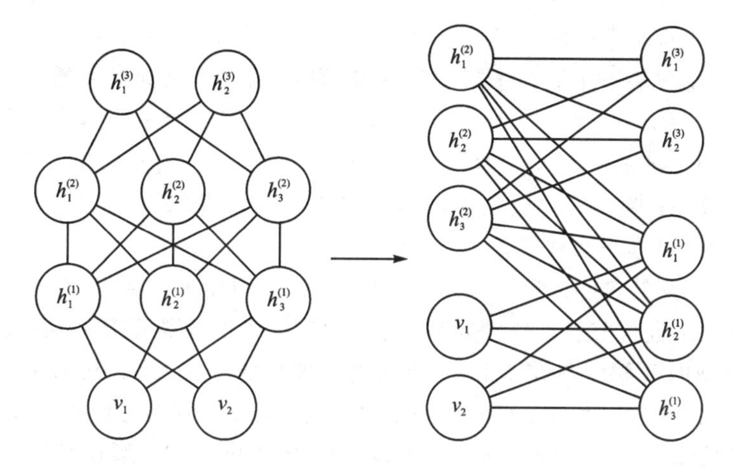

图 4.59 深度玻耳兹曼机重新排列的二分图结构

这样的二分图结构可以帮助 DBM 进行高效的吉布斯采样，具体是将偶数层和奇数层分别作为整体的块，例如在给定偶数层的情况下，可以对奇数层作为块进行独立分布采样，类似于 RBM 的采样方式。DBN 的训练则是将前后两层作为单独的 RBM 由可见层开始，进行逐层贪心预训练，训练了所有的 RBM 之后再组合为 DBM。最后可以采用持续性对比散度（Persistent Contrastive Divergence，PCD）方法训练 DBM。

DBM 可以用作特征提取器，再结合全连接网络可帮助提升分类器的分类效果，目前已被使用作为组件搭建深度神经网络应用于图像融合、文档建模等各类任务。

4.5.2 深度信念网络

1. 简 介

Hinton 于 2006 年发表关于深度信念网络（Deep Belief Network，DBN）的文章，并应用于 Minist 数据集上，由此开始了深度学习的逐步复兴。此前，普遍的观念是深度学习模型难以优化，而具有凸目标函数的支持向量机（SVM）是当时研究前沿最为关注的模型之一，Hinton 的这篇文章颠覆了这一观念，证明了深度架构是可以取得优于 SVM 的结果。

DBN 从结构上可以看成由多层的 RBM 堆叠组成的神经网络，图 4.60 是一个用于学习乐曲特征的包含三个隐层的深度信念网络，可以看做是 3 个 RBM 的顺序连接。DBN 的训练过程则是由输入到输出层逐层对每一个 RBM 进行非监督预训练获得权重，最后加入标签的监督训练进行 fine - tuning 得到整个模型的参数。

2. 训练和调优方法

由于DBN的训练过程是逐层RBM的非监督训练，每层的训练方法采用前面介绍的RBM训练方法。不同在于第一层RBM的数据采样是针对原始样本的吉布斯采样，从第二层RBM开始，则是针对前一层RBM的隐藏层模拟的样本分布进行采样，即前一层RBM的隐藏层变为后一层RBM的可见层。由此根据需要可逐层叠加任意多层的RBM，除了第一层是由原始数据驱动以外，后面每一层新的RBM都是对前一个RBM样本进行建模。

在完成DBN的贪心逐层训练之后，可以直接使用作为生成模型，也可以再增加多层全联接网络进行监督训练获得判别模型，从而改进分类任务的精度，Hinton在提出这一模型的时候就是在Minist数据集上进行的分类实验，其采用模型结构如图4.61所示。由于越来越多高效的网络模型提出，DBN现在已经很少使用，但是在深度学习的历史进程上起到了很大作用，对于理解深度生成模型有着很大的帮助。

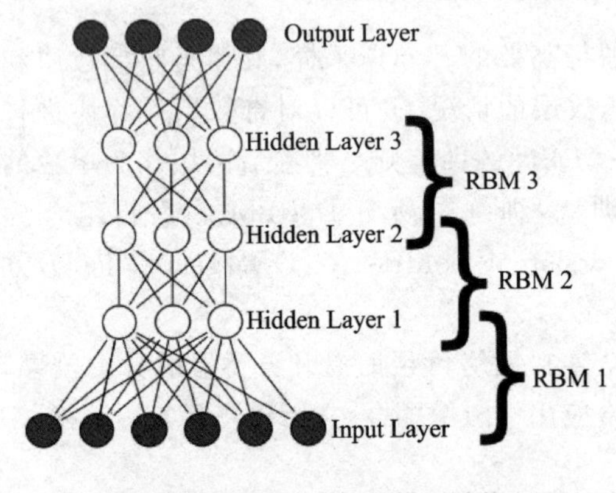

图 4.60　深度信念网络模型结构

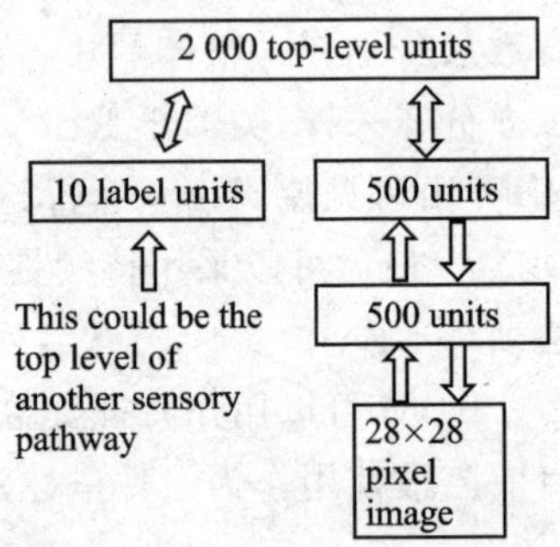

图 4.61　用于手写数字分类的DBM模型结构

4.5.3　有向生成网络

前面介绍的玻耳兹曼机是一种无向生成网络，而深度信念网络则是一种部分有向生成网络模型，只有最顶层是有向的。实际上还有一类完全有向的生成网络模型，它隶属于有向图模型，在机器学习中占有一席之地，但是在深度学习这一子领域还没有得到广泛的应用，本小节将介绍几种与深度学习相关的有向生成网络模型。

1. 可微生成器网络

可微生成器网络(generator network)是很多生成模型采用的思路，通常采用可微函数$g(z;\theta^g)$将隐变量z的样本变换为样本x，或样本x上的分布。在深度学习中，则是采用神经网络来表示可微函数。下面介绍的变分自编码器则是结合生成器网络与推断网络的AE变种形式，而生成式对抗网络则是将生成器网络和判别器网络组成的有向生成模型。

2. 变分自编码器

自编码器(Auto Encoder,AE)是一种无监督学习模型,其基本结构是输入数据 x 到编码器 f,将得到的 $y=f(x)$ 再输入解码器 g 获得 x 的更高效的表示 $\tilde{x}=g(y)$,过程如图 4.62 所示。

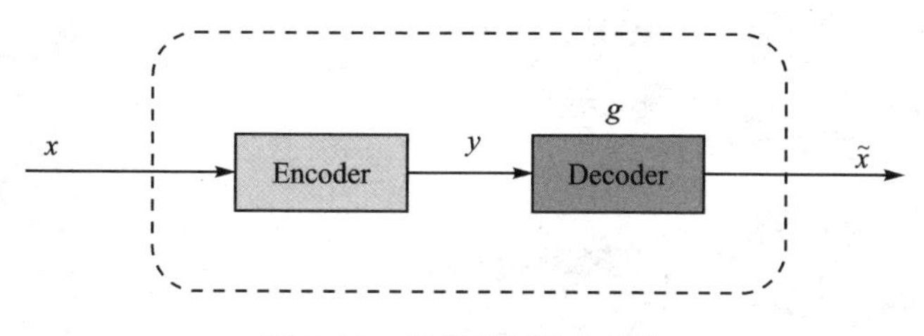

图 4.62 自编码器基本结构

深度学习中的自编码器结构与多层感知机类似,不同在于输入神经元的个数须和输出神经元个数相同。图 4.63 中是一个简单的自编码器,输入神经元个数为 3,中间一层为包含两个神经元的隐藏层,输出结果是输入的近似表示,同样由 3 个神经元组成。这种隐层维度小于数据维度的 AE 通常称作不完备自编码器,当采用线性激活函数和均方差损失时,可用于主成分分析实现数据降维。此外,还有随机编码器、去噪自编码器、正则自编码器、稀疏自编码器等变种。

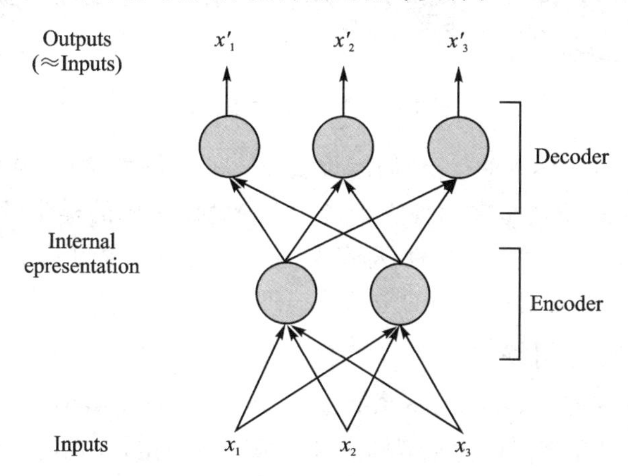

图 4.63 一个简单的自编码器神经网络模型

变分自编码器(Variational Auto-Encoder,VAE)是目前无监督学习中逐渐受到广泛关注一种有向图模型,优点在于可以直接使用基于梯度的方法进行模型的训练。前面提到,VAE 属于可微生成器网络的一种形式,其目的是构建一个可以由隐变量 z 完成目标数据 x 生成的模型。它的 Encoder 部分有两个,分别用于计算均值和方差,其主要目的是对数据分布进行变换。VAE 实际上是基于原始自编码器模型，在 Encoder 的计算均值的网络结果之上加上了高斯噪声，从而确保 Decoder 的结果对噪声具有鲁棒性，另一个 Encoder 则是用于动态调节噪声的强度。具体地，VAE 是对每一个样本构造正态分布，并在这一结果的基础之上获得隐变量 z 的采样，接下来再通过 Decoder 或者生成器来获得生成样本 $\hat{x}$，如图 4.64 所示。

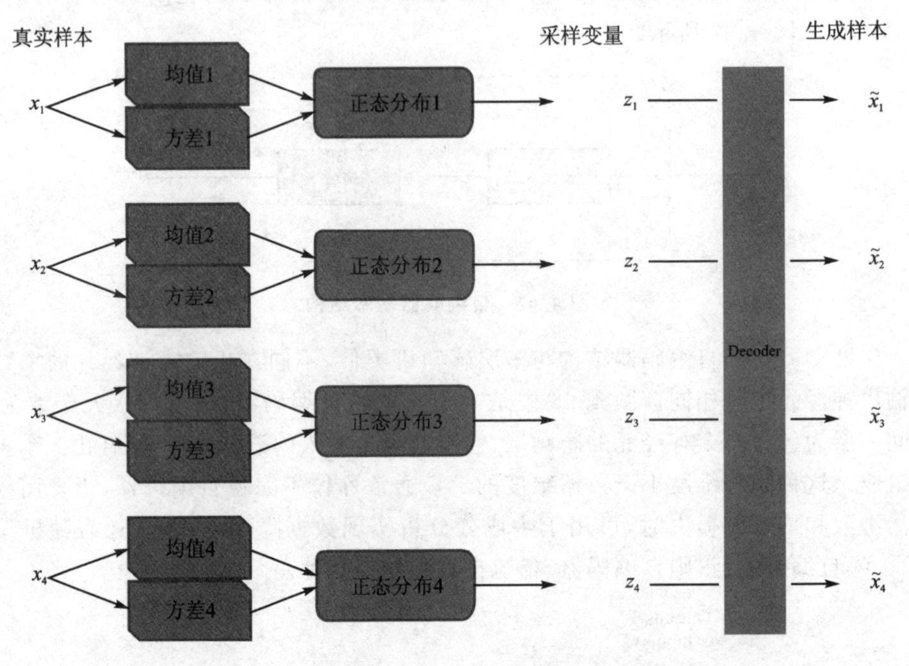

图 4.64　VAE 的生成过程

VAE 的有着易于实现的优点，同时也获得了非常好的结果，是目前生成式建模最先进的方法之一，缺点是在图像上训练出的 VAE 生成的样本常常会比较模糊。此外，VAE 还具有一个很好的特性，即参数编码器与生成器网络的同步训练帮助模型学习到一个可以捕获的可预测的坐标系编码器。

3. 生成式对抗网络

生成式对抗网络（Generative Adversarial Network，GAN）是 Goodfellow 于 2014 年提出的一种基于可微生成器的一种生成网络模型，并在此后获得了大量的关注和研究，被用于图像、视频的生成，例如图像增强、图片去模糊、风格匹配、文本描述生成图像，甚至于药物匹配等多种任务。图 4.65 就是 Scott Reed 等人在 2016 年提出的一种 GAN 模型生成的图像示例，其训练数据是文本描述以及相应的图像。

GAN 的主要组成分为两个部分：生成器（generator）和判别器（discriminator），图 4.66 所示为一个 GAN 网络的基本结构。基于博弈论场景，生成器网络和判别器网络是对手竞争关系，前者产生样本 $x=g(z;\theta^g)$，后者则致力于将训练数据中抽取的样本和生成器生成结果中抽取的样本区分开来。判别器的判断结果是由 $d(x;$

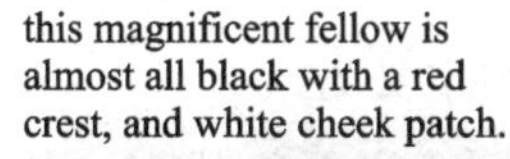

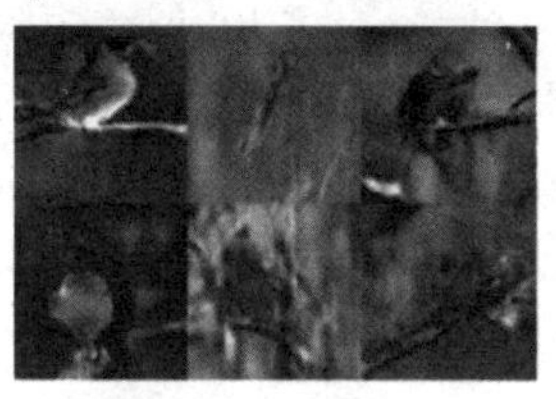

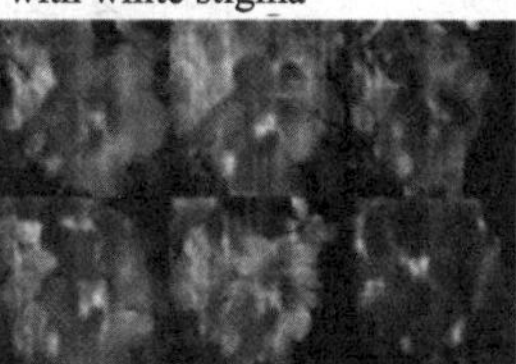

图 4.65　基于文字描述生成图像

$\theta^{(d)}$)计算出的概率值表示,用于表明样本 x 属于真实训练样本的概率,当判别器无法区分样本真伪时,即对任意的输入都得到 0.5 的概率时,就获得了一个能够欺骗判别器的生成网络模型。

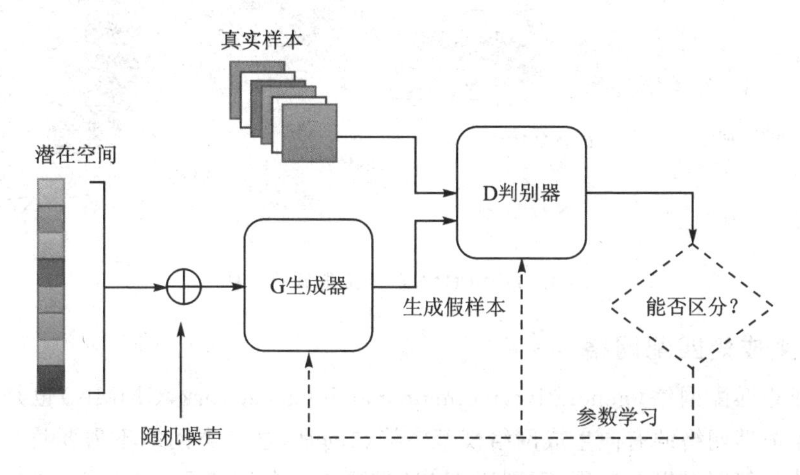

图 4.66　GAN 的基本结构

生成式对抗网络的学习可以看作是一种零和游戏,零和游戏又称作零和博弈(zero - sum game),其特点在严格竞争的情况下,参与博弈的两方其中一方损失另一方必然收益,两方收益和损失总和永远为"零"。基于这样的概念,将判别器的收益定义为 $v(\theta^{(g)},\theta^{(d)})$,生成器则为 $v(\theta^{(g)},\theta^{(d)})$。学习的过程则是二者尝试将各自收益最大化的过程,优化目标定义为

$$g^{*}=\arg\min_{g}\max_{d} v(g,d) \tag{4.43}$$

通常情况下，v 的定义为

$$v(\theta^{(g)},\theta^{(d)})=\mathbb{E}_{x\sim p_{\text{data}}}\log d(x)+\mathbb{E}_{x\sim p_{\text{model}}}\log(1-d(x)) \tag{4.44}$$

从理论上来看，GAN 的设计动机在于学习过程不需要近似推断，同样也不需要配分函数的近似。关键在于$\max_{d}v(g,d)$在 $\theta^{(g)}$ 中是凸的，便可使得学习过程收敛且渐近一致。然而，在实际使用神经网络时，一旦生成器网络表示的 g、判别器网络表示的 d 以及$\max_{d}v(g,d)$不是凸函数时，训练便难以完成。基于这样的问题，研究者有采用其他替代的形式化收益公式。

在图像合成任务上，Radford 于 2015 年提出了一个深度卷积 GAN 网络（DC-GAN），其网络结构如图 4.67 所示，它采用反卷积（Deconvolution）从输入层的 100 维隐变量 z（噪声数据），生成最后输出层 64×64×3 的图片，从小维度产生出大的维度。此外，网络中还加入了卷积、批归一化等组件，使用 Leaky Relu 作为激活函数，使其更加容易训练。采用 DCGAN 进行视觉概念上的向量运算的结果示意如图 4.68 所示。

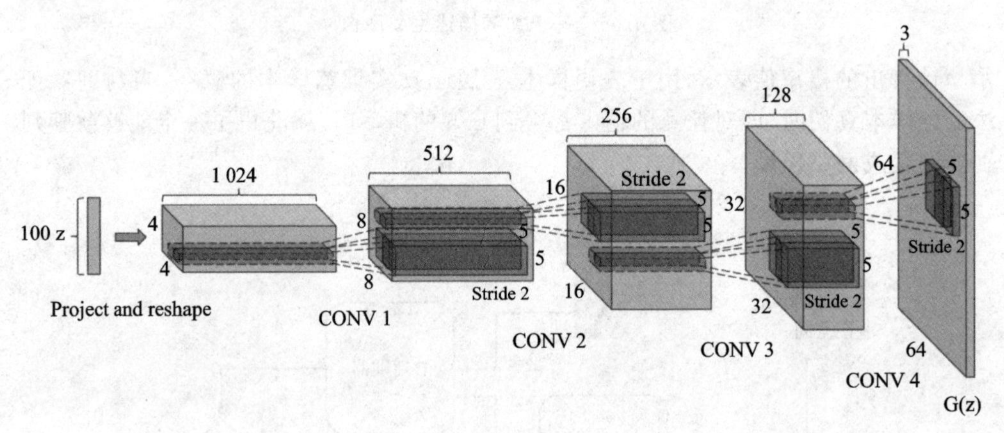

图 4.67　DCGAN 的生成器网络结构

4. 生成矩匹配网络

生成矩匹配网络（generative moment matching network，GMMN）也是一种基于可微生成器网络的有向生成网络模型。特殊的是，这一类网络不需要将生成器网络与其他任何网络组合使用，区别于 VAE 需要与推断网络配对，以及 GAN 需要和判别器网络配对。GMMN 的训练依赖于一种称作矩匹配（moment matching）的技术，这也是它的名称来源，主要思想是令模型生成样本的各类统计量趋近于训练集的相应统计量。此时，矩（moment）是对于随机变量不同幂值的期望，例如将均值作为第一矩，平方值的均值作为第二矩，以此类推。矩可以是任意数量，其基本形式为

$$\mathbb{E}_{x}\prod_{i}x_{i}^{n_{i}} \tag{4.45}$$

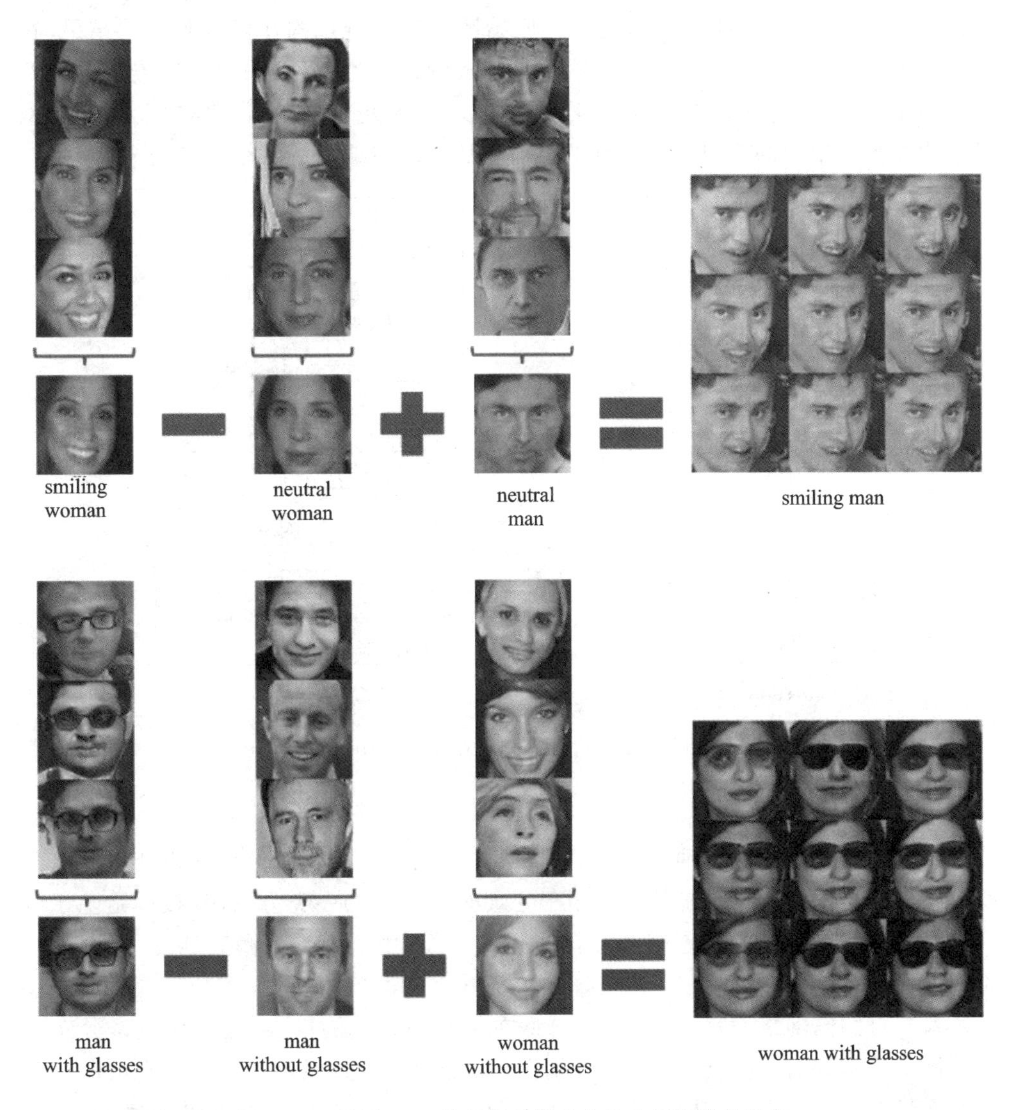

图 4.68 采用 GAN 进行视觉概念上的向量运算的结果

其中，$\boldsymbol{n}=[n_1,n_2,\cdots,n_d]^{\mathrm{T}}$ 为非负整数的列向量。当仅采用第一矩和第二矩时，模型相当于拟合多变量的高斯分布，只能获得线性关系，因此要想获得非线性关系，就需要更多的矩。实际上，GAN 采用动态更新的判别器避免了穷举所有矩，而是巧妙地将关注点放在生成器网络最不匹配的统计量之上。基于这样的问题，GMMN 的训练是采用最大平均偏差(Maximum Mean Discrepancy，MMD)的损失函数，最大平均偏差为零则意味着比较的两个分布相等。通过向核函数定义的特征空间隐式映射，在无限维空间中测量第一矩的误差，使得对无限维向量的计算变得可行。

在实际应用中，单独使用 GMMN 生成的样本其质量相对比较差，通常会和自编码器结合来改进效果,利用自编码器对原始数据集进行重构获得编码后的结果,在此基础上再采用 GMMN 训练生成器网络生成编码样本,最后采用解码器解码得到最终的生成样本,这种方式可以获得比单独 GMMN 更好的效果,例如图 4.69 的网络结构左侧为单独的 GMMN,右侧为结合 AE 的网络结构。

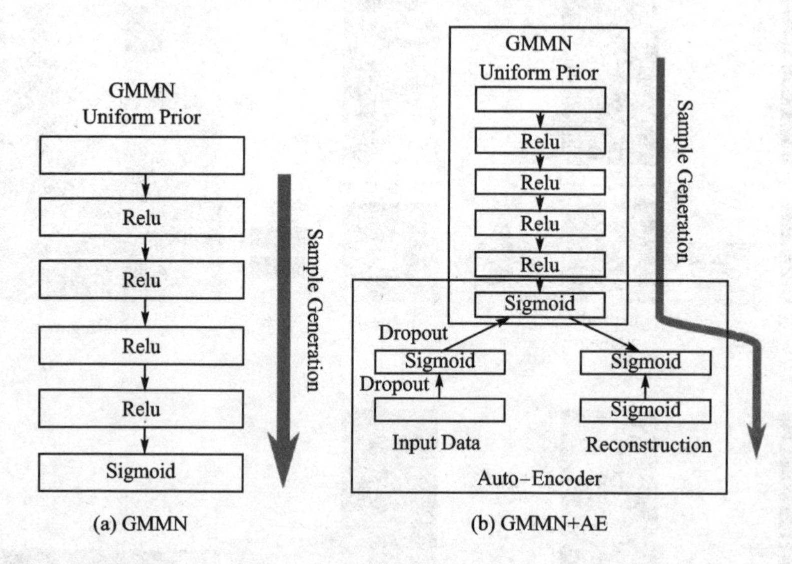

图 4.69 生成矩匹配网络结构

5. 自回归网络

不同于前面介绍的几种网络模型,自回归网络是一类没有潜在随机变量的有向概率模型。自回归最早是统计学上用于处理时间序列的一类方法,其核心是基于同一变量某一时刻之前的状态来预测该时刻的状态,由于不是预测其他变量,因此被称作"自回归"。

对于自回归网络而言,是自回归模型在神经网络上的推广,其条件概率分布由神经网络表示,并且这类网络的图结构属于完全图。通过概率的链式法则可以分解观察变量上的联合概率,从而获得类似于 $P(x_d \mid x_{d-1},\cdots,x_1)$ 的条件概率的乘积。自回归网络又称作完全可见的贝叶斯网络(Fully - Visible Bayes Networks, FVBN),它有多种形式,包括线性自回归网络、神经自回归网络等。

4.5.4 生成随机网络

生成随机网络(Generative Stochastic Network, GSN)是一种去噪自编码器的改进,去噪自编码器(Denoising AutoEncoder, DAE)与普通自编码器不同的地方在于损失函数的不同:

$$L(x, g(f(\tilde{x}))) \tag{4.46}$$

其中,$\widetilde{x}$ 是 x 被污染了某种噪声的副本,因此 DAE 需要去掉噪声再输入 x。

而对于生成随机网络而言,除了可见变量 x 之外,在生成马尔可夫链中还包括了隐藏变量 h。不同于其他的有向或无向的经典概率网络模型,GSN 是自己参数化生成过程,而不是通过可见变量和隐藏变量的联合概率分布。如图 4.70 所示,上部分为去噪自编码器的马尔可夫过程示意,转移算子首先从 $C(\widetilde{X}|X)$ 中采样损坏的 $\widetilde{X}$,然后从 $P_\theta(\widetilde{X}|X)$ 采样重建,用于估算真实的 $P(\widetilde{X}|X)$,相比于 $P(X)$ 分布函数更为简单因而易于近似;而下部分 GSN 则是通过隐藏变量 h 的条件分布 $P(H|X)$ 来重建,既继承了去噪自编码器的优点,同时还由于增加了隐藏变量而获得了更强大的深度表示。

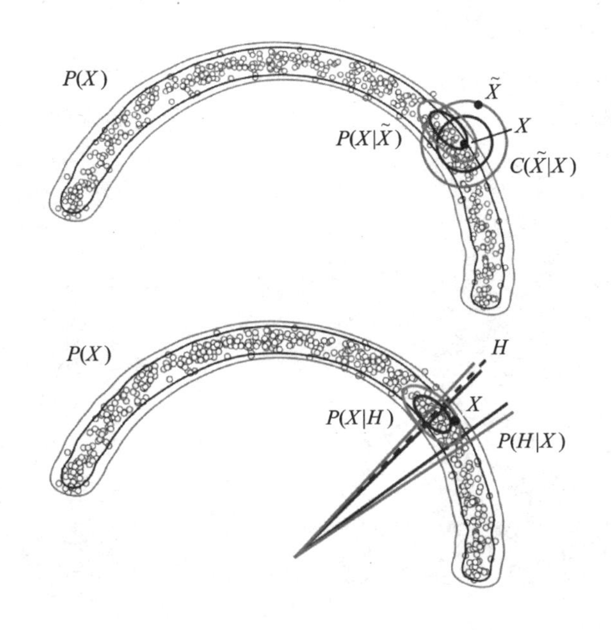

图 4.70　去噪自编码器与 GSN 对比

习　题

1. 在 28×28 的图像上使用 7×7 的卷积核并以步幅为 1 进行卷积操作,将会得到一个多大的输出矩阵?

(A) 7×7　　(B) 21×21　　(C) 22×22　　(D) 20×20

参考答案:C

2. 以下哪个是深度学习中神经网络的激活函数?

(A) CE　　(B) Dropout　　(C) Relu　　(D) $\sin(x)$

参考答案:C

3. 深度学习中,以下哪些方法可以降低模型过拟合?

(A) 增加训练样本　　(B) 增加参数惩罚

(C) 减少学习率　　(D) 增加模型复杂度

参考答案:A

4. 卷积神经网络输入数据的维度为224×224×3,经过5个7×7的卷积核卷积运算后的输出结果为:

(A) 218×218×5　　(B) 217×217×5

(C) 217×217×3　　(D) 218×218×3

参考答案:A

5. PPL(Perplexity)是用在自然语言处理领域(NLP)中,衡量语言模型好坏的指标,关于PPL,哪种说法是正确的?

(A) PPL没什么影响　　(B) PPL越低越好

(C) PPL越高越好　　(D) PPL对于结果的影响不一定

参考答案:B

第 5 章 深度学习平台实战

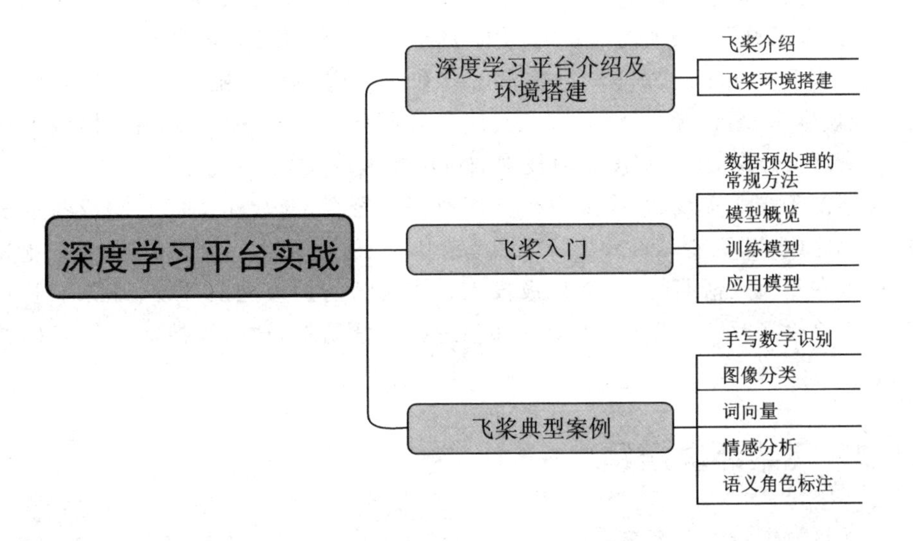

5.1 深度学习平台介绍及环境搭建

5.1.1 飞桨介绍

百度出品的深度学习平台飞桨(PaddlePaddle)是主流深度学习框架中唯一一款完全国产化的产品,与Google TensorFlow、Facebook Pytorch 齐名。2016 年飞桨正式开源,是全面开源开放、技术领先、功能完备的产业级深度学习平台。

飞桨以百度多年的深度学习技术研究和业务应用为基础,集深度学习核心框架、基础模型库、端到端开发套件、工具组件和服务平台于一体,为用户提供了多样化的配套服务产品,助力深度学习技术的应用落地。

飞桨源于产业实践,始终致力于与产业深入融合,与合作伙伴一起帮助越来越多的行业完成 AI 赋能。目前飞桨已广泛应用于医疗、金融、工业、农业、服务业等领域。此外在新冠疫情期间,飞桨积极投入各类疫情防护模型的开发,开源了业界首个口罩人脸检测及分类模型,辅助各部门进行疫情防护,通过科技让工作变得更加高效。

5.1.2 飞桨环境搭建

飞桨目前支持以下系统环境:

- Ubuntu 14.04/16.04/18.04;
- CentOS 7/6;
- MacOS 10.11/10.12/10.13/10.14;
- Windows7/8/10(专业版/企业版)。

飞桨目前支持 pip 安装和使用 Docker 安装,推荐使用 pip 安装,不指定版本号时,将自动选择最新版本安装。使用以下命令可安装 GPU 版本:

```
pip install -U paddlepaddle-gpu
```

GPU 版本的飞桨需要 CUDA 9.0 cuDNN v7 支持。也可使用以下命令安装 CPU 版本:

```
pip install -U paddlepaddle
```

5.2 飞桨入门

安装飞桨框架后,即可使用飞桨搭建神经网络。接下来使用飞桨实现简单的房价预测模型。

5.2.1 数据预处理的常规方法

训练数据是模型训练中的关键因素之一,数据集的优劣在很大程度上影响模型的训练效果。在本例中,使用从 UCI Housing Data Set 获得的波士顿房价数据集训练模型。该数据集包含美国人口普查局收集的美国马萨诸塞州波士顿住房价格的有关信息,该数据集规模很小,只有 506 个案例,每一个案例都包含房屋的 14 个属性,其中第 14 个属性为同类房屋的房价中位数,建立房价预测模型的目的就是利用前 13 个房屋属性来预测房价。在飞桨中已经集成了该数据集,直接使用飞桨提供的 API 即可获取。该数据集中各房屋属性意义如表 5.1 所列。

表 5.1 数据集各属性意义

序号	属性名	属性含义	类型
1	CRIM	该镇的人均犯罪率	连续值
2	ZN	占地面积超过 25 000 平方尺的住宅用地比例	连续值
3	INDUS	非零售商业用地比例	连续值
4	CHAS	是否邻近 Charles River	离散值,1=邻近; 0=不邻近
5	NOX	一氧化氮浓度	连续值
6	RM	每栋房屋的平均客房数	连续值
7	AGE	1940 年之前建成的自有住房的比例	连续值
8	DIS	到波士顿 5 个就业中心的加权距离	连续值
9	RAD	到径向公路的可达性指数	连续值
10	TAX	全值财产税率	连续值
11	PTRATI	学生与教师的比例	连续值
12	B	B=1 000(BK－0.63)^2,其中 BK 为黑人所占人口比例。此处从经济学的角度对数据进行了预处理	连续值
13	LSTAT	低收入人群占比	连续值
14	MEDV	同类房屋价格的中位数	连续值

上述前 13 维数据中,有 12 维数据为连续值,有 1 维数据为离散值。

离散数据在计算中常用“0”“1”“2”等整形数字表示,为了方便计算,常把取值有两个以上的离散数据映射为多维向量，每个向量中仅有一个维度取值为“1”，其他维度为“0”，即“独热码”(One - Hot Encoding)。

对于连续值，不同维度数据的取值范围相差很大，因此常对数据归一化使各维度数据取值范围缩放到相近区间。常见的操作是每个数据减去均值，然后除以原取值范围。由计算机和神经网络的特点可知，过大或过小的数据都有可能造成内存溢出，并且，如果各维度数据范围相差过大，会造成各维度数据对结果的影响程度不同，因此，如果不归一化，网络在训练时将难以优化，使得训练时间加长。

对于一批样本数据，通常将数据分为训练集和测试集。训练集数据越多，越可以得到更可信的模型，测试集数据越多，可以得到更可信的测试误差。权衡这两个因素，训练集与测试集通常取 8∶2的比例。

5.2.2 模型概览

在本例中，构建单层神经网络实现房价预测模型，模型输入层有 13 个神经元，输出层为全连接层，有 1 个神经元，网络结构如图 5.1 所示。

输入层中 13 个神经元的输入数据对应表 5.1 中前 13 维房屋属性，输出层的输出数据为神经网络预测的房价数据。

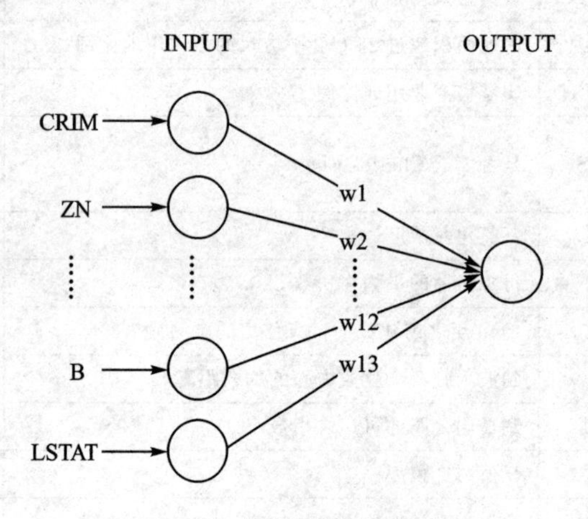

图 5.1 房价预测网络模型

5.2.3 训练模型

1. 数据读取器配置

首先引入必要的库。代码如下：

```
import numpy
import matplotlib
matplotlib.use('Agg')
import matplotlib.pyplot as plt

import paddle
import paddle.fluid as fluid
```

飞桨框架中 uci_housing 模块提供了经过预处理的 UCI Housing Data Set 数据集。接下来便可以定义数据读取器(reader)。数据读取器每次读入一个指定大小(通过 batch_size 定义)的数据批次。还可以使用飞桨提供的 shuffle 函数在将数据读入内存时,将数据顺序打乱,而且 shuffle 函数还可以在内存中开辟一块指定大小(通过 buf_size 定义)的缓存空间,以避免内存容量较小难以容纳数据集中全部数据。这样,读取器每次从缓存空间中读取 batch_size 大小的数据批次。代码如下:

```
# 数据读取器每次读取 batch_size 条样本数据作为一个数据批次
batch_size = 20

train_reader = paddle.batch(
        # 使用 shuffle()函数,开辟 buf_size 大小的缓存空间,将数据分批次读取到内存中
        paddle.reader.shuffle(paddle.dataset.uci_housing.train(), buf_size=500),
        batch_size=batch_size)
test_reader = paddle.batch(
        paddle.reader.shuffle(paddle.dataset.uci_housing.test(), buf_size=500),
        batch_size=batch_size)
```

2. 训练程序配置

首先定义网络结构,包括数据输入层、网络输出层,以及标签输入层。标签输入层用于输入样本标签,即样本真实值。然后,定义损失函数为交叉熵损失函数,这个函数将通过网络输出层的预测值与标签输入层的真实值计算损失值。由于输入数据是以一个 batch_size 大小为单位输入神经网络,因此网络输出的预测值是维度为 batch_size 大小的向量,损失值同样为 batch_size 大小的向量,通过对损失值求平均即可得到平均损失值(avg_loss),它在反向传播时用于优化网络参数。代码如下:

```
# 配置网络结构
  # 定义输入数据为 13 维向量和数据类型为"float32"
  x = fluid.layers.data(name='x', shape=[13], dtype='float32')

  # 定义全连接层为输出层,输出层神经元个数为 1,不使用激活函数
  y_predict = fluid.layers.fc(input=x, size=1, act=None)

  # 定义标签输入层的数据为 1 维向量和数据类型为"float32"
```

```
    y = fluid.layers.data(name='y', shape=[1], dtype='float32')

# 定义训练/测试程序
    # 获取默认/全局主函数
    main_program = fluid.default_main_program()

    # 获取默认/全局初始化程序
    startup_program = fluid.default_startup_program()

# 定义损失值函数为交叉熵损失函数
    # 利用标签数据和输出的预测数据估计方差
    cost = fluid.layers.square_error_cost(input=y_predict, label=y)

    # 求得平均损失值
    avg_loss = fluid.layers.mean(cost)
```

3. 优化器配置

优化器(optimizer function)用于反向传播时更新网络模型的参数,使得平均损失值逼近最小值。在本例中,使用随机梯度下降算法作为优化器,学习率设置为0.001。代码如下:

```
# 定义优化器
    # 使用随机梯度下降算法,学习率设置为 0.001
    sgd_optimizer = fluid.optimizer.SGD(learning_rate=0.001)
    sgd_optimizer.minimize(avg_loss)

    # 克隆 main_program 得到 test_program
    test_program = main_program.clone(for_test=True)
```

4. 运算场所配置

训练过程需要指定运算场所(通过 place 定义),可以选择 CPU 或 GPU。而后定义执行器(通过 exe 定义),并初始化执行器。代码如下:

```
# 定义训练场所为 CPU/GPU
use_cuda = False
place = fluid.CUDAPlace(0) if use_cuda else fluid.CPUPlace()

# 定义训练执行器
exe = fluid.Executor(place)

# 定义 feeder
feeder = fluid.DataFeeder(place=place, feed_list=[x, y])
```

```
# 初始化
exe.run(startup_program)

# 定义测试执行器
exe_test = fluid.Executor(place)
```

5. 训练程序配置

训练过程使用飞桨的 reader 机制来读取数据，并使用 feeder 将数据送入执行器。因此可以构建循环结构。首先定义训练轮数(通过 num_epochs 定义)，设置每训练 10 个数据批次即打印一次训练平均损失值。同时，每训练 100 个数据批次，就使用测试集数据对模型进行测试，同样将测试平均损失值打印出来。最后，将训练模型保存到指定路径。代码如下：

```
    # 定义训练迭代次数
    num_epochs = 100
    step = 0
for pass_id in range(num_epochs):
    # 调用 train_reader()返回一条样本数据
    for data_train in train_reader():
        avg_loss_value, = exe.run(
                                main_program,
        feed = feeder.feed(data_train),
         fetch_list = [avg_loss])
        # 每训练 10 个数据批次，打印一次损失值
        if step % 10 = = 0:
print("Train cost, Step %d, Cost %f" % (step, avg_loss_value[0]))

        # 每训练 100 轮，就使用测试集测试一次
        if step % 100 = = 0:
            accumulated = 1 * [0]
            count = 0
            for data_test in test_reader():
                outs = exe_test.run(program = test_program,
                        feed = feeder.feed(data_test),
                        fetch_list = [avg_loss])
                accumulated = [x_c[0] + x_c[1][0] for x_c in zip(accumulated, outs)]
                count += 1
            test_metics = [x_d / count for x_d in accumulated]
            print("Test cost, Step %d, Cost %f" % (step, test_metics[0]))

        step += 1

    # 定义模型保存路径
    params_dirname = "fit_a_line.inference.model"
```

```
    if params_dirname is not None:
        # 保存模型以便预测使用
        fluid.io.save_inference_model(params_dirname, ['x'], [y_predict], exe)
```

5.2.4 应用模型

1. 准备测试环境

与训练程序一样,首先定义执行器。为了避免测试程序和训练程序中的变量冲突,测试时需要定义新的作用域。

代码如下:

```
# 定义预测执行器
infer_exe = fluid.Executor(place)
# 定义新的作用域用于预测程序
inference_scope = fluid.core.Scope()
```

2. 测试程序配置

首先使用 fluid.io.load_inference_model()方法加载训练好的模型,然后定义测试数据的数据读取器(reader),最后启动执行器得到预测结果。

代码如下:

```
# 开始预测
    # 指定作用域
    with fluid.scope_guard(inference_scope):
        # 使用 load_inference_model()函数加载训练好的模型
        [inference_program, feed_target_names, fetch_targets] = fluid.io.load_in-
ference_model(params_dirname, infer_exe)
        # 定义 batch_size 为 10
        batch_size = 10

        # 定义 infer_reader
        infer_reader = paddle.batch(paddle.dataset.uci_housing.test(), batch_size
= batch_size)

        # 读取一个 batch_size 的测试数据
        infer_data = next(infer_reader())
        infer_feat = numpy.array([data[0] for data in infer_data]).astype("float32")
        infer_label = numpy.array([data[1] for data in infer_data]).astype("float32")

        assert feed_target_names[0] == 'x'
        results = infer_exe.run(
    inference_program,
    feed = {feed_target_names[0]: numpy.array(infer_feat)},
```

```
    fetch_list = fetch_targets)

        print("infer results: (House Price)")
        for idx, val in enumerate(results[0]):
            print("%d: %.2f" % (idx, val))

        print("\nground truth:")
        for idx, val in enumerate(infer_label):
            print("%d: %.2f" % (idx, val))
```

将预测结果和真实数据以折线图的形式保存。代码如下：

```
    # 保存预测结果
    x1 = [idx for idx in range(len(results[0]))]
    y1 = results[0]
    y2 = infer_label
    l1 = plt.plot(x1, y1, 'r--', label='predictions')
    l2 = plt.plot(x1, y2, 'g--', label='GT')
    plt.plot(x1, y1, 'ro-', x1, y2, 'g+-')
    plt.title('predictions VS GT')
    plt.legend()
    plt.savefig('./image/prediction_gt.png')
```

3. 训练及测试结果

通过观察训练结果可以发现，随着训练轮数的不断增加，平均损失值在不断降低。代码如下：

```
Train cost, Step 0, Cost 592.801758
Test cost, Step 0, Cost 288.805166
……
Train cost, Step 800, Cost 14.779474
Test cost, Step 800, Cost 20.176736
……
Train cost, Step 1600, Cost 37.540455
Test cost, Step 1600, Cost 29.956704
……
Train cost, Step 2090, Cost 46.491535
infer results: (House Price)
0: 14.77
1: 15.37
……
9: 14.86
ground truth:
```

```
0：8.50
1：5.00
……
9：16.30
```

我们可以看到保存的预测结果和真实数据的折线图，如图 5.2 所示。

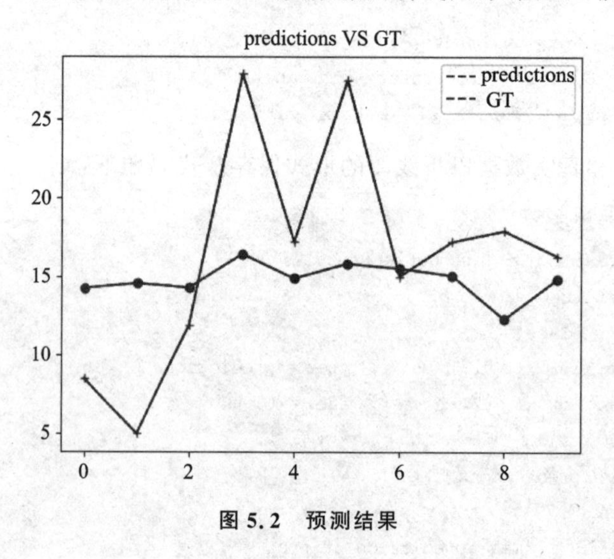

图 5.2 预测结果

5.3 飞桨典型案例

5.3.1 手写数字识别

计算机视觉是深度学习技术的重要应用领域，卷积神经网络更是作为经典的深度神经网络在图像领域发挥着越来越重要的作用，包括图像分类、目标检测等。其中，图像分类是计算机视觉研究领域的经典问题之一，也是众多计算机视觉任务的基础。本节将以手写数字识别任务为例，使用飞桨设计卷积神经网络解决实际问题。

1. 数据集

手写数字识别常用 MNIST 数据集，该数据集包含一系列如图 5.3 所示的手写数字图像和对应的标签。图像是 28×28 像素的单通道图，标签则对应着 0～9 十个数字。每张图像都经过了归一化和居中处理。

图 5.3 MNIST 示例

飞桨在API中已经提供了获取MNIST数据集的模块paddle.dataset.mnist，利用该模块，将自动获取数据集并存储在/home/username/.cache/paddle/dataset/mnist路径下。数据集包含60 000条训练图像数据及标签和10 000条测试图像数据及标签，分为4个文件：

t10k-images-idx3-ubyte.gz；

t10k-labels-idx1-ubyte.gz；

train-images-idx3-ubyte.gz；

train-labels-idx1-ubyte.gz。

2. 配置说明

手写数字识别问题属于图像分类问题，因此该问题的关键是分类器的设计，在开始构造分类器前，作如下约定：

输入数据(X)：MNIST数据集中的图像数据是28×28的矩阵，为了便于计算，可以将其转化为784维向量。具体说来，由于图像数据在计算机中是由矩阵的形式来存储，因此将该矩阵逐行(列)展开，便可得到一个784维向量，即$X=(x_0,x_1,x_2,\cdots,x_{783})$。然后对图像的每个像素值进行归一化处理，可使其取值范围为[0,1]。

输出数据(Y)：分类器通过对输入数据X进行计算，输出一个10维向量，即$Y=(y_0,y_1,y_2,\cdots,y_9)$。向量中的数字即表示分类器将该图像分类为数字$i$的概率。如$y_2$即表示分类器将该图像分类为数字“2”的概率。

图像标签(L)：表示该图像为哪个数字。需要注意的是，图像标签为10维向量，即$L=(l_0,l_1,l_2,\cdots,l_9)$，但是只有其中一维的数值为1，其他维度的数值均为0。如l_1的数值为1，其他维度均为0，则表示图像的真实数字为2。

在5.2.3小节中，对数据读取器(Reader)的配置已有详细说明，因此下面将重点介绍模型训练的核心代码配置，主要包括定义分类器、配置网络结构等。

(1) 网络结构配置

定义Softmax分类器、多层感知机分类器和卷积神经网络分类器，并选择其中一个分类器构建神经网络。

1) Softmax分类器

Softmax分类器的关键在于使用Softmax函数作为网络输出层的激活函数。在本例中使用最简单的Softmax分类器：输入层之后经过一个全连接层得到特征，再通过Softmax函数进行多分类。代码如下：

```
def softmax_regression(img):
    """
定义 Softmax 分类器:
    :param img: 输入层
    :Return:
```

```
        predict:分类器输出结果
    """

    # 以 softmax 为激活函数的全连接层,输出层的大小为类别的个数
    predict = fluid.layers.fc(input = img, size = 10, act = 'softmax')
    return predict
```

2）多层感知机分类器

多层感知机分类器是 Softmax 分类器的延伸。Softmax 分类器是单层神经网络,拟合能力比较弱,在输入层和输出层之间增加若干隐藏层可以提高网络拟合能力,这样就实现了一个多层感知机分类器。在本例中,使用两层全连接层作为隐藏层,并使用 Relu 函数作为隐藏层激活函数。代码如下:

```
def multilayer_perceptron(img):
    """
定义多层感知机分类器:
含有两个隐藏层(全连接层)的多层感知机
其中隐藏层的激活函数采用 Relu,输出层的激活函数用 Softmax

    :param img: 输入层
    Return:
        predict_image -- 分类的结果
    """
    # 第一个全连接层,本层神经元有 128 个激活函数为 Relu
    hidden1 = fluid.layers.fc(input = img, size = 128, act = 'relu')

    # 第二个全连接层,本层神经元有 64 个激活函数为 Relu
    hidden2 = fluid.layers.fc(input = hidden1, size = 64, act = 'relu')

    # 以 Softmax 为激活函数的全连接层作为输出层,有 10 个神经元
    prediction = fluid.layers.fc(input = hidden2, size = 10, act = 'softmax')
    return prediction
```

3）卷积神经网络分类器

在多层感知机分类器中,输入到神经网络中的图像数据由矩阵展开成了向量,因而忽略了图像中像素的位置信息,而卷积神经网络能够更好地利用图像中像素的位置信息。本例中使用经典的卷积神经网络 LeNet－5,经过网络输入层以矩阵形式输入图像数据,进行两次卷积层与池化层运算,再经过全连接层,最后使用 Softmax 函数作为输出层激活函数。代码如下:

```
def convolutional_neural_network(img):
    """
定义卷积神经网络分类器：
输入的图像信息，经过两个卷积-池化层运算，使用以 Softmax 为激活函数的全连接层作为输出层

    :param img: 输入层
    Return:
        prediction: 分类的结果
    """
    # 第一个卷积-池化层
    # 使用 20 个 5*5 的滤波器，池化大小为 2，池化步长为 2，激活函数为 Relu
    conv_pool_1 = fluid.nets.simple_img_conv_pool(
                input=img,
                filter_size=5,   # 卷积核大小为 5*5
                num_filters=20,  # 使用 20 个卷积核
                pool_size=2,     # 池化大小为 2
                pool_stride=2,   # 池化步长为 2
                act="relu")      # 激活函数为 Relu

    # 批正则化层
    conv_pool_1 = fluid.layers.batch_norm(conv_pool_1)

    # 第二个卷积-池化层
    # 使用 50 个 5*5 的滤波器，池化大小为 2，池化步长为 2，激活函数为 Relu
    conv_pool_2 = fluid.nets.simple_img_conv_pool(
                          input=conv_pool_1,
                          filter_size=5,# 卷积核大小为 5*5
                          num_filters=50# 使用 20 个卷积核
                          pool_size=2,  # 池化大小为 2
                          pool_stride=2,# 池化步长为 2
                          act="relu")   # 激活函数为 Relu

    # 以 softmax 为激活函数的全连接输出层，输出层的大小为类别的个数
    prediction = fluid.layers.fc(input=conv_pool_2, size=10, act='softmax')
    return prediction
```

4）构建神经网络结构

在配置了三种分类器后，可选择其中一个分类器构建神经网络。在训练期间，训练程序将调用分类器构建神经网络结构，然后使用交叉熵函数计算损失值，再求得平均损失值(avg_cost)用于反向传播过程。代码如下：

```
# 数据输入层,输入的原始图像数据,大小为 28 * 28 * 1
img = fluid.layers.data(name='img', shape=[1, 28, 28], dtype='float32')

# 标签层,名称为 label,对应输入图像的类别标签
label = fluid.layers.data(name='label', shape=[1], dtype='int64')

# prediction = softmax_regression(img) # 取消注释将使用 Softmax 分类器
# prediction = multilayer_perceptron(img) # 取消注释将使用多层感知机分类器
prediction = convolutional_neural_network(img) # 取消注释将使用卷积神经网络分类器

# 使用类交叉熵函数计算 predict 和 label 之间的损失函数
cost = fluid.layers.cross_entropy(input=prediction, label=label)
# 计算平均损失
avg_loss = fluid.layers.mean(cost)

# 计算分类准确率
acc = fluid.layers.accuracy(input=prediction, label=label)
```

5）设置 main_program 和 test_program

代码如下：

```
main_program = fluid.default_main_program()
test_program = fluid.default_main_program().clone(for_test=True)
```

6）Optimizer Function 配置

在训练过程中,需要根据 avg_cost 计算梯度,因此定义优化器。在本例中使用 Adam 优化器,学习率设置为 0.001。代码如下：

```
optimizer = fluid.optimizer.Adam(learning_rate=0.001)
optimizer.minimize(avg_loss)
```

(2) 数据读取器配置

在训练过程中,需要定义数据读取器。在 5.2.3 小节中已有详细说明。代码如下：

```
# 一个数据批次中最多有 64 条样本数据
BATCH_SIZE = 64

# 开辟 500 条样本数据的内存空间随机打乱,传入 batched reader 中,batched reader 每次
yield 64 个
数据
train_reader = paddle.batch(paddle.reader.shuffle(train(), buf_size=500), batch_
size=BATCH_SIZE)
```

```
# 一次读取 64 条测试数据,读取测试集的数据, 64 个数据
test_reader = paddle.batch(test(), batch_size = BATCH_SIZE)
```

(3) 训练过程配置

现在可以使用配置好的网络结构以及定义的数据读取器、执行器等构建训练过程。

1) Event Handler 配置

为了直观看到训练过程中平均损失值和准确率的变化情况,可以定义 event_handler()将变量 avg_loss 和 acc 的值以折线图绘制出来。代码如下:

```
train_prompt = "Train cost"
test_prompt = "Test cost"
cost_ploter = Ploter(train_prompt, test_prompt)

# 将训练过程绘图表示
def event_handler_plot(ploter_title, step, cost):
    cost_ploter.append(ploter_title, step, cost)
    cost_ploter.plot()
```

2) 验证程序配置

定义验证程序 train_test()函数,在训练过程中使用测试数据测试训练效果。代码如下:

```
def train_test(train_test_program, train_test_feed, train_test_reader):
    # 将分类准确率存储在 acc_set 中
    acc_set = []
    # 将平均损失存储在 avg_loss_set 中
    avg_loss_set = []
    # 将测试 reader yield 出的每一个数据传入网络中进行训练
    for test_data in train_test_reader():
        acc_np, avg_loss_np = exe.run(
            program = train_test_program,
            feed = train_test_feed.feed(test_data),
            fetch_list = [acc, avg_loss])
        acc_set.append(float(acc_np))
        avg_loss_set.append(float(avg_loss_np))
    # 获得测试数据上的准确率和损失值
    acc_val_mean = numpy.array(acc_set).mean()
    avg_loss_val_mean = numpy.array(avg_loss_set).mean()
    # 返回平均损失值,平均准确率
    return avg_loss_val_mean, acc_val_mean
```

3）开始训练

设置训练场所为CPU或GPU，并创建执行器和feeder，代码如下：

```
# 该模型运行在单个CPU/GPU上
use_cuda = True # 如想使用GPU，请设置为True
place = fluid.CUDAPlace(0) if use_cuda else fluid.CPUPlace()

#创建执行器
exe = fluid.Executor(place)
exe.run(fluid.default_startup_program())

feeder = fluid.DataFeeder(feed_list=[img, label], place=place)
```

设置训练过程轮次数，代码如下：

```
# 训练5轮
PASS_NUM = 5
epochs = [epoch_id for epoch_id in range(PASS_NUM)]

# 将模型参数存储在名为save_dirname的文件中
save_dirname = "saved_model"
```

实现训练过程，代码如下：

```
lists = []
step = 0
for epoch_id in epochs:
    for step_id, data in enumerate(train_reader()):
        metrics = exe.run(
                main_program,
                feed=feeder.feed(data),
                fetch_list=[avg_loss, acc])
        if step % 100 == 0: #每训练100次打印一次log，或者添加一个绘图点
            event_handler_plot(train_prompt, step, metrics[0])
            print("Pass %d, Batch %d, Cost %f" % (step, epoch_id, metrics[0]))

        step += 1

    # 测试每个epoch的分类效果
    avg_loss_val, acc_val = train_test(
                    train_test_program=test_program,
                    train_test_reader=test_reader,
                    train_test_feed=feeder)

    print("Test with Epoch %d, avg_cost: %s, acc: %s" % (epoch_id, avg_loss_val,
acc_val))
```

```
    lists.append((epoch_id, avg_loss_val, acc_val))

    # 保存训练好的模型参数用于预测
    if save_dirname is not None:
        fluid.io.save_inference_model(
                        save_dirname, ["img"], [prediction],
                        exe)

# 选择效果最好的 pass
best = sorted(lists, key = lambda list: float(list[2]))[-1]
print('Best pass is %s, testing Avgcost is %s' % (best[0], best[1]))
print('The classification accuracy is %.2f%%' % float((best[2]) * 100))
```

运行上述代码,开始训练。在训练过程中,利用 event_handler()函数可以直观看到损失值的变化曲线,如图 5.4 所示。

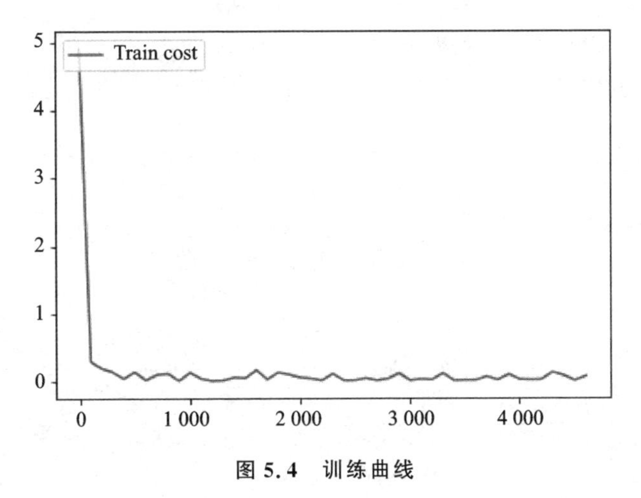

图 5.4 训练曲线

3. 应用模型

在模型训练好之后,便可使用模型对手写数字图像进行分类。

(1) 生成待测试数据

infer_3.png 是数字"3"的一个图像文件,首先把它转换成 NumPy 数组类型以匹配数据输入格式,再进行归一化处理。代码如下:

```
def load_image(file):
    # 读取图像文件,并将它转成灰度图
    im = Image.open(file).convert('L')
    # 将输入图像调整为 28 * 28 的高质量图
    im = im.resize((28, 28), Image.ANTIALIAS)
    # 将图像转换为 numpy
```

```
        im = numpy.array(im).reshape(1, 1, 28, 28).astype(numpy.float32)
        # 对数据作归一化处理
        im = im / 255.0 * 2.0 - 1.0
        return im

    cur_dir = os.getcwd()
    tensor_img = load_image(cur_dir + '/image/infer_3.png')
```

(2) 测试程序配置

定义作用域,然后通过 load_inference_model()函数加载训练好的模型,之后即可将待预测数据通过定义好的 feeder 送入神经网络。代码如下:

```
    inference_scope = fluid.core.Scope()
    with fluid.scope_guard(inference_scope):
        # 使用 fluid.io.load_inference_model 获取 inference program desc
        # feed_target_names 用于指定需要传入网络的变量名
        # fetch_targets 指定希望从网络中 fetch 出的变量名
        [inference_program, feed_target_names,fetch_targets] = fluid.io.load_inference
_model(
        save_dirname, exe, None, None)

        # 将 feed 构建成字典 {feed_target_name: feed_target_data}
        # 结果将包含一个与 fetch_targets 对应的数据列表
        results = exe.run(inference_program,
                          feed={feed_target_names[0]: tensor_img},
                          fetch_list=fetch_targets)
        lab = numpy.argsort(results)

        # 打印 infer_3.png 这张图像的预测结果
        img=Image.open(cur_dir + '/image/infer_3.png')
        plt.imshow(img)
    print("Inference result of image/infer_3.png is: %d" % lab[0][0][-1])
```

(3) 预测结果

执行上述程序,可以看到预测程序使用训练的模型成功识别出了这张图像为数字“3”。图像示例如图 5.5 所示。

图 5.5 手写数字“3”

5.3.2 图像分类

在 5.3.1 小节中,使用飞桨框架解决了手写数字识别问题。但是在日常生活中,更复杂的图像能够提供更加生动、容易理解以及更具艺术感的信息,也是人们信息交流的重要载体。图像分类是根据图像的语义信息,将不同类别的图像区分开来。卷积神经网络在计算机视觉领域表现十分出色,本节将使用经典的卷积神经网络 VGG 模型和 ResNet 模型实现图像分类问题。

1. 数据集

通用图像分类的公开数据集比较多,本例将选用 CIFAR10 数据集,该数据集包含 60 000 张 32×32 像素的彩色图片,共 10 个类别,每个类别包含 6 000 张图片。其中 50 000 张图片作为训练集,10 000 张图片作为测试集,如图 5.6 所示。

图 5.6 CIFAR10 数据集中部分图片

飞桨提供了自动加载 CIFAR10 数据集的模块 paddle.dataset.cifar,可以方便地获取 CIFAR10 数据集。

代码如下:

```
# 获取 CIFAR10 数据集中训练集
paddle.dataset.cifar.train10()
# 获取 CIFAR10 数据集中测试集
paddle.dataset.cifar.test10()
```

2. 模型概览

(1) VGG 模型

VGG 模型的重要特点是进一步加宽和加深了网络结构,它的核心是五组卷积操作,每两组之间做 Max - Pooling 空间降维。同一组内采用 3×3 卷积核进行多次卷积运算,卷积核的数目由较浅组的 64 个增加到最深组的 512 个,同一组内的卷积核数目是一样的。卷积之后接两层全连接层,最后使用全连接层作为输出层。

(2) ResNet

ResNet(Residual Network)是 2015 年 ImageNet 图像分类、图像物体定位和图像物体检测比赛的冠军。ResNet 提出了残差网络结构来缓解深层网络训练的问题,在卷积神经网络结构的基础上,引入了残差模块。每个残差模块包含两条路径,其中一条路径是输入特征的直连通路,另一条路径对该特征做两到三次卷积运算得到该特征的残差,最后再将两条路径上的特征相加。

残差模块如图 5.7 所示,左边是基本的连接方式,由两个输出通道数相同的 3×

3 卷积组成。右边是瓶颈模块(Bottleneck)连接方式,之所以称为瓶颈,是因为上面的 1×1 卷积用来降维(图示例即 256→64),下面的 1×1 卷积用来升维(图示例即 64→256),这样中间 3×3 卷积的输入和输出通道数都较小(图示例即 64→64)。

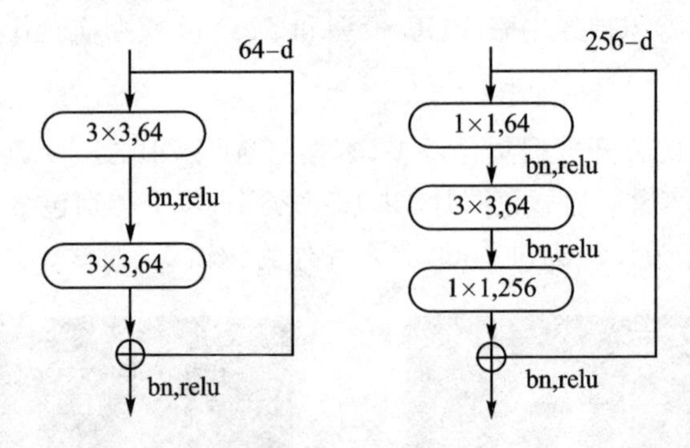

图 5.7　残差模块

图 5.8 所示为 50、101、152 层网络连接示意图,使用了瓶颈模块。这三个模型的区别在于每组中残差模块的重复次数不同(见图 5.8 右上角)。ResNet 模型训练时收敛速度较快,可以训练上百乃至近千层的卷积神经网络。

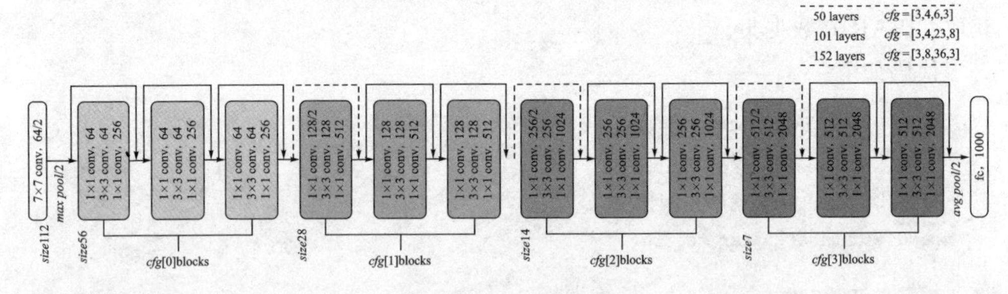

图 5.8　ResNet 示意图

3. 配置说明

接下来,将使用飞桨框架分别实现 VGG 模型和 ResNet 模型,并配置相关训练程序。

(1) VGG 配置

首先实现 VGG 模型结构。由于 CIFAR10 数据集的数据量相对较小,针对该数据集做一定的适配,可在卷积后使用 BN 层和 Dropout 层。代码如下:

```
def vgg_bn_drop(input):
    def conv_block(ipt, num_filter, groups, dropouts):
        return fluid.nets.img_conv_group(
                        input = ipt,
                        pool_size = 2,
                        pool_stride = 2,
```

```
                                conv_num_filter = [num_filter] * groups,
                                conv_filter_size = 3,
                                conv_act = 'relu',
                                conv_with_batchnorm = True,
                                conv_batchnorm_drop_rate = dropouts,
                                pool_type = 'max')

    conv1 = conv_block(input, 64, 2, [0.3, 0])
    conv2 = conv_block(conv1, 128, 2, [0.4, 0])
    conv3 = conv_block(conv2, 256, 3, [0.4, 0.4, 0])
    conv4 = conv_block(conv3, 512, 3, [0.4, 0.4, 0])
    conv5 = conv_block(conv4, 512, 3, [0.4, 0.4, 0])

    drop = fluid.layers.dropout(x = conv5, dropout_prob = 0.5)
    fc1 = fluid.layers.fc(input = drop, size = 512, act = None)
    bn = fluid.layers.batch_norm(input = fc1, act = 'relu')
    drop2 = fluid.layers.dropout(x = bn, dropout_prob = 0.5)
    fc2 = fluid.layers.fc(input = drop2, size = 512, act = None)
    predict = fluid.layers.fc(input = fc2, size = 10, act = 'softmax')
    return predict
```

img_conv_group 是 paddle.nets 中预定义的模块，由若干组 Conv→BN→Relu→Dropout 和一组 Pooling 组成，在上述代码中，首先使用 img_conv_group()函数定义了 conv_block()函数。参数 groups 决定了每组 VGG 模块是几次连续的卷积操作，参数 dropouts 指定了 Dropout 操作的概率。先使用 conv_block 定义卷积网络部分，在最后连接两层 512 维的全连接层。

(2) ResNet 配置

首先介绍一下 ResNet 模型用到的一些基本函数：

- conv_bn_layer　带 BN 的卷积层。
- shortcut　残差模块的“直连”路径，“直连”实际分两种形式：残差模块输入和输出特征通道数不等时，采用 1×1 卷积的升维操作；残差模块输入和输出通道相等时，采用直连操作。
- basicblock　一个基础残差模块，由两组 3×3 卷积组成的路径和一条“直连”路径组成。
- layer_warp　一组残差模块，由若干个残差模块堆积而成。每组中第一个残差模块滑动窗口大小与其他可以不同，用来减少特征图在垂直和水平方向的大小。

代码如下：

```
def conv_bn_layer(input,
                  ch_out,
                  filter_size,
                  stride,
                  padding,
                  act = 'relu',
                  bias_attr = False):
    tmp = fluid.layers.conv2d(
                input = input,
                filter_size = filter_size,
                num_filters = ch_out,
                stride = stride,
                padding = padding,
                act = None,
                bias_attr = bias_attr)
    return fluid.layers.batch_norm(input = tmp, act = act)

def shortcut(input, ch_in, ch_out, stride):
    if ch_in != ch_out:
        return conv_bn_layer(input, ch_out, 1, stride, 0, None)
    else:
        return input

def basicblock(input, ch_in, ch_out, stride):
    tmp = conv_bn_layer(input, ch_out, 3, stride, 1)
    tmp = conv_bn_layer(tmp, ch_out, 3, 1, 1, act = None, bias_attr = True)
    short = shortcut(input, ch_in, ch_out, stride)
    return fluid.layers.elementwise_add(x = tmp, y = short, act = 'relu')

def layer_warp(block_func, input, ch_in, ch_out, count, stride):
    tmp = block_func(input, ch_in, ch_out, stride)
    for i in range(1, count):
        tmp = block_func(tmp, ch_out, ch_out, 1)
    return tmp
```

resnet_cifar10 函数实现的 ResNet 模型的连接结构如下：

底层输入连接一层 conv_bn_layer，即带 BN 的卷积层。

然后连接 3 组残差模块，即配置 3 组 layer_warp，每组采用图 5.6 左边所示的残差模块组成。

最后对网络做均值池化并返回该层。

注意：除第一层卷积层和最后一层全连接层之外，要求三组 layer_warp 总的含参层数能够被6整除，即 resnet_cifar10 的 depth 要满足(depth－2)%6＝0。代码如下：

```
def resnet_cifar10(ipt, depth = 32):
    # depth should be one of 20, 32, 44, 56, 110, 1202
    assert (depth - 2) % 6 == 0
    n = (depth - 2) // 6
    nStages = {16, 64, 128}
    conv1 = conv_bn_layer(ipt, ch_out = 16, filter_size = 3, stride = 1, padding = 1)
    res1 = layer_warp(basicblock, conv1, 16, 16, n, 1)
    res2 = layer_warp(basicblock, res1, 16, 32, n, 2)
    res3 = layer_warp(basicblock, res2, 32, 64, n, 2)
    pool = fluid.layers.pool2d(input = res3, pool_size = 8, pool_type = 'avg', pool_
stride = 1)
    predict = fluid.layers.fc(input = pool, size = 10, act = 'softmax')
    return predict
```

(3) 预测程序配置

网络输入数据是大小为32×32像素的3通道彩色图，因此定义数据输入层的参数 shape 为[3, 32, 32]，然后选择 VGG 模型或 ResNet 模型。代码如下：

```
def inference_program():
    # The image is 32 * 32 with RGB representation.
    data_shape = [3, 32, 32]
    images = fluid.layers.data(name = 'pixel', shape = data_shape, dtype = 'float32')

    predict = resnet_cifar10(images, 32)
    # predict = vgg_bn_drop(images) # un - comment to use vgg net
    return predict
```

(4) 训练程序配置

在定义好网络结构后即可配置训练程序(train_program)。在训练期间，将通过预测函数(inference_program)得到模型的预测输出值，定义交叉熵损失函数计算得到损失值。

代码如下：

```
def train_program():
    predict = inference_program()

    label = fluid.layers.data(name = 'label', shape = [1], dtype = 'int64')
    cost = fluid.layers.cross_entropy(input = predict, label = label)
    avg_cost = fluid.layers.mean(cost)
```

```
    accuracy = fluid.layers.accuracy(input = predict, label = label)
    return [avg_cost, accuracy]
```

(5) 优化器配置

接下来定义优化器，本例中使用 Adam Optimizer，学习率设置为 0.001。代码如下：

```
def optimizer_program():
    return fluid.optimizer.Adam(learning_rate = 0.001)
```

(6) 训练过程配置

在完成网络结构及训练程序的配置后，即可配置训练过程，首先定义数据读取器(reader)。代码如下：

```
# Each batch will yield 128 images
BATCH_SIZE = 128

# Reader for training
train_reader = paddle.batch(
        paddle.reader.shuffle(paddle.dataset.cifar.train10(), buf_size = 50000),
        batch_size = BATCH_SIZE)

# Reader for testing. A separated data set for testing.
test_reader = paddle.batch(paddle.dataset.cifar.test10(), batch_size = BATCH_SIZE)
```

接下来为训练过程指定 main_program，同样也需要为测试程序配置 test_program。然后定义训练场所，建议使用 GPU，可以加快网络训练速度。定义 train_test()函数，可在训练过程中使用测试集测试训练效果。代码如下：

```
use_cuda = False
place = fluid.CUDAPlace(0) if use_cuda else fluid.CPUPlace()

feed_order = ['pixel', 'label']

main_program = fluid.default_main_program()
star_program = fluid.default_startup_program()

avg_cost, acc = train_program()

# Test program
test_program = main_program.clone(for_test = True)

optimizer = optimizer_program()
```

```
optimizer.minimize(avg_cost)

exe = fluid.Executor(place)

EPOCH_NUM = 20

# For training test cost
def train_test(program, reader):
    count = 0
    feed_var_list = [program.global_block().var(var_name) for var_name in feed_order]
    feeder_test = fluid.DataFeeder(
        feed_list = feed_var_list, place = place)
    test_exe = fluid.Executor(place)
    accumulated = len([avg_cost, acc]) * [0]
    for tid, test_data in enumerate(reader()):
        avg_cost_np = test_exe.run(program = program,
                                   feed = feeder_test.feed(test_data),
                                   fetch_list = [avg_cost, acc])
        accumulated = [x[0] + x[1][0] for x in zip(accumulated, avg_cost_np)]
        count += 1
    return [x / count for x in accumulated]
```

最后定义训练主训练循环，其中 Ploter 函数绘制训练曲线，可以方便地观察训练过程中损失值的变化情况。代码如下：

```
params_dirname = "image_classification_resnet.inference.model"

from paddle.utils.plot import Ploter

train_prompt = "Train cost"
test_prompt = "Test cost"
plot_cost = Ploter(test_prompt,train_prompt)

# main train loop.
def train_loop():
    feed_var_list_loop = [main_program.global_block().var(var_name) for var_name in
feed_order]
    feeder = fluid.DataFeeder(feed_list = feed_var_list_loop, place = place)
    exe.run(star_program)

    step = 0
    for pass_id in range(EPOCH_NUM):
```

```
        for step_id, data_train in enumerate(train_reader()):
            avg_loss_value = exe.run(main_program,
                                     feed = feeder.feed(data_train),
                                     fetch_list = [avg_cost, acc])
            if step % 1 == 0:
                plot_cost.append(train_prompt, step, avg_loss_value[0])
                plot_cost.plot()
            step += 1

        avg_cost_test, accuracy_test = train_test(test_program, reader = test_reader)
        plot_cost.append(test_prompt, step, avg_cost_test)

        # save parameters
        if params_dirname is not None:
            fluid.io.save_inference_model(params_dirname, ["pixel"], [predict], exe)
```

调用 train_loop()函数即可开始训练。可以观察到训练曲线如图 5.9 所示。

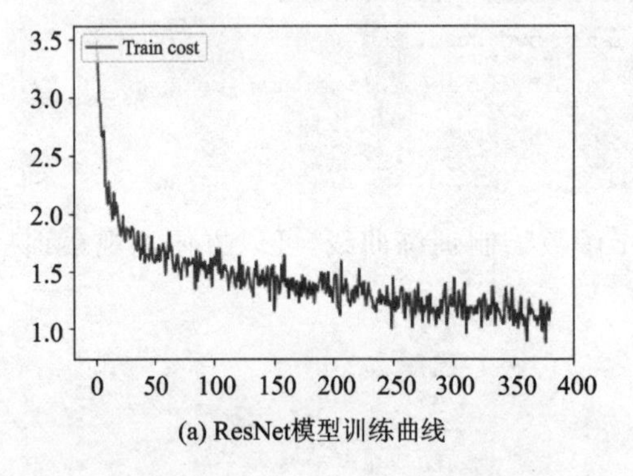

(a) ResNet模型训练曲线

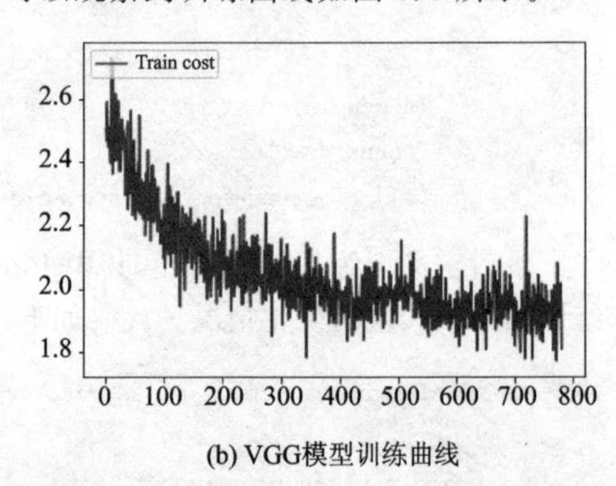

(b) VGG模型训练曲线

图 5.9　训练曲线

4. 应用模型

(1) 生成待测试数据

dog.png 是一张狗的图片，如图 5.10 所示。首先将它转换成 NumPy 数组以满足 feeder 的要求。代码如下：

```
# Prepare testing data.
from PIL import Image
import os


def load_image(file):
    im = Image.open(file)
    im = im.resize((32, 32), Image.ANTIALIAS)
```

```
        im = numpy.array(im).astype(numpy.float32)
        # The storage order of the loaded image is W(width),
        # H(height), C(channel). PaddlePaddle requires
        # the CHW order, so transpose them.
        im = im.transpose((2, 0, 1))  # CHW
        im = im / 255.0

        # Add one dimension to mimic the list format.
        im = numpy.expand_dims(im, axis = 0)
        return im

    cur_dir = os.getcwd()
    img = load_image(cur_dir + '/image/dog.png')
```

图 5.10 数据集中测试图像

(2) 测试程序配置

与训练过程类似,测试程序同样需要构建相应的过程。首先加载训练好的模型,然后使用模型对图像进行预测。代码如下:

```
    place = fluid.CUDAPlace(0) if use_cuda else fluid.CPUPlace()
    exe = fluid.Executor(place)
    inference_scope = fluid.core.Scope()

    with fluid.scope_guard(inference_scope):

        [inference_program, feed_target_names, fetch_targets] = fluid.io.load_inference
_model(params_dirname, exe)

        # The input's dimension of conv should be 4 - D or 5 - D.
        # Use inference_transpiler to speedup
        inference_transpiler_program = inference_program.clone()
        t = fluid.transpiler.InferenceTranspiler()
        t.transpile(inference_transpiler_program, place)

        # Construct feed as a dictionary of {feed_target_name: feed_target_data}
```

```
        # and results will contain a list of data corresponding to fetch_targets.
        results = exe.run(inference_program,
                    feed={feed_target_names[0]: img},
                    fetch_list=fetch_targets)

        transpiler_results = exe.run(inference_transpiler_program,
                            feed={feed_target_names[0]: img},
                            fetch_list=fetch_targets)

        assert len(results[0]) == len(transpiler_results[0])
        for i in range(len(results[0])):
            numpy.testing.assert_almost_equal(
                results[0][i], transpiler_results[0][i], decimal=5)

        # infer label
        label_list = ["airplane", "automobile", "bird", "cat", "deer", "dog", "frog", "
horse","ship", "truck"]
    print("infer results: %s" % label_list[numpy.argmax(results[0])])
```

可以看到预测程序输出的预测结果如下,模型预测正确。

```
    infer results: dog
```

5.3.3 词向量

本节将介绍词的向量表征,也称为 word embedding。词向量是自然语言处理中常见的操作,是搜索引擎、广告系统、推荐系统等互联网服务背后常见的基础技术。在这些互联网服务里,通常要比较两个词或者两段文本之间的相关性。为了做这样的比较,往往先要把词表示成适合计算机处理的方式。如何选择恰当的方式对词进行表示,就是本节需要探究的主要问题。

最自然的词表示方法是向量空间模型(vector space model),在这种方式下每个词被表示成一个实数向量(独热码类型),其长度为字典大小,每个维度对应字典里的一个词,除了这个词对应维度上的值是 1 之外,其他都是 0。这种方法虽然自然,但每个词本身表示的信息量太小,因此不能很好的表示词与词之间的相关性,应用场景有限。

为了更精确地计算词之间的相关性,机器学习领域探索出了“词向量模型(word embedding model)”。该模型可将一个独热码类型的实数向量映射到一个维度更低的实数向量(embedding vector),如 embedding(母亲节)=[0.3,4.2,−1.5,…],embedding(康乃馨)=[0.2,5.6,−2.3,…]。在这个映射后的实数向量表示中,希望两个语义(或用法)上相似的词对应的词向量也“更像”,在数学上,向量的“相似性”可以通过计算向量的余弦相似度来衡量,如“母亲节”和“康乃馨”的对应词向量的余弦相似度的值将非常接近1。本节将介绍如何基于神经网络训练一个简单的词向量模型。

1. 数据集

本例使用Penn Treebank(PTB)(经Tomas Mikolov预处理过的版本)数据集。PTB数据集较小,训练速度快,应用于Mikolov的公开语言模型训练工具中。

在模型训练过程中,会使用每条数据的前4个词预测第5个词。飞桨提供了对应PTB数据集的包paddle.dataset.imikolov,可以自动下载并预处理数据,方便大家使用。其中,预处理过程会把数据集中的每句话前后加上开始符号<s>以及结束符号<e>。然后依据窗口大小(本例中为5),从头到尾向右滑动窗口,每一步生成一条数据。

如“I have a dream that one day”一句提供了5条数据:

```
< s > I have a dream
I have a dream that
have a dream that one
a dream that one day
dream that one day < e >
```

最后,每个输入会按其单词在字典里的位置,转化成整数的索引序列,作为PaddlePaddle的输入。

2. 模型概览

本节将介绍一个基础但重要的词向量的模型:N-gram。它的中心思想是通过上下文得到一个词出现的概率。在计算语言学中,N-gram是一种重要的文本表示方法,表示一个文本中连续的N个项。在具体的应用场景中,每一项可以是一个字母、单词或者音节。N-gram模型也是统计语言模型中的一种重要方法,用N-gram训练语言模型时,一般用每个N-gram的历史$N-1$个词语组成的内容来预测第N个词。

用条件概率建立语言模型,即假设一句话中的第T个词的概率是和该句话的前$T-1$个词相关的。然而在实际情况中,距离越远的词对该词的影响越小,因此如果考虑一个N-gram,每个词都只受前面$N-1$个词的影响的话,则有:

$$P(\boldsymbol{w}_1,\cdots,\boldsymbol{w}_T)=\prod_{t=n}^{T}P(\boldsymbol{w}_t \mid \boldsymbol{w}_{t-1},\boldsymbol{w}_{t-2},\cdots,\boldsymbol{w}_{t-n+1}) \tag{5.1}$$

如果给定一些真实语料,假设这些语料中都是有意义的句子,那么N-gram模型的优化目标则是最大化目标函数:

$$\frac{1}{T}\sum_{t}f(\boldsymbol{w}_t,\boldsymbol{w}_{t-1},\cdots,\boldsymbol{w}_{t-n+1};\theta)+R(\theta) \tag{5.2}$$

其中，$f(\boldsymbol{w}_t, \boldsymbol{w}_{t-1}, \cdots, \boldsymbol{w}_{t-n+1})$表示根据历史 $n-1$ 个词得到当前词 $\boldsymbol{w}_t$ 的条件概率，$R(\theta)$表示参数正则项。图 5.11 所示为 N - gram 神经网络模型。

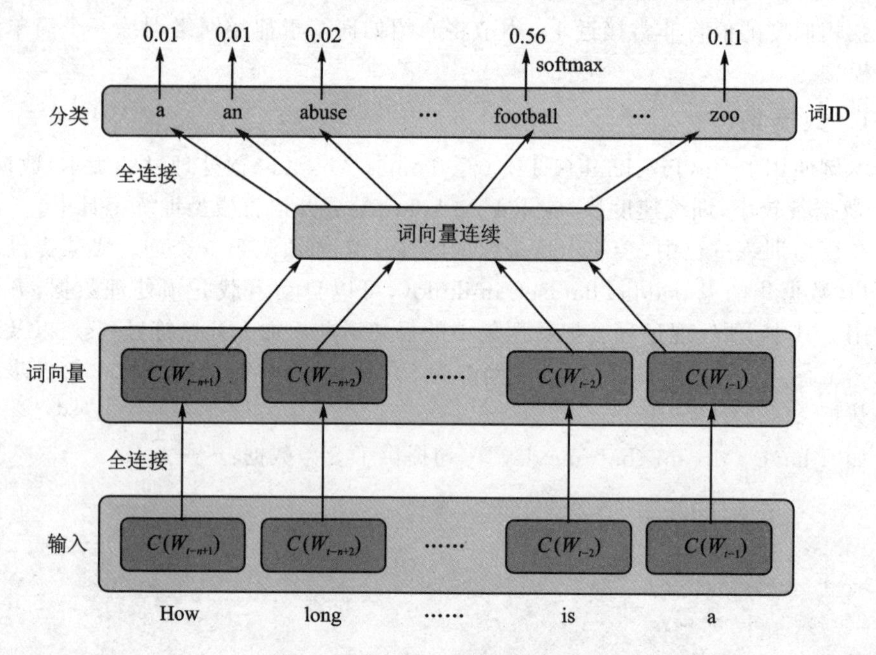

图 5.11　N - gram 神经网络模型

图中，从下往上看，该模型分为以下几个部分：

对于每个样本，模型输入为 $\boldsymbol{w}_{t-n+1}, \cdots, \boldsymbol{w}_{t-1}$，模型输出为句子第 t 个词在字典的 $|V|$ 个词上的概率分布。每个输入 $\boldsymbol{w}_{t-n+1}, \cdots, \boldsymbol{w}_{t-1}$ 首先通过映射矩阵映射到词向量 $\boldsymbol{C}(\boldsymbol{w}_{t-n+1}), \cdots, \boldsymbol{C}(\boldsymbol{w}_{t-1})$。

然后所有词语的词向量拼接成一个大向量，并经过一个非线性映射得到历史词语的隐层表示：

$$g = U\tanh(\theta^t \boldsymbol{x} + b_1) + W_x + b_2 \tag{5.3}$$

其中，x 为所有词语的词向量拼接成的大向量，表示文本历史特征；θ、U、b_1、b_2 和 W 分别为词向量层到隐层连接的参数。g 表示未经归一化的所有输出单词率，g_i 表示未经归一化的字典中第 i 个单词的输出概率。

根据 softmax 的定义，通过归一化 g_i，生成目标词 w_t 的概率为

$$P(\boldsymbol{w}_t \mid \boldsymbol{w}_1, \cdots, \boldsymbol{w}_{t-n+1}) = \frac{\mathrm{e}^{g_{w_t}}}{\sum_i^{|V|} \mathrm{e}^{g_i}} \tag{5.4}$$

整个网络的损失值(cost)为多类分类交叉熵，用公式表示为

$$J(\theta) = -\sum_{i=1}^{N} \sum_{k=1}^{|V|} y_k^i \log(\mathrm{softmax}(g_k^i)) \tag{5.5}$$

其中，y_k^i 表示第 i 个样本第 k 类的真实标签(0 或 1)，$\mathrm{softmax}(g_k^i)$ 表示第 i 个样本第 k 类 softmax 输出的概率。

3. 配置说明

接下来的小节中，将使用飞桨框架进行相关的代码配置，主要包括配置网络结构、训练和预测。

(1) 加载库文件

首先，加载飞桨及相关库文件。代码如下：

```
import paddle as paddle
import paddle.fluid as fluid
import six
import numpy
import math

from __future__ import print_function
```

(2) 定义超参数

然后定义训练过程中的超参数，需要注意的是，变量 BATCH_SIZE 的值越大将使得训练收敛更快，但也会消耗更多内存。由于词向量计算规模较大，如果环境允许，建议使用 GPU 进行训练，以便于更快得到结果。飞桨提供了一个内置的方法 fluid.layers.embedding，可以直接调用来构造 N-gram 神经网络。代码如下：

```
EMBED_SIZE = 32         # embedding 维度
HIDDEN_SIZE = 256       # 隐层大小
N = 5                   # ngram 大小,这里固定取 5

word_dict = paddle.dataset.imikolov.build_dict()
dict_size = len(word_dict)
```

(3) 神经网络配置

这个结构在训练和预测中都会使用到。因为词向量比较稀疏，传入参数 is_sparse 为 True 时，限令 is_sparse==True 时，可以加速稀疏矩阵的更新。

本节实验中训练的是 5-gram 模型，因此定义网络时需要设置 4 个 embedding 层，用来预测一个 predict_word。应当有两个参数，一个代表嵌入矩阵字典的大小，一个代表每个嵌入向量的大小。具体代码如下：

```
def inference_program(words, is_sparse):
# 创建 embedding 层,输入为第一个单词,dict_size 为嵌入矩阵字典的大小,
EMBED_SIZE 表示嵌入向量大小

    embed_first = fluid.layers.embedding(
```

```
                        input = words[0],
                    size = [dict_size, EMBED_SIZE],
                    dtype = 'float32',
                        is_sparse = is_sparse,
                        param_attr = 'shared_w')
    embed_second = fluid.layers.embedding(
                        input = words[1],
                        size = [dict_size, EMBED_SIZE],
                        dtype = 'float32',
                        is_sparse = is_sparse,
                        param_attr = 'shared_w')
    embed_third = fluid.layers.embedding(
                        input = words[2],
                        size = [dict_size, EMBED_SIZE],
                        dtype = 'float32',
                        is_sparse = is_sparse,
                        param_attr = 'shared_w')
    embed_fourth = fluid.layers.embedding(
                        input = words[3],
                        size = [dict_size, EMBED_SIZE],
                        dtype = 'float32',
                        is_sparse = is_sparse,
                        param_attr = 'shared_w')

    # 连接层，将词向量结果按 axis = 1 的维度连接起来
    concat_embed = fluid.layers.concat(input = [embed_first, embed_second, embed_
third, embed_fourth], axis = 1)
  # 全连接层，激活函数为 sigmoid
  hidden1 = fluid.layers.fc(input = concat_embed,
                        size = HIDDEN_SIZE,
                        act = 'sigmoid')
    # 全连接层，预测输出词的概率
    predict_word = fluid.layers.fc(input = hidden1, size = dict_size, act = 'softmax')
    return predict_word
```

(4) 优化器配置

完成神经网络结构的搭建后，需要定义网络的损失函数和优化方法。本次模型使用了交叉熵函数计算预测结果与标签之间的损失值，并采用 Adam 算法优化模型。代码如下：

```
    def train_program(predict_word):
    # 'next_word' 的定义必须要在 inference_program 的声明之后，
```

```
    # 否则 train program 输入数据的顺序就变成了[next_word, firstw, secondw,
    # thirdw, fourthw], 这是不正确的.
    next_word = fluid.layers.data(name='nextw', shape=[1], dtype='int64')
    cost = fluid.layers.cross_entropy(input=predict_word, label=next_word)
    avg_cost = fluid.layers.mean(cost)
    return avg_cost

def optimizer_func():
    return fluid.optimizer.AdagradOptimizer(
                        learning_rate=3e-3,

    regularization=fluid.regularizer.L2DecayRegularizer(8e-4))
```

(5) 训练模型

PaddlePaddle 中内置了训练集和测试集：paddle.dataset.imikolov.train()和 paddle.dataset.imikolov.test()。两者均会返回一个读取器(reader)，在飞桨中，读取器是一个 Python 的迭代器(generator)，每次调用就会读取一条数据。训练时可以通过指定 fetch_list 获取训练过程中的平均损失值或准确率。

1) 训练程序配置

训练时需要定义训练场所(在 GPU 或 CPU 下运行)，定义数据读取器，创建执行器。代码如下：

```
def train(if_use_cuda, params_dirname, is_sparse=True):
 #定义数据维度和类型
    first_word = fluid.layers.data(name='firstw', shape=[1], dtype='int64')
    second_word = fluid.layers.data(name='secondw', shape=[1], dtype='int64')
    third_word = fluid.layers.data(name='thirdw', shape=[1], dtype='int64')
    forth_word = fluid.layers.data(name='fourthw', shape=[1], dtype='int64')
    next_word = fluid.layers.data(name='nextw', shape=[1], dtype='int64')

    #定义数据传输顺序
    word_list = [first_word, second_word, third_word, forth_word, next_word]
    feed_order = ['firstw', 'secondw', 'thirdw', 'fourthw', 'nextw']

    predict_word = inference_program(word_list, is_sparse)
    avg_cost = train_program(predict_word)
    test_program = main_program.clone(for_test=True)
```

2) 验证程序配置

在训练过程中，可以在训练 10 次后，利用测试集检验训练效果，定义 train_test()函数实现上述功能。代码如下：

```
    def train_test(program, reader):
#训练初始轮次为 0
    count = 0
     #获取数据传入参数列表
        feed_var_list = [program.global_block().var(var_name) for var_name in feed_order]
        feeder_test = fluid.DataFeeder(feed_list = feed_var_list, place = place)
        test_exe = fluid.Executor(place)
        accumulated = len([avg_cost]) * [0]
       #定义测试过程
        for test_data in reader():
            avg_cost_np = test_exe.run(
                        program = program,
                        feed = feeder_test.feed(test_data),
                        fetch_list = [avg_cost])
            accumulated = [x[0] + x[1][0] for x in zip(accumulated, avg_cost_np)]
            count += 1
        return [x / count for x in accumulated]
```

3）训练过程配置

feed_order 确保了数据以\'firstw','secondw','thirdw','fourthw','nextw']的顺序赋值给 first_word、second_word、third_word、forth_word。代码如下：

```
    def train_loop():
        step = 0
        feed_var_list_loop = [main_program.global_block().var(var_name) for var_
name in feed_order]
        feeder = fluid.DataFeeder(feed_list = feed_var_list_loop, place = place)
        exe.run(star_program)
        for pass_id in range(PASS_NUM):
            for data in train_reader():
                avg_cost_np = exe.run(
                    main_program, feed = feeder.feed(data), fetch_list = [avg_cost])
               #每训练 10 个 batch,执行一次测试过程
                if step % 10 == 0:
                    outs = train_test(test_program, test_reader)

                    print("Step %d: Average Cost %f" % (step, outs[0]))

                    #  整个训练过程要花费几个小时,如果平均损失低于 5.8,
                    #  就认为模型已经达到很好的效果可以停止训练了。
                    #  注意 5.8 是一个相对较高的值,为了获取更好的模型,可以将
                    #  这里的阈值设为 3.5,但训练时间也会更长。
                    if outs[0] < 5.8:
                        if params_dirname is not None:
                            fluid.io.save_inference_model(params_dirname, [
```

```
                    'firstw', 'secondw', 'thirdw', 'fourthw'
                ], [predict_word], exe)
            return
        step += 1
        # 如果 loss 值为 Nan,则退出训练过程,并报错
        if math.isnan(float(avg_cost_np[0])):
            sys.exit("got NaN loss, training failed.")

    raise AssertionError("Cost is too large {0:2.2}".format(avg_cost_np[0]))
```

(6) 开始训练

调用 train_loop()函数,开始训练。

```
    train_loop()
```

打印训练过程的日志如下:

```
Step 0: Average Cost 7.337213
Step 10: Average Cost 6.136128
Step 20: Average Cost 5.766995
...
```

4. 应用模型

在模型训练好之后,可以利用保存下来的模型测试某句话下一个词的可能性:

```
definfer(use_cuda,params_dirname = None):
place = fluid.CUDAPlace(0)ifuse_cudaelsefluid.CPUPlace()

exe = fluid.Executor(place)

inference_scope = fluid.core.Scope()
withfluid.scope_guard(inference_scope):
# 使用 fluid.io.load_inference_model 获取 inference program,
# feed 变量的名称 feed_target_names 和从 scope 中 fetch 的对象 fetch_targets
[inferencer,feed_target_names,
fetch_targets] = fluid.io.load_inference_model(params_dirname,exe)

# 设置输入,用四个 LoDTensor 来表示 4 个词语。这里每个词都是一个 id,
# 用来查询 embedding 表获取对应的词向量,因此其形状大小是[1]。
# recursive_sequence_lengths 设置的是基于长度的 LoD,因此都应该设为[[1]]
# 注意 recursive_sequence_lengths 是列表的列表
data1 = [[211]]# 'among'
data2 = [[6]]# 'a'
```

```
    data3 = [[96]] # 'group'
    data4 = [[4]] # 'of'
    lod = [[1]]

    first_word = fluid.create_lod_tensor(data1,lod,place)
    second_word = fluid.create_lod_tensor(data2,lod,place)
    third_word = fluid.create_lod_tensor(data3,lod,place)
    fourth_word = fluid.create_lod_tensor(data4,lod,place)

    assertfeed_target_names[0] == 'firstw'
    assertfeed_target_names[1] == 'secondw'
    assertfeed_target_names[2] == 'thirdw'
    assertfeed_target_names[3] == 'fourthw'

    # 构造 feed 词典 {feed_target_name: feed_target_data}
    # 预测结果包含在 results 之中
    results = exe.run(
    inferencer,
    feed = {
    feed_target_names[0]:first_word,
    feed_target_names[1]:second_word,
    feed_target_names[2]:third_word,
    feed_target_names[3]:fourth_word
    },
    fetch_list = fetch_targets,
    return_numpy = False)

    print(numpy.array(results[0]))
    most_possible_word_index = numpy.argmax(results[0])
    print(most_possible_word_index)
    print([keyforkey,valueinsix.iteritems(word_dict)ifvalue == most_possible_word_in-
dex][0])
```

在完成上述内容后，接下来就可以训练模型并使用模型对词进行预测。整个程序的入口非常简单，只需要在上述代码的基础上，补充如下代码即可：

```
    defmain(use_cuda,is_sparse):
    ifuse_cudaandnotfluid.core.is_compiled_with_cuda():
    return

        # 保存训练模型，用于预测
    params_dirname = "word2vec.inference.model"
```

```
    train(
    if_use_cuda = use_cuda,
    params_dirname = params_dirname,
    is_sparse = is_sparse)

    infer(use_cuda = use_cuda,params_dirname = params_dirname)


    main(use_cuda = use_cuda,is_sparse = True)
```

由于词向量矩阵本身比较稀疏,训练的过程如果要达到一定的精度耗时会比较长。为了能简单看到效果,只设置了经过很少的训练就结束并得到如下的预测。本次模型预测 among a group of 的下一个词是 the,这比较符合文法规律。如果训练时间更长,比如几个小时,那么会得到的下一个预测是 workers。预测输出的格式如下:

```
[[0.03768077 0.03463154 0.00018074 ... 0.00022283 0.00029888 0.02967956]]
0
the
```

其中第一行表示预测词在词典上的概率分布,第二行表示概率最大的词对应的id,第三行表示概率最大的词。

以上介绍了简单的词向量概念以及如何通过训练神经网络模型获得词向量。在信息检索中,可以根据向量间的余弦夹角,来判断 query 和文档关键词这二者间的相关性。在句法分析和语义分析中,训练好的词向量可以用来初始化模型,以得到更好的效果。在文档分类中,有了词向量之后,可以用聚类的方法将文档中同义词进行分组,也可以用 N - gram 来预测下一个词。

5.3.4 情感分析

在自然语言处理中,情感分析一般是指判断一段文本所表达的情绪状态。其中,一段文本可以是一个句子,一个段落或一个文档。情绪状态可以是两类,如正面和负面、高兴和悲伤,也可以是三类,如积极、消极和中性。

情感分析属于典型的文本分类问题,即把需要进行情感分析的文本划分为其所属类别。文本分类涉及文本表示和分类方法两个问题。在深度学习的方法出现之前,主流的文本表示方法为词袋模型 BOW(Bag of Words)、话题模型等,分类方法有 SVM(Support Vector Machine)、LR(Logistic Regression)等。

对于一段文本,BOW 表示会忽略其词顺序、语法和句法,将这段文本仅仅看做是词的集合,因此 BOW 方法并不能充分表示文本的语义信息。例如,句子“这部电影糟糕透了”和“一个乏味，空洞，没有内涵的作品”在情感分析中具有很高的语义相似度，但是它们的 BOW 表示的相似度为 0。又如，句子“一个空洞，没有内涵的作品”和“一个不空洞而且有内涵的作品”的 BOW 相似度却很高，但实际上它们的意思相差很大。而基于深度学习的文本分类模型克服了 BOW 表示的上述缺陷，它在考虑词顺序的基础上把文本映射到低维度的语义空间，并且以端到端(end to end)的方式进行文本表示及分类，其性能相对于传统方法有显著的提升。

情感分析的应用场景十分广泛，例如，可以把用户在购物网站、旅游网站、电影评论网站上发表的评论分成正面评论和负面评论，也可以抓取某个产品的用户评论并进行情感分析，从而判断用户对于该产品的整体使用感受。本小节将利用飞桨搭建深度学习模型，以端到端的方式进行文本表示及分类，解决情感分析问题。

1. 数据集

文本分类任务中，IMDB 是较为经典的数据集，它是由 Stanford 整理的一套 IMDB 平台上的影评数据及标签，共包含 25 000 个训练样本和 25 000 个测试样本。其中，负面评论的得分小于等于 4，正面评论的得分大于等于 7，满分为 10 分。整个数据集的结构如下：

```
aclImdb
|- test
|- - neg
|- - pos
|- train
|- - neg
|- - pos
```

Paddle 在 paddle.dataset.imdb 中提供了获取该数据集的接口，并提供了读取字典、训练数据、测试数据等接口。

2. 模型概览

这里实现了两种文本分类算法，分别是文件卷积神经网络和栈式双向 LSTM。

对卷积神经网络来说，首先使用卷积处理输入的词向量序列，产生一个特征图(feature map)，对特征图采用时间维度上的最大池化(max pooling over time)操作得到此卷积核对应的整句话的特征，最后，将所有卷积核得到的特征拼接起来即为文本的定长向量表示。对于文本分类问题，将其连接至 Softmax 即构建出完整的模型。在实际应用中，会使用多个卷积核来处理句子，窗口大小相同的卷积核堆叠起来形成一个矩阵，这样可以更高效的完成运算。另外，也可使用窗口大小不同的卷积核来处理句子，网络示意图如图 5.12 所示，不同大小的卷积核操作由矩阵粗边框、点划线和矩阵灰色阴影、虚线表示。

对于一般的短文本分类问题，上文所述的简单的文本卷积网络即可达到很高的

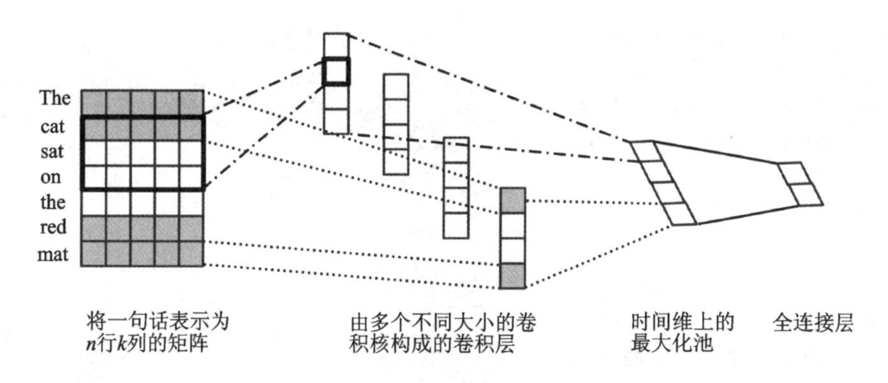

图 5.12 卷积神经网络文本分类模型

正确率。若想得到更抽象更高级的文本特征表示,可以构建深层文本卷积神经网络。

栈式双向 LSTM 网络,是在传统的正向循环神经网络基础上加入了反向(将输入逆序处理)的循环神经网络,搭建了更深层次的双向循环神经网络,来对时序数据进行建模。如图 5.13 所示,奇数层 LSTM 正向,偶数层 LSTM 反向,高一层的 LSTM 使用第一层 LSTM 及之前所有层的信息作为输入,对最高层 LSTM 序列使用时间维度上的最大池化即可得到文本的定长向量表示,最后接入 Softmax 层构建分类模型。

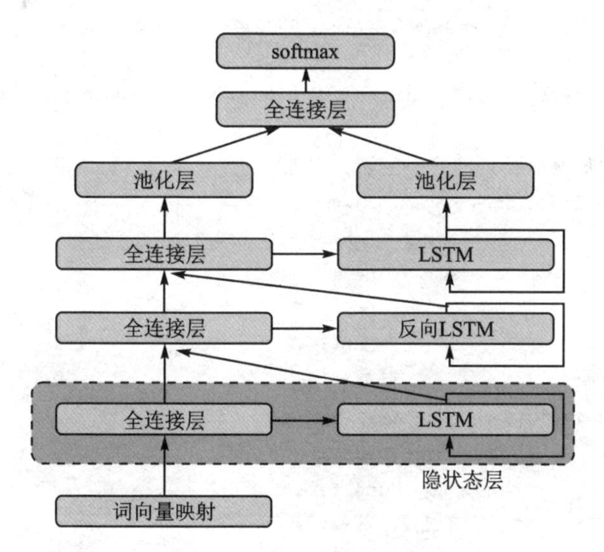

图 5.13 栈式双向 LSTM

3. 配置说明

接下来使用飞桨框架进行相关的代码配置。

(1) 加载库文件

首先,加载飞桨框架及相关库文件。代码如下:

```
from __future__ import print_function
import paddle
import paddle.fluid as fluid
import numpy as np
import sys
import math

CLASS_DIM = 2       #情感分类的类别数
EMB_DIM = 128       #词向量的维度
HID_DIM = 512       #隐藏层的维度
STACKED_NUM = 3     #LSTM 双向栈的层数
BATCH_SIZE = 128    #batch 的大小
```

(2) 文本卷积神经网络

下列代码搭建了一个简单的文本卷积网络，网络包含一个 embedding 层，两个卷积池化层和一个全连接层，最后全连接层的激活函数为 Softmax。网络的输入 input_dim 表示的是词典的大小，class_dim 表示类别数。fluid.nets.sequence_conv_pool 包含卷积和池化层两个操作。代码如下：

```
#文本卷积神经网络
def convolution_net(data, input_dim, class_dim, emb_dim, hid_dim):
    #创建 embedding 层
    emb = fluid.layers.embedding(input = data, size = [input_dim, emb_dim], is_sparse = True)
    #创建卷积池化层
    conv_3 = fluid.nets.sequence_conv_pool(
                                input = emb,
                                num_filters = hid_dim,
                                filter_size = 3,
                                act = "tanh",
                                pool_type = "sqrt")
    conv_4 = fluid.nets.sequence_conv_pool(
                                input = emb,
                                num_filters = hid_dim,
                                filter_size = 4,
                                act = "tanh",
                                pool_type = "sqrt")
    prediction = fluid.layers.fc(input = [conv_3, conv_4], size = class_dim, act = "softmax")
    return prediction
```

(3) 栈式双向 LSTM

栈式双向 LSTM 抽象出了高级特征并将其映射到维度为类别数量的向量上。最后一个全连接层的 Softmax 激活函数用来计算属于某个类别的概率。栈式双向神经网络 stacked_lstm_net 的代码片段如下：

```
# 栈式双向 LSTM
def stacked_lstm_net(data, input_dim, class_dim, emb_dim, hid_dim, stacked_num):

    #计算词向量
    emb = fluid.layers.embedding(input = data, size = [input_dim, emb_dim], is_sparse = True)

  #第一层栈
    #全连接层
    fc1 = fluid.layers.fc(input = emb, size = hid_dim)
    #lstm 层
    lstm1, cell1 = fluid.layers.dynamic_lstm(input = fc1, size = hid_dim)

    inputs = [fc1, lstm1]

  #其余的所有栈结构
    for i in range(2, stacked_num + 1):
        fc = fluid.layers.fc(input = inputs, size = hid_dim)
        lstm, cell = fluid.layers.dynamic_lstm(
            input = fc, size = hid_dim, is_reverse = (i % 2) == 0)
        inputs = [fc, lstm]

    #池化层
    fc_last = fluid.layers.sequence_pool(input = inputs[0], pool_type = 'max')
    lstm_last = fluid.layers.sequence_pool(input = inputs[1], pool_type = 'max')

    #全连接层,Softmax 预测
    prediction = fluid.layers.fc(input = [fc_last, lstm_last], size = class_dim, act
= 'softmax')
    return prediction
```

(4) 预测程序配置

接下来定义预测程序(inference_program),预测程序使用 convolution_net 来对 fluid.layers.data 的输入进行预测。通过定义 net 选择网络结构(convolution_net 或 stacked_lstm_net)。代码如下：

```
def inference_program(word_dict):
    data = fluid.layers.data(name = "words", shape = [1], dtype = "int64", lod_level = 1)
```

```
    dict_dim = len(word_dict)
    net = convolution_net(data, dict_dim, CLASS_DIM, EMB_DIM, HID_DIM)
    # net = stacked_lstm_net(data, dict_dim, CLASS_DIM, EMB_DIM, HID_DIM, STACKED_NUM)
    return net
```

(5) 训练程序配置

下述代码定义了 training_program,使用从 inference_program 返回的结果计算误差,训练过程交叉熵用来在 fluid. layers. cross_entropy 中作为损失函数。最终分类器会计算各个输出的概率,第一个返回的数值规定为 cost。代码如下:

```
def train_program(prediction):
    label = fluid.layers.data(name = "label", shape = [1], dtype = "int64")
    cost = fluid.layers.cross_entropy(input = prediction, label = label)
    avg_cost = fluid.layers.mean(cost)
    accuracy = fluid.layers.accuracy(input = prediction, label = label)
    return [avg_cost, accuracy]    #返回平均 cost 和准确率 acc

#优化函数
def optimizer_func():
    return fluid.optimizer.Adagrad(learning_rate = 0.002)
```

4. 训练模型

(1) 定义训练场所

定义训练在 CPU 还是在 GPU 上运行:

```
use_cuda = False    #在 cpu 上进行训练
place = fluid.CUDAPlace(0) if use_cuda else fluid.CPUPlace()
```

(2) 定义数据读取器

为训练和测试定义数据读取器。读取器读入一个大小为 BATCH_SIZE 的数据。paddle. dataset. imdb. word_dict 每次会在乱序化后提供一个大小为 BATCH_SIZE 的数据,乱序化的大小为缓存大小 buf_size。

注意:首次读取 IMDB 的数据需要下载,可能会花费几分钟的时间,请耐心等待。

```
print("Loading IMDB word dict....")
word_dict = paddle.dataset.imdb.word_dict()

print ("Reading training data....")

#定义训练、测试数据读取器
train_reader = paddle.batch(
```

```
        paddle.reader.shuffle(paddle.dataset.imdb.train(word_dict), buf_size =
25000),
        batch_size = BATCH_SIZE)

    print("Reading testing data....")

    test_reader = paddle.batch(paddle.dataset.imdb.test(word_dict), batch_size = BATCH_
SIZE)
```

word_dict 是一个字典序列,是词和 label 的对应关系,运行此行可以看到具体内容:

```
    word_dict
```

每行是如('limited': 1726)的对应关系,该行表示单词 limited 所对应的 label 是 1726。

(3) 执行器配置

定义用于训练的执行器,并使用定义的优化器函数定义优化器。

```
exe = fluid.Executor(place)
prediction = inference_program(word_dict)
[avg_cost, accuracy] = train_program(prediction)#训练程序
sgd_optimizer = optimizer_func()#训练优化函数
sgd_optimizer.minimize(avg_cost)
```

该函数用来计算训练中模型在 test 数据集上的结果:

```
def train_test(program, reader):
    count = 0
    feed_var_list = [program.global_block().var(var_name) for var_name in feed_order]
    feeder_test = fluid.DataFeeder(feed_list = feed_var_list, place = place)
    test_exe = fluid.Executor(place)
    accumulated = len([avg_cost, accuracy]) * [0]
    for test_data in reader():
        avg_cost_np = test_exe.run(
        program = program,
        feed = feeder_test.feed(test_data),
        fetch_list = [avg_cost, accuracy])
        accumulated = [x[0] + x[1][0] for x in zip(accumulated, avg_cost_np)]
        count += 1
    return [x / count for x in accumulated]
```

(4) 训练过程配置

feed_order 用来定义每条产生的数据和 fluid.layers.data 之间的映射关系。比

如,imdb.train 产生的第一列的数据对应的是 words 这个特征。

```
# Specify the directory path to save the parameters
params_dirname = "understand_sentiment_conv.inference.model"

feed_order = ['words', 'label']
pass_num = 1   #训练循环的轮数

#程序主循环部分
def train_loop(main_program):
    #启动上文构建的训练器
    exe.run(fluid.default_startup_program())

    feed_var_list_loop = [main_program.global_block().var(var_name) for var_name in
feed_order]
    feeder = fluid.DataFeeder(feed_list = feed_var_list_loop, place = place)

    test_program = fluid.default_main_program().clone(for_test = True)

    #训练循环
    for epoch_id in range(pass_num):
        for step_id, data in enumerate(train_reader()):
            #运行训练器
            metrics = exe.run(main_program,
                        feed = feeder.feed(data),
                        fetch_list = [avg_cost, accuracy])

            #测试结果
            avg_cost_test, acc_test = train_test(test_program, test_reader)
            print('Step {0}, Test Loss {1:0.2}, Acc {2:0.2}'.format(step_id, avg_cost
_test, acc_test))
            print("Step {0}, Epoch {1} Metrics {2}".format(step_id, epoch_id, list
(map(np.array, metrics))))

            if step_id == 30:
                if params_dirname is not None:
                    fluid.io.save_inference_model(params_dirname, ["words"],pre-
diction, exe)#保存模型
                return
```

(5) 开始训练

启动训练主循环开始训练。训练时间较长,如果为了更快地返回结果,可以通过调整损耗值范围或者训练步数，以减少准确率的代价来缩短训练时间。

```
train_loop(fluid.default_main_program())
```

5. 应用模型

(1) 执行器配置

和训练过程一样，需要创建一个用于测试的执行器，并使用训练得到的模型和参数来进行预测，params_dirname用来存放训练过程中的各个参数。

```
place = fluid.CUDAPlace(0) if use_cuda else fluid.CPUPlace()
exe = fluid.Executor(place)
inference_scope = fluid.core.Scope()
```

(2) 生成待预测数据

为了进行预测，任意选取3个评论。把评论中的每个词对应到word_dict中的id。如果词典中没有这个词，则设为unknown。然后用create_lod_tensor来创建细节层次的张量。代码如下：

```
reviews_str = ['read the book forget the movie', 'this is a great movie', 'this is very bad']
reviews = [c.split() for c in reviews_str]

UNK = word_dict['<unk>']
lod = []
for c in reviews:
    lod.append([word_dict.get(words, UNK) for words in c])

base_shape = [[len(c) for c in lod]]

tensor_words = fluid.create_lod_tensor(lod, base_shape, place)
```

(3) 测试程序配置

现在可以对每一条评论进行正面或者负面的预测，加载训练好的权重参数传入预测模型，得到预测结果：

```
with fluid.scope_guard(inference_scope):
    [inferencer, feed_target_names, fetch_targets] = fluid.io.load_inference_model(params_dirname, exe)

    assert feed_target_names[0] == "words"
    results = exe.run(inferencer,
                      feed={feed_target_names[0]: tensor_words},
                      fetch_list=fetch_targets,
```

```
                    return_numpy = False)
    np_data = np.array(results[0])
    for i, r in enumerate(np_data):
        print("Predict probability of ", r[0], " to be positive and ", r[1],
              " to be negative for review \'", reviews_str[i], "\'")
```

本小节以情感分析为例,介绍了如何使用深度学习的方法进行端对端的短文本分类,并且使用飞桨完成了全部相关实验。同时,简要介绍了两种文本处理模型:卷积神经网络和循环神经网络。

5.3.5 语义角色标注

自然语言分析技术大致分为三个层面:词法分析、句法分析和语义分析。语义角色标注是实现浅层语义分析的一种方式。它以句子的谓词为中心,不对句子所包含的语义信息进行深入分析,只分析句子中各成分与谓词之间的关系,即句子的谓词(Predicate)—论元(Argument)结构,并用语义角色来描述这些结构关系,是许多自然语言理解任务的一个重要中间步骤。

绝大多数的 NLP 问题都可以转换为序列标注问题,所谓"序列标注",就是对一个一维线性输入序列中的每个元素,打上标签集合中的某个标签。所以,其本质上是对线性序列中每个元素根据上下文内容进行分类的问题。传统序列标注模型有最大熵、CRF 等模型。随着深度学习的不断探索和发展,LSTM+CRF 等成为解决序列标注问题的常用解决方案,并广泛应用于信息抽取、篇章分析、深度问答等领域。

语义角色标注可以看作是序列标注问题,为了简化过程,本节模型只依赖输入文本序列,不依赖任何额外的语法解析结果或是复杂的人造特征,利用深度神经网络构建一个端到端学习的语义角色标注系统。实现下面的任务:给定一句话和这句话里的一个谓词,通过序列标注的方式,从句子中找到谓词对应的论元,同时标注它们的语义角色。

1. 数据集

在此,选用 CoNLL 2005 SRL 任务开放出的数据集作为示例。需要特别说明的是,CoNLL 2005 SRL 任务的训练数集和开发集在比赛之后并非免费进行公开,目前能够获取到的只有测试集,包括 Wall Street Journal 的 23 节和 Brown 语料集中的 3 节。在本例中,以测试集中的 WSJ 数据为训练集来讲解模型。但是,由于测试集中样本的数量远远不够,如果希望训练一个可用的神经网络 SRL 系统,请考虑付费获取全量数据。

原始数据中同时包括了词性标注、命名实体识别、语法解析树等多种信息。本例中,使用 test.wsj 文件夹中的数据进行训练和测试,并只会用到 words 文件夹(文本序列)和 props 文件夹(标注结果)下的数据。使用的数据目录如下:

```
conll05st-release/
└── test.wsj
    ├── props    # 标注结果
    └── words    # 输入文本序列
```

原始数据需要进行数据预处理才能被飞桨处理，预处理包括下面几个步骤：

① 将文本序列和标记序列其合并到一条记录中；

② 一个句子如果含有 n 个谓词，这个句子会被处理 n 次，变成 n 条独立的训练样本，每个样本一个不同的谓词；

③ 抽取谓词上下文和构造谓词上下文区域标记；

④ 构造以 BIO 法表示的标记；

⑤ 依据词典获取词对应的整数索引。

预处理完成之后一条训练样本数据包含 9 个域，分别是：句子序列、谓词、谓词上下文（占 5 列）、谓词上下文区域标记、标注序列。表 5.2 是一条训练样本的示例。

表 5.2 训练样本示例

句子序列	谓词	谓词上下文（窗口 = 5）	谓词上下文区域标记	标注序列
A	set	n't been set . ×	0	B-A1
record	set	n't been set . ×	0	I-A1
date	set	n't been set . ×	0	I-A1
has	set	n't been set . ×	0	O
n't	set	n't been set . ×	1	B-AM-NEG
been	set	n't been set . ×	1	O
set	set	n't been set . ×	1	B-V
.	set	n't been set . ×	1	O

除数据之外，还提供了以下资源：

- word_dict：输入句子的词典，共计 44 068 个词；
- label_dic：标记的词典，共计 106 个标记；
- predicate_dict：谓词的词典，共计 3 162 个词；
- emb：一个训练好的词表，32 维。

可以通过如下代码获取词典，打印词典大小：

```
from __future__ import print_function


import math, os
import numpy as np
import paddle
import paddle.dataset.conll05 as conll05
```

```
import paddle.fluid as fluid
import six
import time

with_gpu = os.getenv('WITH_GPU', '0') ! = '0'

#获取 conll05 词典
word_dict, verb_dict, label_dict = conll05.get_dict()
word_dict_len = len(word_dict)
label_dict_len = len(label_dict)
pred_dict_len = len(verb_dict)
#观察词典大小
print('word_dict_len: ', word_dict_len)
print('label_dict_len: ', label_dict_len)
print('pred_dict_len: ', pred_dict_len)
```

2. 模型概览

在 SRL 任务中,输入是“谓词”和“一句话”,目标是从这句话中找到谓词的论元,并标注论元的语义角色。如果一个句子含有 n 个谓词,这个句子会被处理 n 次。本节中对传统方法进行了改进,引入了两个简单的特征:

- 谓词上下文:如果在模型中只用谓词的词向量表达谓词相关的所有信息,这种方法始终是非常弱的,特别是如果谓词在句子中出现多次,有可能引起一定的歧义。从经验出发,谓词前后若干个词的一个小片段,能够提供更丰富的信息,帮助消解歧义。于是,本模型把这样的经验也添加到模型中,为每个谓词同时抽取一个“谓词上下文”片段,也就是从这个谓词前后各取 n 个词构成的一个窗口片段。
- 谓词上下文区域标记:为句子中的每一个词引入一个 0−1 二值变量,表示它们是否在“谓词上下文”片段中。

修改后的模型如图 5.14 所示。

① 构造输入。

② 输入 1 是句子序列,输入 2 是谓词序列,输入 3 是谓词上下文,从句子中抽取这个谓词前后各 n 个词,构成谓词上下文,用 one−hot 方式表示,输入 4 是谓词上下文区域标记,标记了句子中每一个词是否在谓词上下文中。

③ 将输入 2~3 均扩展为和输入 1 一样长的序列。

④ 输入 1~4 均通过词表取词向量转换为实向量表示的词向量序列;其中输入 1、3 共享同一个词表,输入 2 和 4 各自独有词表。

⑤ 第 2 步的 4 个词向量序列作为双向 LSTM 模型的输入;LSTM 模型学习输入序列的特征表示,得到新的特性表示序列。

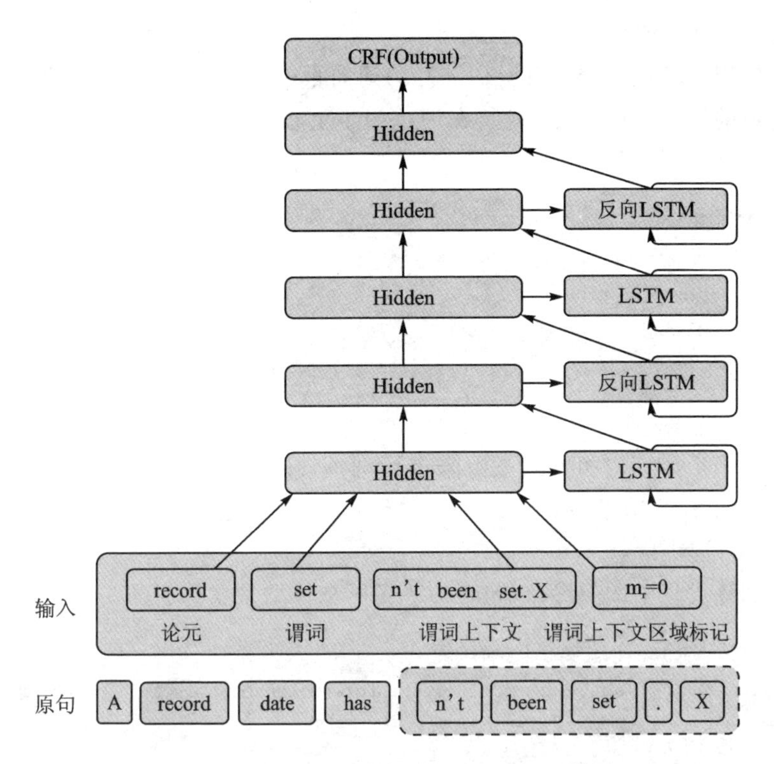

图 5.14　SRL 任务上的深层双向 LSTM 模型

⑥ CRF 以第 3 步中 LSTM 学习到的特征为输入，以标记序列为监督信号，完成序列标注。

3. 配置说明

接下来的部分中，将使用飞桨框架进行相关的代码配置，实现语义角色标注。

(1) 定义参数

以下代码定义了输入数据维度及模型超参数，代码如下：

```
mark_dict_len = 2      # 谓词上下文区域标记的维度,是一个 0-1 2 值特征,因此维度为 2
word_dim = 32          # 词向量维度
mark_dim = 5           # 谓词上下文区域通过词表被映射为一个实向量,这个是相邻的维度
hidden_dim = 512       # LSTM 隐层向量的维度: 512 / 4
depth = 8              # 栈式 LSTM 的深度
mix_hidden_lr = 1e-3 # linear_chain_crf 层的基础学习率

IS_SPARSE = True       # 是否以稀疏方式更新 embedding
PASS_NUM = 10          # 训练轮数
BATCH_SIZE = 10        # batch size 大小

embedding_name = 'emb'
```

(2) 加载预训练模型

本节使用基于英文维基百科训练好的词向量来初始化序列输入、谓词上下文总共6个特征的 embedding 层参数,在训练中不更新。定义函数 load_parameter()用于加载预训练模型。代码如下:

```
# 这里加载飞桨保存的二进制参数
def load_parameter(file_name, h, w):
    with open(file_name, 'rb') as f:
        f.read(16)  # skip header.
    return np.fromfile(f, dtype = np.float32).reshape(h, w)
```

(3) 训练模型

根据网络拓扑结构和模型参数来进行训练,在构造时还需指定优化方法,这里使用最基本的 SGD 方法(momentum 设置为 0),同时设定了学习率、正则等。

1) 定义超参数

定义训练过程中的超参数,包含训练场所和模型参数的名称。代码如下:

```
use_cuda = False # 在 cpu 上执行训练
save_dirname = "label_semantic_roles.inference.model" # 训练得到的模型参数保存在文件中
is_local = True
```

2) 数据输入层配置

以下定义了模型输入特征的格式,用于承载传入网络结构的数据。包括句子序列、谓词、谓词上下文的5个特征和谓词上下区域标志。代码如下:

```
# 句子序列
word = fluid.layers.data(name = 'word_data', shape = [1], dtype = 'int64', lod_level = 1)

# 谓词
predicate = fluid.layers.data(name = 'verb_data', shape = [1], dtype = 'int64', lod_level = 1)

# 谓词上下文 5 个特征
ctx_n2 = fluid.layers.data(name = 'ctx_n2_data', shape = [1], dtype = 'int64', lod_level = 1)
ctx_n1 = fluid.layers.data(name = 'ctx_n1_data', shape = [1], dtype = 'int64', lod_level = 1)
ctx_0 = fluid.layers.data(name = 'ctx_0_data', shape = [1], dtype = 'int64', lod_level = 1)
ctx_p1 = fluid.layers.data(name = 'ctx_p1_data', shape = [1], dtype = 'int64', lod_level = 1)
ctx_p2 = fluid.layers.data(name = 'ctx_p2_data', shape = [1], dtype = 'int64', lod_level = 1)

# 谓词上下区域标志
mark = fluid.layers.data(name = 'mark_data', shape = [1], dtype = 'int64', lod_level = 1)
```

3) 网络结构配置

首先定义模型输入层:

```
# 预训练谓词和谓词上下区域标志
predicate_embedding = fluid.layers.embedding(
                            input = predicate,
                            size = [pred_dict_len, word_dim],
                            dtype = 'float32',
                            is_sparse = IS_SPARSE,
                            param_attr = 'vemb')

mark_embedding = fluid.layers.embedding(
                            input = mark,
                            size = [mark_dict_len, mark_dim],
                            dtype = 'float32',
                            is_sparse = IS_SPARSE)

#句子序列和谓词上下文 5 个特征并预训练
word_input = [word, ctx_n2, ctx_n1, ctx_0, ctx_p1, ctx_p2]
# 因词向量是预训练好的,这里不再训练 embedding 表,
# 参数属性 trainable 设置成 False 阻止了 embedding 表在训练过程中被更新
emb_layers = [
    fluid.layers.embedding(
    size = [word_dict_len, word_dim],
    input = x,
param_attr = fluid.ParamAttr(name = embedding_name, trainable = False)) for x in word_input
]
#加入谓词和谓词上下区域标志的预训练结果
emb_layers.append(predicate_embedding)
emb_layers.append(mark_embedding)
```

定义 8 个 LSTM 单元以“正向/反向”的顺序对所有输入序列进行学习:

```
# 共有 8 个 LSTM 单元被训练,每个单元的方向为从左到右或从右到左,
# 由参数is_reverse确定
# 第一层栈结构
hidden_0_layers = [fluid.layers.fc(input = emb, size = hidden_dim, act = 'tanh')for emb
in emb_layers]

hidden_0 = fluid.layers.sums(input = hidden_0_layers)

lstm_0 = fluid.layers.dynamic_lstm(
                    input = hidden_0,
                    size = hidden_dim,
                    candidate_activation = 'relu',
                    gate_activation = 'sigmoid',
```

```
                   cell_activation = 'sigmoid')

    # 用直连的边来堆叠 L - LSTM、R - LSTM
    input_tmp = [hidden_0, lstm_0]

    # 其余的栈结构
    for i in range(1, depth):
        mix_hidden = fluid.layers.sums(input = [
                          fluid.layers.fc(input = input_tmp[0], size = hidden_dim, act
= 'tanh'),
                          fluid.layers.fc(input = input_tmp[1], size = hidden_dim, act
= 'tanh')
        ])

        lstm = fluid.layers.dynamic_lstm(
                   input = mix_hidden,
                   size = hidden_dim,
                   candidate_activation = 'relu',
                   gate_activation = 'sigmoid',
                   cell_activation = 'sigmoid',
                   is_reverse = ((i % 2) == 1))

        input_tmp = [mix_hidden, lstm]

    # 取最后一个栈式 LSTM 的输出和这个 LSTM 单元的输入到隐层映射,
    # 经过一个全连接层映射到标记字典的维度,来学习 CRF 的状态特征
    feature_out = fluid.layers.sums(input = [
                   fluid.layers.fc(input = input_tmp[0], size = label_dict_len, act
= 'tanh'),
                   fluid.layers.fc(input = input_tmp[1], size = label_dict_len, act
= 'tanh')
    ])

    # 标注序列
    target = fluid.layers.data(name = 'target', shape = [1], dtype = 'int64', lod_level = 1)

    # 学习 CRF 的转移特征
    crf_cost = fluid.layers.linear_chain_crf(
                   input = feature_out,
                   label = target,
                   param_attr = fluid.ParamAttr(name = 'crfw', learning_rate = mix_hid-
den_lr))


    avg_cost = fluid.layers.mean(crf_cost)
```

```
# 使用最基本的SGD优化方法(momentum设置为0)
sgd_optimizer = fluid.optimizer.SGD(
                learning_rate = fluid.layers.exponential_decay(
                                learning_rate = 0.01,
                                decay_steps = 100000,
                                decay_rate = 0.5,
                                staircase = True))

sgd_optimizer.minimize(avg_cost)
```

数据集使用 conll05.test()每次产生一条样本,包含 9 个特征,样本数据通过 shuffle()函数读取,并通过 batch()函数组成 batch 然后作为训练的输入。

```
crf_decode = fluid.layers.crf_decoding(input = feature_out, param_attr = fluid.ParamAttr(name = 'crfw'))

train_data = paddle.batch(
    paddle.reader.shuffle(paddle.dataset.conll05.test(), buf_size = 8192),
    batch_size = BATCH_SIZE)

place = fluid.CUDAPlace(0) if use_cuda else fluid.CPUPlace()
```

通过 feeder 来指定每一个数据和 data_layer 的对应关系,下面的 feeder 表示 conll05.test()产生数据的第 0 列对应的 data_layer 是 word。

```
feeder = fluid.DataFeeder(

        feed_list = [word,ctx_n2,ctx_n1,ctx_0,ctx_p1,ctx_p2,predicate,mark,target],
        place = place)
exe = fluid.Executor(place)
```

4) 训练过程配置

在完成网络结构配置和超参数的定义后,即可配置训练过程。代码如下:

```
main_program = fluid.default_main_program()

exe.run(fluid.default_startup_program())
embedding_param = fluid.global_scope().find_var(
embedding_name).get_tensor()
#将处理完成的参数赋值给 embedding_param
embedding_param.set(
        load_parameter(conll05.get_embedding(), word_dict_len, word_dim),
        place)
```

```
start_time = time.time()
batch_id = 0
for pass_id in six.moves.xrange(PASS_NUM):
    for data in train_data():
        cost = exe.run(main_program,
                        feed = feeder.feed(data),
                        fetch_list = [avg_cost])
        cost = cost[0]

        if batch_id % 10 == 0:
            print("avg_cost: " + str(cost))
            if batch_id ! = 0:
                print("second per batch: " + str((time.time() - start_time) / batch_id))
            # Set the threshold low to speed up the CI test
            if float(cost) < 60.0:
                if save_dirname is not None:
                    fluid.io.save_inference_model(save_dirname, [
                        'word_data', 'verb_data', 'ctx_n2_data',
                        'ctx_n1_data', 'ctx_0_data', 'ctx_p1_data',
                        'ctx_p2_data', 'mark_data'
                    ], [feature_out], exe)
                break

        batch_id = batch_id + 1
```

5. 应用模型

训练完成之后，需要依据某个关心的性能指标选择最优的模型进行预测，可以简单的选择测试集上标记错误最少的那个模型。以下给出一个使用训练后的模型进行预测的示例。

首先设置预测过程的参数：

```
use_cuda = False #在 cpu 上进行预测
save_dirname = "label_semantic_roles.inference.model" #调用训练好的模型进行预测

place = fluid.CUDAPlace(0) if use_cuda else fluid.CPUPlace()
exe = fluid.Executor(place)
```

设置输入，用 LoDTensor 来表示输入的词序列，这里每个词的形状 base_shape 都是[1]，是因为每个词都是用一个 id 来表示的。假如基于长度的 LoD 是[[3, 4, 2]]，这是一个单层的 LoD，那么构造出的 LoDTensor 就包含 3 个序列，其长度分别为 3、4 和 2。其中 LoD 是个列表的列表：

```
    lod = [[3, 4, 2]]
    base_shape = [1]

    # 构造假数据作为输入,整数随机数的范围是[low, high]
    word = fluid.create_random_int_lodtensor(lod, base_shape, place, low=0, high=word_
dict_len - 1)
    pred = fluid.create_random_int_lodtensor(lod, base_shape, place, low=0, high=pred_
dict_len - 1)
    ctx_n2 = fluid.create_random_int_lodtensor(lod, base_shape, place, low=0, high=
word_dict_len - 1)
    ctx_n1 = fluid.create_random_int_lodtensor(lod, base_shape, place, low=0, high=
word_dict_len - 1)
    ctx_0 = fluid.create_random_int_lodtensor(lod, base_shape, place, low=0, high=
word_dict_len - 1)
    ctx_p1 = fluid.create_random_int_lodtensor(lod, base_shape, place, low=0, high=
word_dict_len - 1)
    ctx_p2 = fluid.create_random_int_lodtensor(lod, base_shape, place, low=0, high=
word_dict_len - 1)
    mark = fluid.create_random_int_lodtensor(lod, base_shape, place, low=0, high=mark_
dict_len - 1)
```

使用 fluid.io.load_inference_model 加载 inference_program,feed_target_names 是模型的输入变量的名称,fetch_targets 是预测对象。

```
    [inference_program,feed_target_names,
    fetch_targets] = fluid.io.load_inference_model(save_dirname,exe)
```

构造 feed 字典 {feed_target_name: feed_target_data},results 是由预测目标构成的列表:

```
    assert feed_target_names[0] == 'word_data'
    assert feed_target_names[1] == 'verb_data'
    assert feed_target_names[2] == 'ctx_n2_data'
    assert feed_target_names[3] == 'ctx_n1_data'
    assert feed_target_names[4] == 'ctx_0_data'
    assert feed_target_names[5] == 'ctx_p1_data'
    assert feed_target_names[6] == 'ctx_p2_data'
    assert feed_target_names[7] == 'mark_data'
```

执行预测:

```
    results = exe.run(inference_program,
              feed={
                  feed_target_names[0]: word,
```

```
                  feed_target_names[1]: pred,
                  feed_target_names[2]: ctx_n2,
                  feed_target_names[3]: ctx_n1,
                  feed_target_names[4]: ctx_0,
                  feed_target_names[5]: ctx_p1,
                  feed_target_names[6]: ctx_p2,
                  feed_target_names[7]: mark
              },
              fetch_list = fetch_targets,
              return_numpy = False)
```

输出结果：

```
print(results[0].lod())
np_data = np.array(results[0])
print("Inference Shape: ", np_data.shape)
```

语义角色标注是许多自然语言理解任务的重要中间步骤。本节中以语义角色标注任务为例，介绍如何利用飞桨进行序列标注任务。由于 CoNLL 2005 SRL 任务的训练数据目前并非完全开放，因此只使用测试数据作为示例。在这个过程中，希望减少对其他自然语言处理工具的依赖，利用神经网络数据驱动、端到端学习的能力，得到一个和传统方法可比、甚至更好的模型。通过学习本节内容，可以对语义角色标注任务有更深的领悟。

习　题

1. 以下 4 种分类器中，属于卷积神经网络的有哪些？

(A) VGG　　(B) Softmax 分类器　　(C) Resnet　　(D) 多层感知机

参考答案：A,C

2. 以下飞桨函数中，哪些可以定义卷积层？

(A) fluid. layers. data()　　(B) fluid. nets. img_conv_group()

(C) fluid. layers. fc()　　(D) fluid. nets. simple_img_conv_pool()

参考答案：A,D

3. 相比于传统模型，基于神经网络的词向量模型有什么优点？

(A) 矩阵更稀疏，可以通过额外处理达到好的矩阵分解效果

(B) 矩阵更大、维度更高

(C) 通过学习语义信息得到词向量

(D) 需要手动去除停用词，提升矩阵分解效果

参考答案：C

4. 情感分析属于什么问题？

(A) 文本分类问题　　(B) 情感分类问题

(C) 语义分析问题　　(D) 回归问题

参考答案:A

5. 语义角色标注以句子的什么词为中心进行分析？

(A) 动词　　(B) 名称　　(C) 谓词　　(D) 形容词

参考答案:C

第 6 章 深度学习行业应用案例介绍

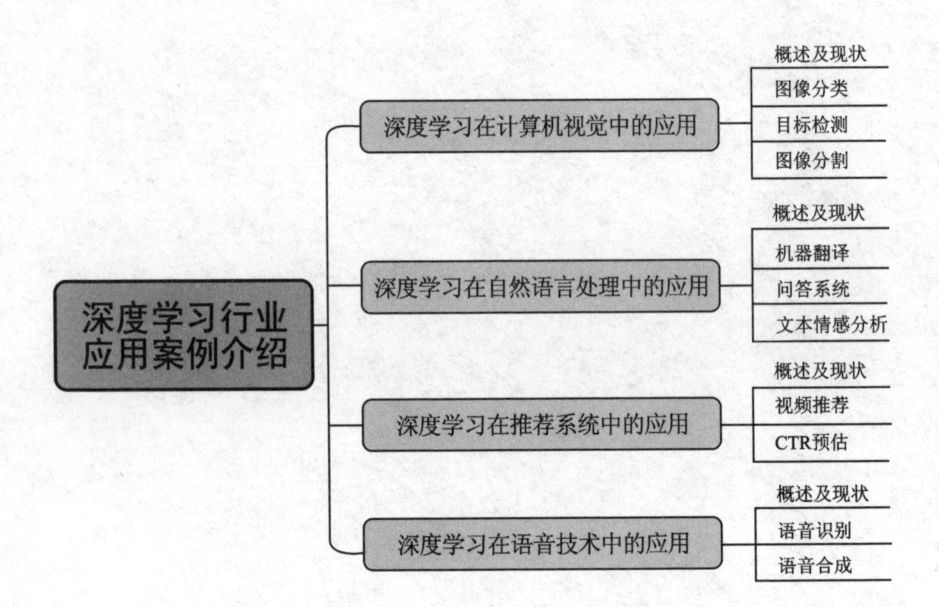

6.1 深度学习在计算机视觉中的应用

6.1.1 概述及现状

计算机视觉(computer vision,CV)是一门研究让机器“看”并“分析”的学科,进一步说,是指用计算机代替人对目标进行识别、跟踪和测量等,并经计算机处理,得到更适合人眼观察或仪器检测的图像。计算机视觉可以细分为很多方向,如图像分类、目标检测、图像分割、目标跟踪、图像检索和三维重建等。

计算机视觉是深度学习最早尝试应用的领域之一,在1989年,LeCun等提出了卷积神经网络(CNN),CNN在小规模任务上具有良好的效果,比如基于MNIST数据集的手写数字识别任务,但是CNN一直都没能在大规模图像处理上获得突破。2012年,Hinton等人使用更深的卷积神经网络AlexNet在ImageNet比赛上刷新了世界纪录,基于卷积神经网络的计算机视觉研究开始受到广泛关注,越来越多的基于卷积结构的神经网络模型被提出,包括VGGNet,GoogLeNet,ResNet等。下面介绍计算机视觉领域中的三个应用场景:图像分类、目标检测和图像分割。

6.1.2 图像分类

图像分类(Image Classification)是计算机视觉领域的一个重要问题,其目的是使用计算机对图像进行分析,通过提取图像的特征,将被检测图像分类为几个预定义的类别之一。图像分类是目标检测和图像分割等诸多计算机视觉任务的基础,在许多领域都有着广泛的应用,如:安防领域的人脸识别和智能视频分析,交通领域的交通场景识别,互联网领域基于内容的图像检索和相册自动归类,医学领域的图像识别等。图像分类领域的部分经典模型如表6.1所列。

表6.1 图像分类典型模型

模型名称	模型简介	数据集	评估指标 top-1/top-5 accuracy
AlexNet	首次在CNN中成功应用了ReLU,Dropout和LRN,并使用GPU进行运算加速	ImageNet - 2012验证集	56.72%/79.17%
VGG19	在AlexNet的基础上使用3×3小卷积核,增加网络深度,具有很好的泛化能力	ImageNet - 2012验证集	72.56%/90.93%

续表 6.1

模型名称	模型简介	数据集	评估指标 top-1/top-5 accuracy
GoogLeNet	在不增加计算负载的前提下增加了网络的深度和宽度，性能更加优越	ImageNet - 2012 验证集	70.70%/89.66%
ResNet50	Residual Network，引入了新的残差结构，解决了随着网络加深，准确率下降的问题	ImageNet - 2012 验证集	76.50%/93.00%
ResNet200_vd	融合多种对 ResNet 改进策略，ResNet200_vd 的 top1 准确率达到 80.93%	ImageNet - 2012 验证集	80.93%/95.33%

图像分类的应用场景比较广泛，随着近几年深度学习的发展，图像分类技术在特定领域的应用已经较为成熟。百度 AI 开放平台推出了多个图像分类相关产品，包括动物识别、植物识别、货币识别、地标识别等；也可以定制训练场景，解决特定场景下的分类识别问题，比如在广告推荐中，通过对客户浏览页面中的图片进行分析，得到图像信息，从而可以给客户推荐相关内容，或是在页面中展示相关广告，提升广告点击量；在内容审核中，自动化检测图像内容是否涉及色情、恐暴、政治人物等，可以大大提高内容审核效率与速度。

中国专利信息中心，通过接入百度大脑相关技术，可以对用户待检测图片进行分类、特征提取，再将其与相应的专利信息对比，从而判断是否存在侵权假冒问题，通过自动化检测，大大降低了侵权假冒线索挖掘的人工成本。

图像分类技术在医学影像检测领域也有较大进展，应用图像分类技术实现癌症诊断是备受关注的方向之一。在癌症诊断方法中，病理学活体检测被认为是最可信的方法，然而，对病理学切片进行分析十分困难，传统分析方式是利用人工进行分析，但分析效果十分依赖于病理学家的经验水平。一个放大 40 倍的病理切片数字图像通常包含数十亿像素，而在这样大规模的图像中寻找微小的肿瘤细胞群等早期癌症征兆，本身就是十分困难的工作，因此切片分析非常复杂且耗时。

随着人工智能的发展，人们已经提出了各种基于深度学习的算法来帮助病理学家分析病理切片，并辅助检测癌症是否转移，但是由于切片的原始数字图像像素规模非常大，大多数算法需要先将图像切割成许多较小的图像块，然后才能用于深度卷积神经网络模型训练并使用模型对图像中的肿瘤细胞和正常细胞进行分类。但是，这种方法忽略了被检测区域的周围图像数据，因此在检测肿瘤任务上，特别是检测区域位于肿瘤细胞和正常细胞的边界上时，经常会出现假阳性问题。

为解决上述假阳性问题，百度研究人员在 2018 年提出了新的深度学习算法，该算法不仅分析单个图像块，也将被检测图像块周围临近的图像块一并输入神经网络，用神经条件随机(NCRF)对周围图像块的空间关系进行建模，进而分析判断是否存在肿瘤细胞。整个算法可以在端到端 GPU 上进行训练，不需要后续处理。

NCRF有两个主要部分组成:CNN和CRF。CNN主要作为特征提取器,将图像输入CNN中后,它会将每个图像编码成固定长度的向量表示。这些向量之后被输入到CRF中,CRF再对它们的空间关系进行建模。CRF最后输出的是每个图像块的边缘分布(marginal distribution),用来表示该图像是否为肿瘤细胞。通过这种分析相邻图像块之间空间关系的方法,NCRF算法产生的误报率更少,分类准确率更高,并且在检测癌症是否转移时表现更好。

6.1.3 目标检测

目标检测(object detection)是计算机视觉领域的一个基础性难题,也一直是一个备受关注的研究方向。目标检测的目的是根据事先定义的类别,在图像中确定目标实例的所属类别和位置。在传统计算机视觉研究中,目标检测一直都是较为困难的问题之一,近些年兴起的深度学习技术给目标检测领域带来了新的进展。

作为计算机视觉的基础问题,目标检测是解决图像分割、目标追踪、事件检测和活动识别等更复杂的视觉任务的基础。目标检测在许多领域都有广泛的应用,包括机器人视觉、自动驾驶和人机交互等。

基于深度学习的目标检测一般分为双阶段模型和单阶段模型,双阶段模型对图片处理分为两个阶段:首先,区分前景物体与背景并为它们标记适当的类别标签,得到检测候选区域,其次,通过构建回归模型,最大化检测框和目标框之间的交并比(IoU)。因此双阶段模型也称为基于区域(Region - based)的检测方法。但是单阶段模型没有双阶段模型中得到检测候选区域的过程,而是从图像中直接获得预测结果,因此也被称为Region - free方法。

2013年,Girshick等人提出了R - CNN,R - CNN使用了一种简单的思想解决目标检测问题,首先使用CNN在图像中检测候选区域(RegionProposal),然后使用基于ImageNet数据集训练的AlexNet在候选区域上提取特征,再使用SVM分类器进行类别判断。R - CNN在VOC2007数据集上的预测效果非常出色,mAP达到了58.5%,而在此之前由DPM - v5保持的记录仅为33.7%。但是,R - CNN的缺点也十分明显,因为是分阶段检测,因此其训练较为烦琐和耗时,其次,由于要在诸多的候选区域上反复进行特征提取,因此速度很慢。

2015年,Girshick等人认为,由于R - CNN是在每一个候选区域上分别进行特征提取,因此速度很慢,于是提出了Fast R - CNN。其核心思想是首先使用基础网络在整体图像上进行特征提取,然后再传入R - CNN子网络,由于共享了大部分计算,其速度得到了大幅提高:训练速度是R - CNN的9倍,检测速度是R - CNN的200倍。但是Fast R - CNN仍不能实现端到端的处理。

2015年,在Fast R - CNN被提出后不久,Shaoqing Ren、Kaiming He以及Girshick等人又提出了FasterR - CNN,Faster R - CNN是第一个真正意义上端到端的

深度学习目标检测算法，也是第一个准实时的深度学习目标检测算法，当时在 640×480 像素图像上的检测速度达到了 17 帧/秒，在 VOC2007 数据集上，mAP 达到了 78.8%。其最大的创新在于设计了候选区域生成网络（region proposal network，RPN），并在其中设计了“多参考窗口”机制，将外部的候选区域检测算法（如 Selective Search，Edge Boxes）融合到了同一个深度网络中实现。

单阶段检测模型的代表是由 Joseph 和 Girshick 等人在 2015 年提出 YOLO 模型。它将检测任务表述成一个统一的、端到端的回归问题，并且只需要对图片处理一次便能得到目标实例的分类和位置，因此该算法最大的优势就是速度较快。YOLO 模型虽然有着非常快的检测速度，但其精度与 Faster R-CNN 相比有所下降，尤其是对小目标检测效果相对较差，定位的准确度也稍有不足，这主要是由于 YOLO 模型没有采用类似 Faster R-CNN 中的“多参考窗口”机制处理多尺度窗口问题。

后来由 Wei Liu 等人于 2015 年提出的 SSD 算法，通过采用类似 Faster R-CNN 中的“多参考窗口”机制来处理多尺度窗口问题改善了 YOLO 的不足。SSD 算法在 VOC2007 上取得了接近 Faster R-CNN 的准确率，mAP 达到了 72%，同时保持了极快的检测速度，在 NVIDIA Titan X 显卡上，对 640×480 像素的图像进行检测，可达到 59 帧/秒。

近年来随着深度学习的应用，目标检测技术已经取得了较大进展，但该技术与人类的视觉而言仍有很大差距，该领域面临的挑战仍有很多。目前的目标检测主要还是在限定的场景下使用，而想要在开放的世界中工作，就需要模型对外界环境的变化有较强的适应能力；目前依靠深度学习的目标检测技术仍依赖于高质量的标注数据，而高质量的标注数据难以获得，因此通过低质量标注数据进行模型训练是未来需要克服的挑战之一；目标检测技术目前在视频、三维图像、深度图像、激光雷达、遥感影像等方面尚未取得突破性进展，仍有较大发展空间。

例如高尔夫球场的检测，高尔夫球场都是高端社交场所，球场的分布相对分散，且占地面积比较大，通过遥感图像来检测，是较优方案，高分辨率光学遥感影像的普及也为球场检测提供了有力的数据支持。利用遥感图像监测地表，是一个持续的过程，其中最大的难点就在于，同一个地方的环境和气候，每年都会发生变化，这对使用传统算法处理遥感图像造成了极大的影响。

中科院遥感所的研究人员借助 PaddlePaddle 的支持，使用了 Faster R-CNN 目标检测模型，结合特征提取网络 VGG16 及候选区域生成网络（RPN）实现了基于深度学习的高尔夫球场检测系统。在对专业、标准的高尔夫球场遥感数据集检测中，只需要 10 秒即可检测出数据集中的所有球场，显著提高了效率。高尔夫球场检测过程包含数据集处理、检测模型构建、模型训练和模型验证。具体检测过程如下。

1. 数据集

标准高尔夫球场是一般包括会所区、球道区与管理区 3 个部分。遥感影像数据收集前，应确定数据源、空间、时间、季节、质量要求等要素。由于原始数据受拍摄环境等影响，需要对数据进行预处理，本应用中预处理主要为正射校正。同时，为保证高尔夫球场面积统计准确性，选取 Albers 等积圆锥投影。

在开始使用数据进行训练前，需要进行数据标注，即对影像中的高尔夫球场图像标注目标真值框，利用人工勾绘高尔夫球场边界。标注时需要将每张图像内所有的高尔夫球场全部标注出来。

进一步通过波段裁剪和空间裁剪使图像更易于模型的训练。在波段裁剪方面，由于高尔夫球场以植被为主体(约占 70%)，植被在近红外波段具有高反射特征，因此保留影像绿、红与近红外波段而形成 3 波段影像数据。在空间裁剪方面，以球场为中心，在影像与目标地物边界的控制下，裁切出包含目标地物的 1 200×1 200 影像块。此外，通过最优线性拉伸生成 8 位影像数据。

因为卷积神经网络需要大规模样本进行训练，当训练数据较少时可通过数据增强技术扩充数据集样本的数量，即使用裁剪、旋转、改变对比度、加噪声等方法对样本图像进行处理，生成更多样本图像，这对提高模型检测性能和泛化能力有着重要的作用。

2. 检测模型

在本案例中，使用 Faster R－CNN 模型实现对高尔夫球场的检测。Faster R－CNN 模型可以看作是由特征提取网络、Fast R－CNN 和区域建议网络(RPN)组合而成。其中，特征提取网络选用 VGG16，区域建议网络用 RPN 代替 Fast R－CNN 中的 Selective Search。

对 Faster R－CNN 进行参数优化，可以更加有效地应用于高尔夫球场检测。RPN 中的 Anchor 是 9 个不同尺度、不同长宽比的矩形框，原生 Faster R－CNN 模型中，Anchor 的尺度为 1 282、2 562、5 122，长宽比为 1∶1、1∶2、2∶1。RPN 网络生成的 Anchor 数量与种类很大程度上影响着检测精度，Anchor 与检测目标越接近，检测精度越高。

3. 模型训练

训练集与验证集为 3 波段 8 位影像，共计 96 625 张 1 200×1 200 影像块(其中 662 张为原影像，95 963 张为数据增强得到的影像)，其中训练集占比约 70%，验证集占比约 30%。测试集为 3 波段 8 位影像，共 52 景尺寸约为 5 000×5 000 的整景高分一号 PMS 多光谱影像，其中覆盖了津京冀地区全部标准的高尔夫球场。采用滑窗检测方式，滑窗大小为 1 200×1 200，滑动步长为 600。选用 PaddlePaddle 作为深度学习框架，基础学习率设置为 0.01，每迭代 5 万次，学习率降低一个数量级，训练共迭代 18 万次。

4. 模型验证

评价主要从误检与漏检两个方面对目标检测效果进行定量分析，选择的指标包括 Recall(检测率)、Precision、虚警率、F－Mearsure 与 mAP。

本应用在高尔夫球场的检测方面虽取得了一定效果,但仍存在球场漏检与误检现象。总体而言,漏检现象较少,而误检是影响其球场检测精度的主要因素。城区内的误检主要来自于与球场具有相似形态的城市绿地公园,部分建筑物对检测结果也造成了一定干扰,山区球场影像中地形纹理导致的误检较多,耕地也存在部分误检。

6.1.4 图像分割

图像分割(image segmentation)是通过计算机将数字图像分为多个图像子区域的技术,图像分割的目的是简化或改变图像的表示形式,使得图像更容易理解和分析。图像分割通常用于定位图像中的物体和边界。

图像分割得到的结果是图像上子区域的集合,这些子区域的全体覆盖了整个图像,或是从图像中提取的轮廓线的集合,如边缘检测(edge detection)。一个子区域中的每个像素在某种特征的度量或是由计算得到的特性应该是相近的,例如颜色、亮度、纹理等。而不同子区域中的像素在某种特征的度量下或某种特性下应该有很大的不同。

在分割任务中,按照图像中的内容是否有固定形状,可以将内容分为 things 类别和 stuff 类别,比如"人""汽车"就属于 things 类别,而"草地""天空"则属于 stuff 类别。

目前在图像分割技术中,主要有语义分割、实例分割和全景分割。其中,语义分割对图像中每个像素打标签,但是,如果图像中多个同类别物体存在重叠,那么语义分割将无法判断出该类重叠物体的数量,而只能是简单的标注为一类物体,因此语义分割注重的是"不同类别物体之间的分割"。实例分割则和目标检测相似,不同的是,目标检测的检测结果为 boundingbox,通常使用监测区域的 4 个坐标点表示,而目标检测的检测结果为 mask,并且,实例分割无法分割出如 stuff 类别的内容,因此实例分割更注重于"个体之间的分割"。而全景分割则是结合了语义分割和实例分割的特点,首先使用类似于语义分割的方法,得到不同类别的分割结果,然后在同类别内容中,又可以像实例分割一样,得到不同个体的分割结果。

目前在图像分割领域中,较为重要的三种模型为 U-Net(convolutional networks for biomedical image segmentation)模型、DeepLab(deep labelling for semantic image segmentation)模型和 ICNet(image cascade network)模型。其中,U-Net 模型属于轻量级模型,起源于医学图像分割,整个网络是标准的 Encoder-Decoder 网络,特点是参数少,计算快,应用性强,对于一般场景的适应度很高;DeepLab 模型,通过 Encoder-Decoder 网络进行多尺度信息的融合,同时保留了原来的空洞卷积和 ASSP 层,其骨干网络使用了 Xception 模型,提高了语义分割的健壮性和运行速率,在 PASCAL VOC 2012 数据集上取得了当时最好的效果,获得了

89.0mIOU;ICNet模型主要用于图像实时语义分割,相较于其他压缩计算的方法,ICNet兼顾了速度和准确性,其主要思想是将输入图像变换为不同的分辨率,然后用不同计算复杂度的子网络分别计算不同分辨率的图像,计算复杂度高的网络处理低分辨率图像,计算复杂度低的网络处理高分辨率图像,最后将结果合并,通过这种方式在高分辨率图像的准确性和低复杂度网络的效率之间得到了平衡。

图像分割有很强的实际应用价值,百度在2019年公开了工业级图像分割框库:PaddleSeg。PaddleSeg是基于PaddlePaddle开发的语义分割模型库,覆盖了U-Net,DeepLab v3+和ICNet三类主流模型。通过统一配置,可以帮助用户更便捷地完成图像分割应用中从训练到部署的全流程。

目前PaddleSeg已经应用在工业生产中,比如基于PaddleSeg内置ICNet模型实现的精密零件智能分拣系统,在实际生产中误收率已低于0.1%。在传统的工作方式下,质检工人每天需要8~12小时在亮光下目视检查直径小于或等于45 mm的零件的质量,工作强度非常大,对视力也有很大的损害。

图像分割技术在农业领域也有着广泛的应用,使用图像分割技术实现地块分割已经比较成熟。传统的地块分割方法依赖于大量拥有遥感专业背景的技术人员使用专业软件对卫星拍摄的遥感影像进行分析。卫星遥感影像数据存在画幅巨大、肉眼分辨率低的问题,因此对技术人员的专业能力要求很高,并且人工标注过程需要大量的重复劳动,非常费时费力且枯燥无味。目前基于PaddleSeg内置的DeepLab v3模型实现的地块智能分割系统,面积提取准确率已达到80%以上,可以快速自动地获知农耕用地边界及面积,从而辅助农业决策,比如可以更加有效地进行农作物产量预估和农作物分类,效果如图6.1所示。

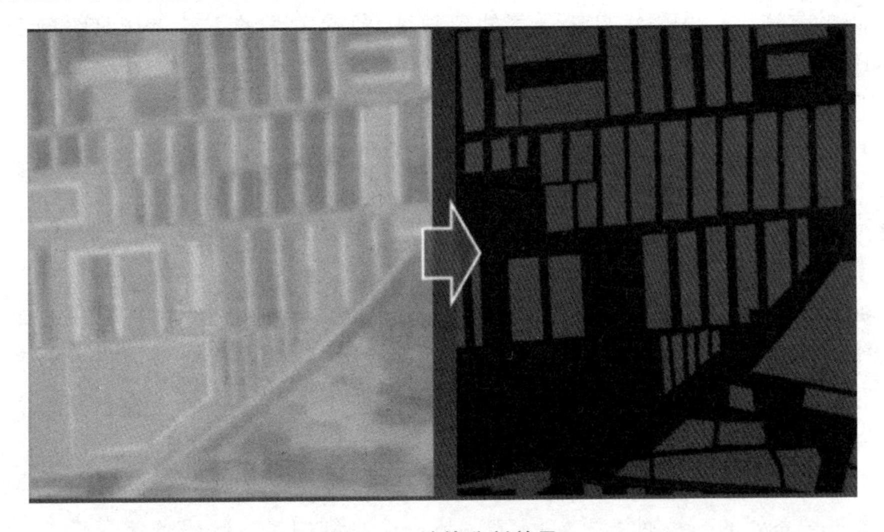

图6.1 地块分割效果

6.2 深度学习在自然语言处理中的应用

6.2.1 概述及现状

自然语言处理(natural language processing, NLP)研究用计算机技术分析和表示人类语言。自然语言处理包括语言的认知、理解和生成等,自然语言的认知和理解就是让电脑把输入的语言变成有意义的符号及其之间的关系,自然语言的生成则是把计算机数据转化为自然语言。

自然语言处理最早开始于图灵测试,在经历了以规则为基础的研究方法后,目前最为流行的是基于统计学的模型和方法;早期的传统机器学习,主要是基于高维稀疏特征的训练方式,如今,主流的研究方法是利用深度学习,基于神经网络的低维稠密特征训练方式。

起初,深度学习在自然语言处理领域并不受关注,直到 2011 年,Collobert 等人用一个简单的深度学习模型在命名实体识别(NER)、语义角色标注(SRL)、词性标注(PoS tagging)等任务中取得了优异成绩,基于深度学习的研究方法开始得到越来越多的关注。2013 年,以 Word2vec 和 Glove 为代表的词向量表示方法的提出,人们开始从词向量的角度探索如何提高语言模型的能力,关注词内语义和上下文语义。此外,基于深度学习的研究经历了 CNN、RNN、Transormer 等特征提取器后,研究者尝试用各种机制进一步提高语言模型的能力,包括使用预训练模型结合微调(Fine-turning)的方法,在 2018 年自然语言处理领域,备受关注的 EMLo、GPT、BERT 和 ERNIE 模型,便是这种预训练方法的代表。

下面介绍自然语言处理领域的三个应用场景:机器翻译、问答系统和文本情感分析。

6.2.2 机器翻译

机器翻译(machine translation)属于计算语言学的范畴,是研究用机器,通过特定的计算机程序将一种书写形式或声音形式的自然语言,翻译成另一种书写形式或声音形式的自然语言,简单来说,机器翻译是通过计算机将一个自然语言的字辞取代成另一个自然语言的字辞。

机器翻译一般包含两个部分,一个是编码器,另一个是解码器。编码器是把源语言经过一系列的神经网络变换后,表示成一个高维向量。解码器负责把这个高维向量再重新解码(翻译)成目标语言。传统的机器翻译主要是基于统计的机器翻译,一般能够在精确度上做的比较好,但是在译文流畅度上有很大的不足,往往是只能翻译出对应单词的意思而缺少句子的整体信息。2014 年神经网络翻译技术被提出，在经历了几年的发展后，神经网络翻译技术在大部分语言上超过了传统的基于统计的方法，在译文流畅度和精确度上均有较好的表现。百度早在 2015 年就上线了首个互联网神经网络翻译系统。

机器翻译除了可以应用于不同语言之间的翻译，还可以应用于多个场景。2016 年百度在手机百度 APP 和度秘 APP 上先后推出了新版“为你写诗”应用，该应用使用了一种基于主题规划的序列生成框架，很好地解决了上一版中主题相关性差的问题。这个基于主题规划的序列生成框架，是在神经网络机器翻译技术的基础上提出的。主题规划技术首先根据用户的诗歌题目，对要生成诗歌的内容进行规划，预测得到每一句诗的子主题，每一个子主题用一个单词来表示。在生成每一句诗时，同时把上文生成的诗句和主题词一起输入来生成下一句诗。主题词的引入可以让生成的诗句不偏离主题，从而使整首诗做到主题明确，逻辑顺畅。

对基于主题规划的诗歌生成方法进行多个维度的实验评测，首先，从押韵程度(poeticness)、流畅程度(fluency)、主题相关度(coherence)和是否有内容有意义(meaning)等几个角度进行了人工评价。为了更好地进行对比，复现了目前主流的几类自动作诗技术，包括 SMT、RNNLM、RNNPG、ANMT 和 PPG。SMT 是基于统计机器翻译的自动作诗技术；RNNLM 把所有诗句串联成一个单词序列，然后用循环神经网络语言模型(RNNLM)进行预测；RNNPG 思想与 RNNLM 相近，区别在于依次生成诗歌的每一行；ANMT 是基于关注度的 NMT 模型；PPG 是基于主题规划的诗歌生成模型。表 6.2 所列为各类自动作诗技术的效果比较情况，其中 5 - char 代表五言诗，7 - char 代表七言诗。

表 6.2　各类诗歌生成模型实验效果图

Models	Poeticness		Fluency		Coherence		Meaning		Average	
	5 - char	7 - char	5 - char	7 - char	5 - char	7 - char	5 - char	7 - char	5 - char	7 - char
SMT	3.25	3.22	2.81	2.48	3.01	3.16	2.78	2.45	2.96	2.83
RNNLM	2.67	2.55	3.13	3.42	3.21	3.44	2.90	3.08	2.98	3.12
RNNPG	3.85	3.52	3.61	3.02	3.43	3.25	3.22	2.68	3.53	3.12
ANMT	4.34	4.04	4.61	4.45	4.05	4.01	4.09	4.04	4.27	4.14
PPG	4.11	4.15	4.58	4.56*	4.29*	4.49**	4.46**	4.51**	4.36**	4.43**

从表 6.2 可以看出，主题规划作诗方法几乎在所有的评测维度以及平均得分上都领先于其他基线系统，尤其在相关性和有意义性方面优势非常明显，只有在五言诗的押韵和流畅度评价上略低于 ANMT 系统(基于关注度的 NMT)。

6.2.3 问答系统

随着人工智能的发展，人机对话技术受到了越来越多的关注。其中，智能客服作为人机对话的一个典型场景表现出了极大的商业潜力和研究价值。FAQ（Frequently Asked Questions）问答技术作为问答系统（Question Answering system，QA）最关键的技术之一，在智能客服系统中发挥着重要的作用，通过该技术，可实现在知识库中快速找到与用户问题相匹配的问答，然后为用户提供满意的答案，从而极大地提高客服人员的效率，改善客服人员服务的水平，降低企业客服成本。问答系统与主流的咨询检索技术不同，从外部的行为上来看，问答系统的查询是完整并且口语化的问句，而且问答系统的反馈是明确的答案。

百度在2018年开源了首个工业级的基于语义计算的FAQ问答系统AnyQ。AnyQ开源项目主要包含面向FAQ集合的问答系统框架和文本语义匹配工具SimNet。

AnyQ问答系统框架采用了配置化、插件化的设计，各功能均通过插件的形式实现，目前已开放了超过20种插件。开发者可以使用AnyQ系统快速构建和定制适用于特定业务场景的FAQ问答系统，并加速迭代和升级。AnyQ系统框架主要由Question Analysis、Retrieval、Matching和Re-Rank等部分组成，AnyQ的框架结构如图6.2所示。

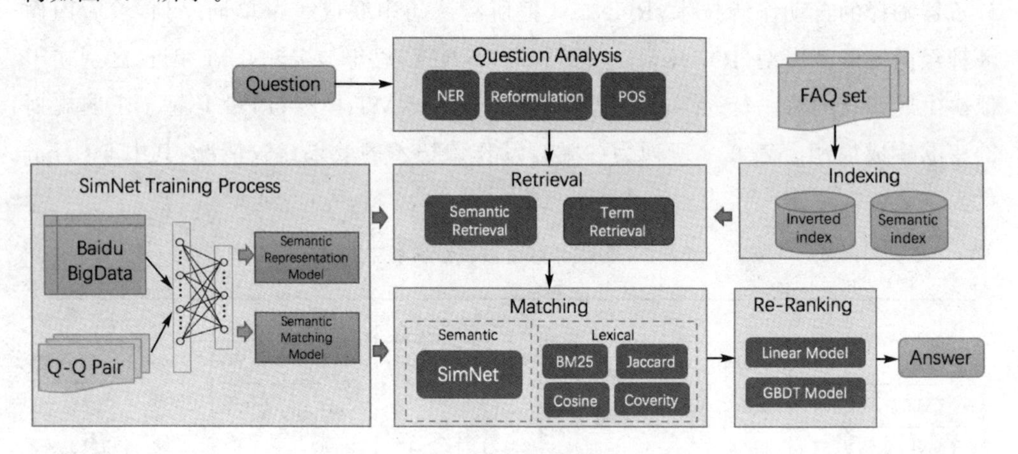

图6.2 AnyQ框架结构图

在配置化方面，AnyQ系统集成了检索和匹配的众多插件，用户也可以很容易地通过自定义插件实现更多功能，并且只需实现对应的接口即可将插件添加到AnyQ系统中，如自定义词典加载、Question分析方法、检索方式、匹配相似度和排序方式等，真正实现了可定制化和插件化。

文本语义匹配框架SimNet是百度自然语言处理部于2013年自主研发的语义匹配框架，该框架在百度各产品上得到了广泛应用。SimNet主要包括BOW、CNN、

RNN和MM-DNN等核心网络结构形式,同时该框架也集成了学术界主流的语义匹配模型,如MatchPyramid、MV-LSTM和K-NRM等模型。SimNet使用PaddlePaddle和Tensorflow实现,可以方便地实现模型扩展。使用SimNet构建出的模型也可以方便地加入到AnyQ系统中,用以增强AnyQ系统的语义匹配能力。

按照文本语义匹配网络结构,可将SimNet中实现的网络模型主要分为Representation-based Models和Interaction-based Models两类。其中,Representation-based Models的特点是将文本匹配任务的两端输入分别进行表示,然后进行融合计算相似度,如:BOW, CNN, RNN(LSTM, GRNN);而Interaction-based Models,如atch-Pyramid, MV-LSTM, K-NRM, MM-DNN等,特点是在得到文本word级别的序列表示之后,根据两个序列表示计算相似度匹配矩阵,融合每个位置上的匹配信息给出最终相似度打分。

6.2.4 文本情感分析

情感分析(sentiment analysis)旨在识别、提取并分析原素材中的主观信息,包括倾向、立场、评价和观点等。具体地说,情感分析主要包括两类任务:情感倾向分类(简称情感分类)和观点抽取。情感分析在消费决策、舆情监控、个性化推荐等领域均有重要应用,能够帮助企业理解用户消费习惯、分析热点话题和监控危机舆情,为企业提供有力的决策支持,具有很高的商业价值。

文本情感分析是针对文本进行分析,根据文本表达的情感对文本进行分类。分类的作用就是判断出文字中表述的情感是积极的、消极的,还是中性的。更高级的情感分析还会寻找更复杂的情绪状态,比如“生气”“悲伤”“快乐”等。

百度在情感分析领域开展了深入的技术研发和应用实践,在2018年开放了情感分类开源项目Senta,其中包含了基于语义的情感分类模型,以及基于大数据的预训练模型。可通过百度AI开放平台使用该服务。

百度开放的情感分析服务分为通用版和定制版,其中通用版模型基于深度学习技术和百度大数据训练得到,针对带有主观描述的中文文本,可以自动判断该文本的情感极性类别并给出相应的置信度,情感极性分为积极、消极和中性;定制版模型采用迁移学习技术,支持用户使用适合自己的情感极性标注语料进行训练,从而在通用模型的基础上进行优化,能够满足专属场景下更高准确率的要求。

目前,百度情感分析服务已经应用于多个场景。在评论分析与决策方面,通过对产品多维度评论观点进行倾向性分析,给用户提供该产品全方位的评价,方便用户进行决策;在评论分类方面,可以通过对评论进行情感倾向性分析,将不同用户对同一事件或对象的评论内容按情感极性予以分类展示;在舆情监控方面,通过对需要舆情监控的实时文字数据流进行情感倾向性分析,可以把握用户对热点信息的情感倾向性变化。

6.3 深度学习在推荐系统中的应用

6.3.1 概述及现状

随着互联网技术的发展,互联网空间中的各类应用层出不穷,引发了数据规模的爆炸式增长,大数据中蕴藏着丰富的价值,但同时也带来了"信息过载"问题,如何快速有效地从纷繁复杂的数据中获取有价值的信息成为了大数据时代的关键难题。推荐系统(recommender system)作为解决"信息过载"问题的有效方法,已经成为学术界和工业界的关注热点并得到了广泛应用,形成了众多相关研究成果。

1997年,Resnick和Varian给出了推荐系统的概念和定义:"它是利用电子商务网站向客户提供商品信息和建议,帮助用户决定应该购买什么产品,模拟销售人员帮助客户完成购买过程。"目前,推荐系统已经不再局限于电子商务领域,除电商外,在视频推荐、新闻推荐等更多平台发挥着越来越重要的作用。

传统的推荐方法主要包括协同过滤、基于内容的推荐方法和混合推荐方法。协同过滤是应用较为广泛的传统推荐算法,但面临数据稀疏和冷启动问题,并且经典协同过滤算法的浅层模型无法学习到数据的深层次特征。基于内容的推荐方法需要有效的特征提取,依赖于人工设计特征,其有效性和可扩展性非常有限。随着互联网中越来越多的数据被感知和获取,包括文本、图像、音视频等在内的多源异构数据蕴含着丰富的用户行为信息和个性化需求信息,但是这些辅助信息往往具有多模态、数据异构、大规模、数据稀疏和分布不均匀等特点,融合多源异构数据的混合推荐算法也面临着严峻的挑战。

随着深度学习在计算机视觉、自然语言处理等领域的快速发展,基于深度学习的推荐系统研究开始受到国际学术界和工业界越来越多的关注。基于深度学习的推荐系统通常将各类用户和项目相关的数据作为输入,利用深度学习模型学习用户和项目的隐表示,并基于这种隐表示为用户产生项目推荐,基本的架构包含输入层、模型层和输出层。输入层的数据主要包括:用户的显式反馈(评分高低、喜欢与否)、隐式反馈数据(浏览、点击等行为数据)、用户画像(性别、年龄、喜好等)和项目内容(文本、图像等描述信息)、用户生成内容(社会化关系、标注、评论等辅助数据)。在模型层,使用的深度学习模型比较广泛,包括自编码器、受限玻耳兹曼机、卷积神经网络、循环神经网络等。在输出层,利用学习到的用户和项目的隐表示,通过内积、Softmax函数、相似度计算等方法产生项目的推荐列表。下面介绍深度学习在推荐系统领域的典型应用:视频推荐。

6.3.2 视频推荐

与文字相比，视频能够传达更为丰富的信息，随着智能手机的普及，网络技术的发展，视频成为人们越来越重要的获取信息的媒介，近年来，尤其是视频分享网站得到了极大的发展。视频分享网站的利润与用户的在线使用时长直接相关，而推荐算法又极大地影响着用户的使用时长。YouTube 作为全球最大的 UGC 视频网站，要实现百万量级视频规模下的个性化推荐系统，面临的挑战主要在三个方面：数据规模大、实时性要求高和噪声多。YouTube 上仅视频数据规模就在百亿级，虽然许多推荐算法在小规模数据上表现良好，但是难以应对大规模数据，因此，YouTube 的推荐系统需要使用高度定制化的分布式学习算法和高效的服务器系统处理庞大的视频数据和用户行为数据。实时性要求也就是解决冷启动问题，冷启动问题一直都是推荐算法的关键问题，由于 YouTube 上的数据在实时变化着，每秒钟都有新的视频数据上传，也有新的用户行为数据产生，因此推荐系统应该有较强的响应能力，能够对新上传的视频数据以及新产生的用户行为数据进行快速建模，并且在推荐时能够在旧内容和新内容之间做出平衡。噪声多，是因为用户行为数据一般是稀疏且不完整的，而且无法对用户满意度作出明确的评价，因此在用隐式反馈数据（如用户行为数据）进行训练时通常会夹杂很多噪声数据，这对算法的鲁棒性提出了很高的要求。

为了解决上述问题，Covington 等人将推荐系统设计为两个阶段：第一个阶段为候选集生成阶段，第二个阶段为候选排序阶段。推荐系统的整体架构如图 6.3 所示，这样的设计将推荐算法拆解为两个问题：匹配问题和排序问题。

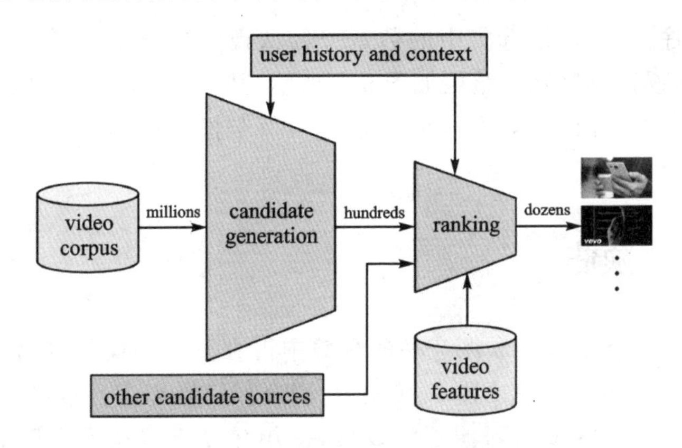

图 6.3 YouTube 推荐系统结构图

在候选集生成阶段，从海量视频数据中筛选出与用户相关的几百个视频作为候选视频，此阶段将候选视频集合的数量规模由百万个降低到了百个，候选生成网络结构如图 6.4 所示，主要原理是利用用户在 YouTube 平台上产生的历史行为数据、用户特征和情境信息建模，得到用户对视频的个性化偏好，其核心思想是将推荐问题转化为一个基于深度神经网络的分类问题(即匹配问题),寻找与用户向量(神经网络变换后的特征向量)距离最近的 N 个视频。

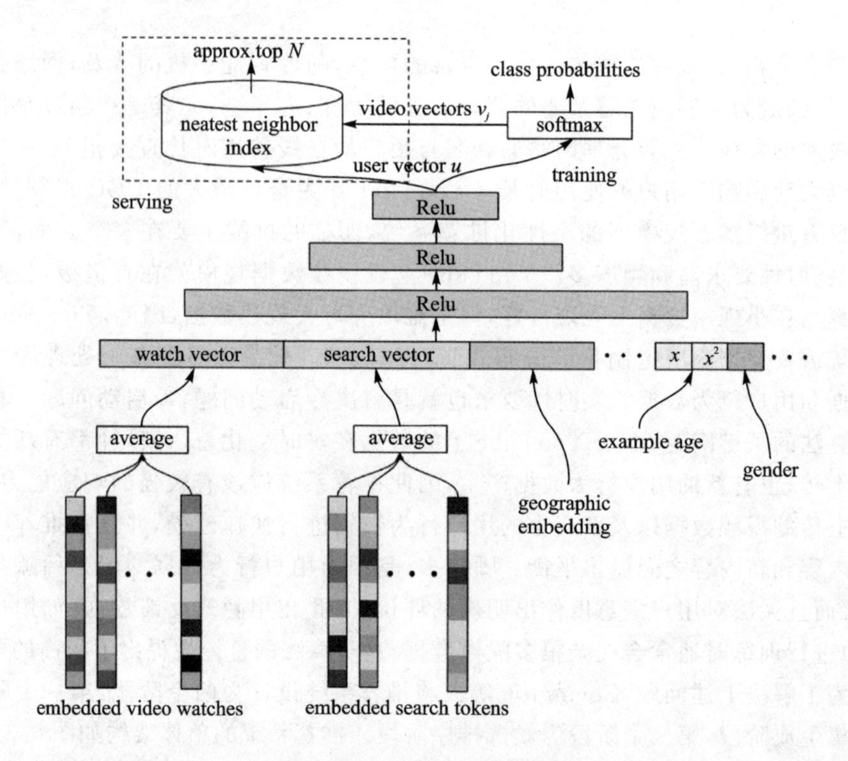

图 6.4 候选生成网络结构

在候选排序阶段,对候选集中的数百个候选视频进行排序,得到最“应该”被推荐的几个视频,候选排序网络结构如图 6.5 所示,其核心方法是通过进一步考虑更多的视频特征,利用神经网络和逻辑回归模型对每个候选视频进行打分,并根据打分值对视频进行排序。

6.3.3 CTR 预估

广告收益在当下众多互联网产品的收益中占有重要的地位,广告收益又和广告点击率(click through rate,CTR)直接相关,因此如何提高广告点击率一直是业界重点研究的问题。随着深度学习的不断发展,使用深度学习技术实现 CTR 预估成为新的研究方向。

2014 年,CriteoLabs 在 Kaggle 上分享了数周的数据用以举办 CTR 预估竞赛,下面以该竞赛为例,使用 CriteoLabs 公开的数据,建模实现 CTR 预估,即给定一个用户和一个他正在访问的网页,要求计算每一个广告的点击率是多少。

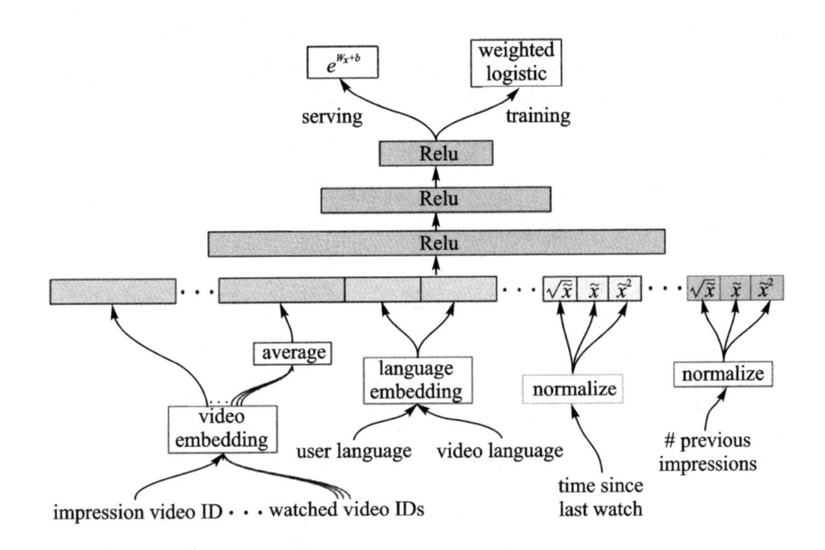

图 6.5 候选排序网络结构

1. 数据集

数据可在 kaggle 上下载到，共有两部分。第一部分是训练集，包含 Criteo 7 天内的部分流量，每行对应于 Criteo 投放的展示广告。为减小数据集的大小，正样本（点击）和负样本（未点击）都以不同的速率进行了二次采样，这些样本按照时间顺序进行排列。第二部分是测试集，获取的方式与训练集相同，时间为训练集的后一天。

数据的列如下：

Label：目标变量，指示广告是否被点击，被点击为 1，没有被点击则为 0；

I1－I13：共 13 列数值特征；

C1－C26：共 26 列类别特征；

2. 检测模型

模型包含三部分：FM（Factorization Machine）、FFM（Field－aware Factorization Machines）和 DNN。

FM 部分包含 GBDT 和 FM 两个组件，其中，GBDT 可以根据训练数据训练出若干棵树，需要使用的是 GBDT 中每棵树输出的叶子节点，将这些叶子节点作为 categorical 类别特征输入到 FM 中；FM 用来解决数据量大并且特征稀疏的特征组合问题，公式如下：

$$y(X)=w_0+\sum_{i=1}^{n}w_ix_i+\sum_{i=1}^{n}\sum_{j=i+1}^{n}w_{ij}x_ix_j \tag{6.1}$$

式中，n 代表样本的特征数量，x_i 是第 i 个特征的值，w_0、w_I 和 w_{ij} 是模型参数。

FFM 是在 FM 的基础上增加了 Field 的概念，比如说一个商品字段是一个分类特征，可以分成很多个 feature，但是这些 feature 同属于一个 Field，或者说同一个 categorical 的分类特征都可以放到同一个 Field。这可以看作一对多的关系，比如说职业字段是一个特征，经过 One Hot 后就变为了 n 个特征，这 n 个特征又全部属于职业，所以职业就是一个 Field。FFM 认为，一个特征和另一个特征的关系，不仅仅是这两个特征决定，还应该和这两个特征所在的 Field 有关，因此，每个特征，应该针对其他特征的每一种 Field 都学一个隐向量，也就是说，第个特征都要学习 f 个隐向量，那么 FFM 的二次项，有 nf 个隐向量。如果隐性量的长度为 k，则 FFM 的二次项参数有 nfk 个。FFM 的公式如下：

$$y(X)=w_0+\sum_{i=1}^{n}w_ix_i+\sum_{i=1}^{n}\sum_{j=i+1}^{n}<V_{i,f_j},V_{j,f_i}>x_ix_j \tag{6.2}$$

其中，V_{i,f_j} 是隐向量。

DNN 将类别特征传入嵌入层得到多个嵌入向量，再将这些嵌入向量和数值特征连接起来传入全连接层。共有 3 层全连接层，均使用 Relu 激活函数。将第三层全连接的输出和 FFM、FM 的全连接层的输出连接到一起，传入最后一层全连接层。

因为要学习的目标是广告是否被点击，只有 1(点击)和 0(没有点击)两种状态，所以在网络的最后一层全连接层使用 sigmoid 激活函数来得到广告被点击的概率。

FM 有诸多优点：可以自动学习两个特征间的关系，可以减少一部分的交叉特征选择工作，参数数量不多，调参工作较为简单；FM 不需要输入很多交叉特征，产生的模型相比 LR(logistic regression)产生的模型会小很多；在线计算时减少了交叉特征的拼装，因此在线计算的速度基本和 LR 持平。但是缺点同样明显：无法学习 3 个及 3 个以上的特征间的关系，所以交叉特征选择工作仍然无法避免，并且 FM 的效果比 LR 的效果差。

FFM的优点是增加了 Field 的概念，同一特征针对不同 Field 使用不同隐向量，模型建模更加准确。缺点是计算复杂度高，参数个数为 nfk 个，计算复杂度为 0(n^2k)。

3. 模型训练

训练模型的损失函数为对数损失函数，学习算法为 FTRL。训练过程中损失值的变化曲线如图 6.6 所示。

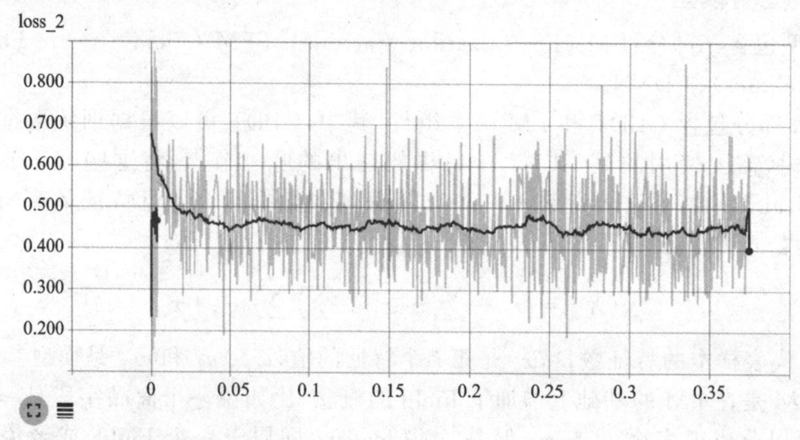

图 6.6 损失函数变化情况

模型在测试集上的预测结果如图 6.7 所示。

```
Test Mean Acc : 0.7814300060272217
Test Mean Loss : 0.46838584542274475
Mean Auc : 0.7792937214782675
Mean prediction : 0.2552148997783661
             precision    recall  f1-score   support

        0.0       0.81      0.93      0.86     74426
        1.0       0.63      0.34      0.45     25574

avg / total       0.76      0.78      0.76    100000
```

图 6.7 预测结果

6.4 深度学习在语音技术中的应用

6.4.1 概述及现状

语音技术的关键技术有自动语音识别技术(automatic speech recognition,ASR)和语音合成技术,如文语转换技术(text to speech,TTS)。自动语音识别是一个多学科交叉的领域,它与声学、语音学、语言学、数字信号处理理论、信息论、计算机科学等众多学科紧密相连。自动语音识别是一种将口头语音转换为可读文本的技术。由于语音信号的多样性和复杂性,目前的语音识别只能在一定限制条件下获得满意的性能,或者说只能应用于某些特定的场合。语音合成是用人工的方式产生人类语音,如文字转语音是将一般语言的文字转换为语音。

最早的语音技术因"自动翻译电话"计划而起,包含了语音识别和语音合成两项非常重要的语音技术。语音识别的研究工作可以追溯到 20 世纪 50 年代 AT&T 贝尔实验室的 Audry 系统,此后研究者们逐步突破了大词汇量、连续语音和非特定人这三大障碍。近年来基于深度学习的语音技术受到广泛关注,基于深度学习算法和大数据支撑的在线语音识别率可以达到 95%以上,一些企业如科大讯飞、百度等都提供了达到商业标准的语音识别服务。

6.4.2 语音识别

语音识别技术,也被称为自动语音识别,其目标就是让机器把语音信号转变为相应的文本或命令。语音识别是一门交叉学科,其涉及的领域有:信号处理、模式识别、概率论和信息论、发声机理和听觉机理、人工智能等，并且在诸多场景中产生了广泛的应用。

语音识别的核心任务是将人类的语音转换成文字，这个过程并不涉及对语音内容的理解。由于语言是由单词组成，单词又由音素组成。因此，可以通过将一段语音的声波按帧切分，用帧组成状态，用状态组成音素，再将音素合成单词，来完成语音到文字的转换。具体来讲，目前语音识别的大致过程可以分为以下几步：语音输入、音频信号特征提取、声学模型处理和语言模型处理。其中音频信号特征提取，是在得到音频信号之后，对音频信号进行预处理，然后对预处理之后的音频信号进行特征提取。声学模型处理，是把语音的声学特征分类对应到音素或字词这样的单元。语言模型处理，是用语言模型接着把字词解码成一个完整的句子，于是就得到了最终的语音识别结果。

为从语音信号中提取出丰富的信息，需要对输入的语音信号进行预处理，首先将其数字化，然后采用线性预测等技术提取得到语音特征。此后，在语音训练阶段，则按照一定准则，从大量已知模式中获取表征该输入语音模式本质特征的模型参数，并将其存于参考模式库中；在语音识别阶段，则按照某种规则，得到模式库中与输入的语音特征模式最匹配的模型作为输出。语音识别处理过程如图 6.8 所示。

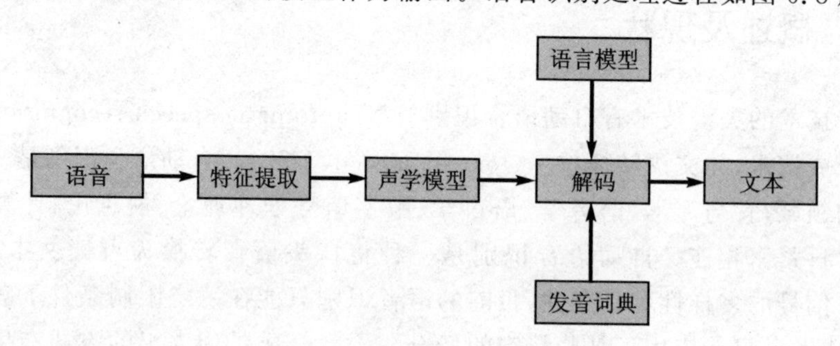

图 6.8　语音识别处理过程

语音识别系统在描述建模单元的统计概率模型时，大多采用高斯混合模型(Gaussian Mixed Model,GMM)，高斯混合模型由于估计简单，适合海量数据训练，但本质上是一种千层网络模型，无法充分描述特征的状态空间分布，而且高斯混合模型的特征维数一般在几十维，因此无法充分描述特征间的相关性。2011 年，微软基于深度学习的语音识别研究取得一定进展，改变了语音识别研究的原有技术框架。在采用深度神经网络后，可以充分描述特征之间的相关性，可以把连续多帧的语音特征合并在一起，构成一个高维特征。而且深度神经网络和传统的语音识别技术相结合，可以显著提高语音识别系统的识别率。

语音控制是语音识别的典型应用场景。在智能家居领域，语音交互有着显而易见的应用点，不管是智能家电还是智能音箱，语音交互已经成为基本功能，语音控制作为智能家居市场的发展方向之一，只有当语音识别的准确率接近完美，人机之间的语音交互才能顺利开展。

另一个语音识别的典型应用场景是语音输入，目前的主流输入方式仍是通过键盘打字输入，但是打字输入有着明显的局限性。语音输入必然成为输入方式的发展方向之一，语音输入目前虽然在很多场景已经尝试应用，但在输入速度、识别准确率、多语言混合输入、自动添加标点符号等方面仍面临很多挑战。

6.4.3 语音合成

语音合成是一种可以将文本转换成相应语音的技术。传统的语音合成系统通常包括前端和后端两个模块。前端模块主要是对输入文本进行分析，提取后端模块所需要的语言学信息，对于中文合成系统而言，前端模块一般包含文本正则化、分词、词性预测、多音字消歧、韵律预测等子模块。后端模块根据前端分析结果，通过一定的方法生成语音波形，后端系统一般分为基于统计参数建模的语音合成（或称参数合成），以及基于单元挑选和波形拼接的语音合成（或称拼接合成）。

传统的语音合成系统，都是相对复杂的系统，比如，前端系统需要较强的语言学背景，并且不同语言的语言学知识差异明显，因此需要有特定领域的专家支持。后端模块中的参数系统需要对语音的发声机理有一定的了解，由于传统的参数系统建模时存在信息损失，限制了合成语音表现力的进一步提升。而同为后端系统的拼接系统则对语音数据库要求较高，同时需要人工介入制定很多挑选规则和参数。

这些都促使基于深度学习的端到端语音合成的出现。基于深度学习的端到端合成系统直接输入文本或者注音字符，系统直接输出音频波形。基于深度学习的端到端系统降低了对语言学知识的要求，易于在不同语种上复制，批量实现几十种甚至更多语种的合成系统。基于深度学习的端到端语音合成系统表现出丰富的发音风格和韵律表现力。目前，主流的语音合成框架有 WaveNet 和 Tacotron。

WaveNet? 是受到 PixelRNN 的启发，将自回归模型应用于时域波形生成，使用 WaveNet 生成的语音，在音质上大大超越了之前的参数合成效果，甚至某些合成的句子，能够到达以假乱真的水平。带洞卷积提升了感受野，可以满足对高采样率的音频时域信号建模的要求。WaveNet 的优点非常明显，但由于其利用前 $N-1$ 个样本预测第 N 个样本，所以效率非常低，这也是 WaveNet 的一个明显缺点。后来提出的 Parallel WaveNet 和 ClariNet，都是为了解决这个问题，思路是利用神经网络提炼技术，用预先训练好的 WaveNet 模型（teacher）来训练可并行计算的 IAF 模型（student），从而实现实时合成，同时保持近乎自然语音的高音质。

Tacotron 是端到端语音合成系统的代表，与以往的合成系统不同，端到端合成系统，可以直接利用录音文本和对应的语音数据对，进行模型训练，无需过多的专家知识和专业处理能力，大大降低了进入语音合成领域的门槛。Tacotron 把文本符号作为输入，把幅度谱作为输出，然后通过 Griffin - Lim 进行信号重建，输出高质量的语音。Tacotron 的核心结构是带有注意力机制的 encoder - decoder 模型，是一种典型的 Seq2Seq 结构。这种结构,不再需要对语音和文本的局部对应关系进行单独处理,极大地降低了对训练数据的处理难度。由于 Tacotron 模型比较复杂,可以充分利用模型的参数和注意力机制,对序列进行更精细地刻画,以提升合成语音的表现力。相较于 WaveNet 模型的逐采样点建模,Tacotron 模型是逐帧建模,合成效率得以大幅提升,有一定的产品化潜力,但合成音质比 WaveNet 有所降低。

定制化语音包是语音合成的典型应用场景。现在很多应用都支持定制化语音包,例如导航 APP 的播报功能、阅读 APP 的听书功能等,定制化语音包的实现,与深度学习在语音合成领域的发展有着紧密的关系。传统的语音合成过程,通常需要录制高达 1 000 句以上的话,且合成也需要十分长的时间,而受益于深度学习的应用,现在的语音合成只需要 20 句话即可完成,合成时间亦非常的短。百度、科大讯飞的定制语音服务,不仅可以调整语速、音高、男女声,甚至支持多种方言切换,而且高质量合成音频的自然度和清晰度可达到普通人的朗读水平。

习　题

1. 以下说法不正确的有哪些?

(A) 语音识别要实现对语音内容的理解

(B) 语音识别只需完成将语音转换成文字即可

(C) HMM 是语音识别中经典的算法

(D) LSTM 可让机器根据记忆对上下文语义进行判断

参考答案:A

2. 以下 4 个选项属于语音识别过程的是哪些?

(A) 预处理　　(B) 特征提取　　(C) 模式训练　　(D) 模式匹配

参考答案:A, B, C, D

3. 在图像分割技术中,以下哪种技术可以实现对同一类别(things 类别)内不同目标实例间的分割?

(A) 语义分割　　(B) 实例分割　　(C) 混合分割　　(D) 无正确选项

参考答案:B, C

4. 在推荐系统领域,用户行为数据属于显示反馈数据还是隐式反馈数据?

(A) 显示反馈数据

(B) 隐式反馈数据

(C) 既不属于显示反馈数据,也不属于隐式反馈数据

(D) 既属于显示反馈数据,也属于隐式反馈数据

参考答案:B

5. 下面哪种模型是单阶段检测算法?

(A) YOLO　　(B) SSD　　(C) FasterR - CNN　　(D) R - CNN

参考答案:A,B

参考文献

[1] Stanford J W, Fries T P. A higher-order conformal decomposition finite element method for plane B-rep geometries [J]. Computers and Structures, 2019, 214(1): 15-27.

[2] 张元林. 工程数学[M]. 北京:高等教育出版社, 2012.

[3] 郭跃东,宋旭东. 梯度下降法的分析与改进[J]. 科技展望,2016(15).

[4] 周志华. 机器学习[M]. 北京:清华大学出版社, 2016.

[5] 袁亚湘,孙文瑜. 最优化理论与方法[M]. 北京:科学出版社,1997.

[6] 李航. 统计学习方法[M]. 北京:清华大学出版社,2012.

[7] 王梓坤. 概率论基础及其应用[M]. 北京:北京师范大学出版社,1996.

[8] 戴天时,陈殿友. 线性代数[M]. 北京:高等教育出版社,2004.

[9] 张禾瑞,郝鈺新. 高等代数[M]. 北京:高等教育出版社,1983.

[10] Magnus Lie Hetland, Python 基础教程[M],3 版. 北京:人民邮电出版社, 2018.

[11] 丁世飞,齐丙娟,谭红艳. 支持向量机理论与算法研究综述[J]. 电子科技大学学报,2011,40(1): 2-10.

[12] Arthur D, Vassilvitskii S. k-means++: The advantages of carefulseeding [C]//Proceedings of the eighteenth annual ACM - SIAM symposium on Discrete algorithms. Society for Industrial and Applied Mathematics, 2007: 1027-1035.

[13] 李新蕊. 主成分分析,因子分析,聚类分析的比较与应用[D]. 济南:济南大学政治与公共管理学院,2007.

[14] 李航. 统计学习方法. 北京:清华大学出版社,2012.

[15] 张学工. 关于统计学习理论与支持向量机[J]. 自动化学报, 2000, 26(1): 32-42.

[16] Trevor Hastie, Robert Tibshirani, Jerome Friedman, et al. 统计学习基础[M]. 北京:世界图书出版公司北京公司, 2015.

[17] 吴喜之. 应用回归及分类[M]. 北京:中国人民大学出版社, 2016.

[18] Harrington P,李锐,等. 机器学习实战[M]. 北京:人民邮电出版社, 2013.

[19] 杨善林,倪志伟. 机器学习与智能决策支持系统[M]. 北京:科学出版社, 2004.

[20] 王永庆. 人工智能原理与方法[M]. 西安:西安交通大学出版社, 1998.

[21] Minsky M L, Papert S A. Perceptrons: expanded edition[M]. MITPress,1988.

[22] Rumelhart D E, Hinton G E, Williams R J. Learning representations by

back-propagating errors. Nature，1986，323 (6088)：533-536.

[23] Fukushima K . Neocognitron：A self-organizing neural network model for a mechanism of pattern recognition unaffected by shift in position[J]. Biological Cybernetics,1980,36(4):193-202.

[24] Waibel A，Hanazawa T，Hinton G，et al. Phoneme recognition using time-delay neural networks[J]. IEEE transactions on acoustics，speech，and signal processing，1989，37(3)：328-339.

[25] Lecun Y，Bottou L，Bengio Y，et al. Gradient-based learning applied to document recognition[J]. Proceedings of the IEEE，1998，86(11):2278-2324.

[26] Krizhevsky A ，Sutskever I ，Hinton G . ImageNet Classification with Deep Convolutional Neural Networks[C]// NIPS. Curran Associates Inc，2012.

[27] Karen Simonyan，Andrew Zisserman. Very Deep Convoluitonal Networks for Large-Scale Image Recognition [C]. ICLR,2015.

[28] Szegedy C ，Liu W ，Jia Y ，et al. Going Deeper with Convolutions[J]. 2015 IEEE Conference on Computer Vision and Pattern Recognition (CVPR). IEEE Computer Society,2015,1:1-9.

[29] He K ，Zhang X ，Ren S ，et al. Deep Residual Learning for Image Recognition[J]. 2016 IEEE Conference on Computer Vision and Pattern Recognition (CVPR). IEEE Computer Society，2016,1:770-778.

[30] Reed S，Akata Z，Yan X，et al. Generative adversarial text to image synthesis [M]. Publisher，City，2016.

[31] Radford A，Metz L，Chintala S. Unsupervised representation learning with deep convolutional generative adversarial networks，Publisher[M]. City，2015.

[32] Li Y，Swersky K，Zemel R. Generative moment matching networks[J]. International Conference on Machine Learning，2015：1718-1727.

[33] Bengio Y，Laufer E，Alain G，Yosinski J. Deep generative stochastic networks trainable by backprop[J]. International Conference on Machine Learning，2014:226-234.

[34] LeCun Y，Boser B，Denker J S，et al. Backpropagation applied to handwritten zip code recognition[J]. Neural computation，1989，1(4)：541-551.

[35] 余凯,贾磊,陈雨强,等.深度学习的昨天、今天和明天[J].计算机研究与发展，2013，50(9)：1799-1804.

[36] Krizhevsky A，Sutskever I，Hinton G E. Imagenet classification with deep convolutional neural networks[C]//Advances in neural information processing systems. 2012：1097-1105.

[37] Rawat W，Wang Z. Deep convolutional neural networks for image classifica-

tion: A comprehensive review [J]. Neural computation, 2017, 29 (9): 2352-2449.

[38] Li Y, Ping W. Cancer metastasis detection with neural conditional random field[J]. arXiv preprint arXiv:1806.07064, 2018.

[39] Liu L, Ouyang W, Wang X, et al. Deep learning for generic object detection: A survey[J]. arXiv preprint arXiv:1809.02165, 2018.

[40] Girshick R, Donahue J, Darrell T, et al. Rich feature hierarchies for accurate object detection and semantic segmentation [C]//Proceedings of the IEEE conference on computer vision and pattern recognition. 2014: 580-587.

[41] Girshick R. Fast r-cnn[C]//Proceedings of the IEEE international conference on computer vision. 2015: 1440-1448.

[42] Ren S, He K, Girshick R, et al. Faster r-cnn: Towards real-time object detection with region proposal networks[C]//Advances in neural information processing systems. 2015: 91-99.

[43] Redmon J, Divvala S, Girshick R, et al. You only look once: Unified, real-time object detection[C]//Proceedings of the IEEE conference on computer vision and pattern recognition. 2016: 779-788.

[44] Liu W, Anguelov D, Erhan D, et al. Ssd: Single shot multibox detector [C]//European conference on computer vision. Springer, Cham, 2016: 21-37.

[45] Collobert R, Weston J, Bottou L, et al. Natural language processing (almost) from scratch[J]. Journal of machine learning research, 2011, 12(8): 2493-2537.

[46] 黄立威,江碧涛,吕守业,等.基于深度学习的推荐系统研究综述[J].计算机学报, 2018, 41(7): 1619-1644.

[47] Adomavicius G, Tuzhilin A. Toward the next generation of recommender systems: A survey of the state-of-the-art and possible extensions[J]. IEEE Transactions on Knowledge & Data Engineering, 2005 (6): 734-749.

[48] Covington P, Adams J, Sargin E. Deep neural networks for youtube recommendations[C]//Proceedings of the 10th ACM conference on recommender systems. ACM, 2016: 191-198.